21世纪高等教育计算机规划教材

离散数学

Discrete Mathematics

汪小燕 叶红 主编
杨思春 周义莲 副主编

人民邮电出版社
北　京

图书在版编目（CIP）数据

离散数学 / 汪小燕，叶红主编. -- 北京：人民邮电出版社，2014.9
21世纪高等教育计算机规划教材
ISBN 978-7-115-36540-8

Ⅰ. ①离… Ⅱ. ①汪… ②叶… Ⅲ. ①离散数学－高等学校－教材 Ⅳ. ①O158

中国版本图书馆CIP数据核字(2014)第174068号

内 容 提 要

本书是针对高等院校离散数学课程而编写的教材。全书共9章，分为数理逻辑、集合论、代数系统和图论4个部分。主要内容包括命题逻辑、谓词逻辑、集合、二元关系、函数、代数结构、格和布尔代数、图和树。在编写过程中，作者充分考虑初学者的学习特点，在章节内容编排、叙述表达、例题选择、课后习题等方面做了精心设计，内容通俗易懂、简明扼要，大部分理论概念都用实例说明并配有一定数量的习题。

本书适合作为高等院校计算机、软件工程、网络工程、管理科学等专业的离散数学教材，也可作为计算机相关专业的自学参考书。

◆ 主　　编　汪小燕　叶　红
　　副 主 编　杨思春　周义莲
　　责任编辑　邹文波
　　执行编辑　吴　婷
　　责任印制　彭志环　焦志炜

◆ 人民邮电出版社出版发行　北京市丰台区成寿寺路11号
　　邮编 100164　电子邮件 315@ptpress.com.cn
　　网址 http://www.ptpress.com.cn
　　固安县铭成印刷有限公司印刷

◆ 开本：787×1092　1/16
　　印张：12　　　　　　　2014年9月第1版
　　字数：277千字　　　　2024年12月河北第16次印刷

定价：29.80元

读者服务热线：(010)81055256　印装质量热线：(010)81055316
反盗版热线：(010)81055315

前　言

离散数学(又称计算机数学)是研究离散量的结构及其相互关系的数学学科,是现代数学的一个重要分支。离散数学的主要内容包括数理逻辑、集合论、代数结构和图论 4 部分。它为后继课程,如数据结构、编译原理、数据库、形式语言与自动机、人工智能和操作系统等提供必要的数学基础。因此它不仅是计算机科学与技术及相关专业的一门核心和骨干课程,也是计算机科学与技术的基础理论之一。从计算机学科发展的过去、现在和未来看,离散数学这门课程有着其他课程不可替代的地位和作用,是一门承前启后的课程。学习离散数学对于训练和培养学习者抽象思维能力和逻辑思维能力有着十分重要的作用,并且有助于编程能力的提高。

本书共 9 章,内容包括命题逻辑、谓词逻辑、集合、二元关系、函数、代数结构、格与布尔代数、图和树。本书是从事离散数学课程教学一线的老师结合多年教学实践与理论研究,参考国内外教材,在力求通俗易懂、简明扼要的指导思想下编写而成的。本书包含大量的例题解析,有助于学习者掌握离散数学的理论知识。

本书由安徽工业大学的汪小燕、叶红、杨思春、周义莲 4 位老师编写。汪小燕编写第 1 章和第 2 章,杨思春编写第 3 章～第 5 章,叶红编写第 6 章和第 7 章,周义莲编写第 8 章和第 9 章。

本书在编写过程中,得到了安徽工业大学计算机科学与技术学院王小林副院长和有关同事的热情关心、支持和帮助,在此一并表示感谢。

由于编者水平有限,书中难免有不当和疏漏之处,敬请读者批评指正。

编　者
安徽工业大学
2014 年 6 月

目 录

第1章 命题逻辑 ·· (1)
  1.1 命题与命题联结词 ·· (1)
  1.2 命题公式与真值表 ·· (7)
  1.3 命题公式的翻译 ·· (9)
  1.4 等价式与蕴涵式 ·· (10)
  1.5 对偶与范式 ·· (14)
  1.6 命题逻辑的推理理论 ·· (22)
  1.7 其他联结词 ·· (26)

第2章 谓词逻辑 ·· (31)
  2.1 基本概念 ·· (31)
  2.2 谓词逻辑的翻译 ·· (36)
  2.3 谓词公式的解释 ·· (37)
  2.4 谓词演算的等价式与蕴涵式 ·· (38)
  2.5 前束范式 ·· (41)
  2.6 谓词逻辑的推理理论 ·· (41)

第3章 集合 ·· (47)
  3.1 集合的概念和表示法 ·· (47)
  3.2 集合的运算 ·· (50)
  3.3 集合中元素的计数 ·· (54)

第4章 二元关系 ·· (57)
  4.1 序偶与笛卡尔乘积 ·· (57)
  4.2 关系及其表示 ·· (59)
  4.3 关系的性质 ·· (62)
  4.4 关系的运算 ·· (64)
  4.5 等价关系与划分 ·· (70)
  4.6 相容关系与覆盖 ·· (73)
  4.7 偏序关系 ·· (76)

第5章 函数 ·· (82)
  5.1 函数的概念 ·· (82)
  5.2 特殊函数 ·· (83)
  5.3 函数的复合与逆函数 ·· (84)
  5.4 集合的基数、可数集和不可数集 ·· (87)

第6章 代数结构 ·· (91)
  6.1 代数系统的概念 ·· (91)
  6.2 运算及其性质 ·· (91)

6.3　半群和含幺半群 ………………………………………………………… (95)
　6.4　群与子群 ……………………………………………………………… (97)
　6.5　交换群与循环群 ……………………………………………………… (101)
　6.6　陪集与拉格朗日定理 ………………………………………………… (103)
　6.7　同态与同构 …………………………………………………………… (106)
　6.8　环与域 ………………………………………………………………… (109)

第7章　格和布尔代数 …………………………………………………………… (114)
　7.1　格的概念 ……………………………………………………………… (114)
　7.2　分配格 ………………………………………………………………… (118)
　7.3　有补格 ………………………………………………………………… (121)
　7.4　布尔代数 ……………………………………………………………… (122)
　7.5　布尔表达式 …………………………………………………………… (125)

第8章　图 ………………………………………………………………………… (133)
　8.1　图的基本概念 ………………………………………………………… (133)
　8.2　路与图的连通性 ……………………………………………………… (143)
　8.3　图的矩阵表示 ………………………………………………………… (149)
　8.4　赋权图及最短路径 …………………………………………………… (152)
　8.5　特殊的图 ……………………………………………………………… (155)

第9章　树 ………………………………………………………………………… (172)
　9.1　无向树及生成树 ……………………………………………………… (172)
　9.2　根树及其应用 ………………………………………………………… (176)

参考文献 …………………………………………………………………………… (186)

第 1 章
命题逻辑

数理逻辑是应用数学方法研究推理的科学,它作为计算机科学的一种重要知识表示工具,能将所研究的对象及其相互关系形式化,并进行简单的逻辑推理。数理逻辑包括命题逻辑和谓词逻辑。命题逻辑是研究由命题为基本单位构成的前提和结论之间的可推导关系,是谓词逻辑的基础。

1.1 命题与命题联结词

1.1.1 命题

1. 命题的概念

定义 1.1 具有唯一值的陈述句称为命题。

疑问句、祈使句和感叹句等都不能判断其真假,它们都不是命题。

例 1.1 判断下列语句哪些是命题。

(1) 4 是偶数。
(2) 一年有 10 个月。
(3) 2600 年春节,北京市的天气是晴天。
(4) 新加坡是一个国家。
(5) 这朵花真美啊!
(6) 请勿随地吐痰!
(7) 你明天有空吗?
(8) 我刚才说谎了。

解 显然,(1)~(4)都是命题,(1)和(4)的真值为真,(2)真值是假,而(3)目前尚不知真和假,但到了那一天,其真值是可以确定的。(5)~(8)都不是命题。其中(5)~(7)不是陈述句,而分别是感叹句、祈使句和疑问句。(8)虽然是陈述句,但无法确定它的真值,当它假时,可以推断出它为真;当它真时,可以推断出它为假。这种陈述句叫悖论,在命题逻辑中不讨论这类问题。

2. 命题的值

命题值可以是真的,也可以是假的,但不能同时既为真又为假。
命题中所有的"真"用 T 或 1 表示。

命题中所有的"假"用 F 或 0 表示。

3. 命题分类

命题分为两类。第一类是原子命题(或基本命题),它是由再也不能分解成更为简单的语句构成的命题,原子命题是命题逻辑的基本单位。

例如:我是一个教师。

第二类是分子命题(或复合命题),它是由若干个原子命题使用适当的联结词所组成的新命题。例如:我是一个教师和他是一个学生。

4. 命题的表示

原子命题常用 26 个大写的英文字母表示。例如,用 P 表示北京是我国的首都,记为 P:北京是我国的首都。

1.1.2　命题联结词

在离散数学中有 5 个常用的命题联结词,下面一一进行介绍。

1. 否定词(非运算)

(1) 符号:$\neg$(读作"非"或"否定")。

设命题为 P,则 $\neg P$ 读作"P 的否定"或"非 P"。

(2) 否定联结词"$\neg$"的定义如表 1.1 所示。

表 1.1　$\neg$ 的定义

P	$\neg P$
1	0
0	1

例 1.2　举例说明如何构成命题的否定。

解　设命题

P:马鞍山是一个城市。

该命题的否定为

$\neg P$:马鞍山不是一个城市。

可见,否定联结词是对单个命题进行操作,称它为一元联结词。

2. 合取词(与运算)

(1) 符号:$\wedge$。

设 P,Q 为两个命题,则 $P \wedge Q$ 可以有多种读法:P 合取 Q、P 与 Q 的合取、P 与 Q、P 并且 Q。

(2) 当且仅当 P 和 Q 的真值同为真,命题 $P \wedge Q$ 的真值才为真;否则,$P \wedge Q$ 的真值为假。合取联结词 $\wedge$ 的定义如表 1.2 所示。

表 1.2 ∧ 的定义

P Q	P∧Q
0 0	0
0 1	0
1 0	0
1 1	1

注意：在 $P\wedge Q$ 中，P 和 Q 是互为独立的，地位是平等的，P 和 Q 的位置可以交换而不会影响 $P\wedge Q$ 的结果。

由合取词连接的命题为复合命题，它为二元联结词。

例 1.3 用合取联结词表示命题。

(1) 小李会弹琴且小张会画画。

解 令 P：小李会弹琴。

Q：小张会画画。

本例可表成：$P\wedge Q$。

(2) 小王一边吃饭，一边看电视。

解 令 P：小王吃饭。

Q：小王看电视。

本例可表成：$P\wedge Q$。

自然语句中的"既…又…""不但…而且…""不仅…而且…""一边…一边…""虽然…但是…"等都可符号化为 $P\wedge Q$ 的形式。并非所有的"和"，"与"都可符号化为 ∧。

如：武大郎和武松是亲兄弟。

该语句中虽然出现"和"，但它却不是复合命题，不能用合取词联结，它是一个简单命题。

(3) 太阳落山了与房间里有许多书。

解 令 P：太阳落山了。

Q：房间里有许多书。

本例可表成：$P\wedge Q$。

在此例中，合取词用在不相关的两个命题之间，在日常生活中，我们常将"合取"表示具有某种关系的两个命题；而在逻辑学中，合取词可以用在两个毫不相干的命题之间。

3. 析取词（或运算）

(1) 符号：∨

设 P,Q 为两个命题，则 $P\vee Q$ 可以有多种读法：P 与 Q 的析取、P 或 Q。

(2) 当且仅当 P 和 Q 的真值同为假，命题 $P\vee Q$ 的真值才为假；否则，$P\vee Q$ 的真值为真。析取联结词 ∨ 的定义如表 1.3 所示。

表 1.3 ∨ 的定义

P Q	P∨Q
0 0	0
0 1	1
1 0	1
1 1	1

注意：在 $P \vee Q$ 中，P 和 Q 是互为独立的，地位是平等的，P 和 Q 的位置可以交换而不会影响 $P \vee Q$ 的结果。由析取词连接的命题为复合命题，它为二元联结词。

例 1.4 用析取联结词表示命题。

(1) 她是电影明星或她是歌唱家。

解 令 P：她是电影明星。

Q：她是歌唱家。

本例可表成：$P \vee Q$。

(2) 秋天是收获的季节或者 $4+2=6$。

解 令 P：秋天是收获的季节。

Q：$4+2=6$。

本例可表成：$P \vee Q$。

注意："或"可分为两种，一种是"可兼或"（记为"∨"），另一种是"不可兼或"（记为"▽"）。如例 1.4 中两个命题用可兼或。"不可兼或"举例如下。

令 P：小张获奖。Q：小王获奖。则小张或小王有一人获奖可表示成：$P \triangledown Q$。

也可用多个联结词符号化该命题为：$(P \wedge \neg Q) \vee (\neg P \wedge Q)$。

4. 蕴涵词（单条件联结词）

(1) 符号：→。

设 P、Q 为两个命题，则 $P \rightarrow Q$ 可以有多种读法：如果 P 则 Q、P 蕴含 Q、P 仅当 Q、Q 当且 P、P 是 Q 的充分条件。

在 $P \rightarrow Q$ 中，P 称为前件、条件，Q 称为后件、结论。

(2) 当且仅当 P 为真，Q 为假时，命题 $P \rightarrow Q$ 的真值才为假；否则，$P \rightarrow Q$ 的真值为真。蕴涵词联结词→的定义如表 1.4 所示。

表 1.4 → 的定义

P Q	P→Q
0 0	1
0 1	1
1 0	0
1 1	1

由蕴涵词连接的命题为复合命题，它为二元联结词。

假设 $P \rightarrow Q$ 为原命题，则和原命题对应的有：逆命题、反命题和逆反命题。这三种命题解释如下。

逆命题:给定命题 $P \rightarrow Q$,则把 $Q \rightarrow P$ 称为命题 $P \rightarrow Q$ 的逆命题。

反命题:给定命题 $P \rightarrow Q$,则称 $\neg P \rightarrow \neg Q$ 为命题 $P \rightarrow Q$ 的反命题。

逆反命题:给定命题 $P \rightarrow Q$,则称 $\neg Q \rightarrow \neg P$ 为命题 $P \rightarrow Q$ 的逆反命题。

例 1.5 用蕴涵联结词表示命题。

(1) 如果明天下雨,体育课就改时间上。

解 令 P:明天下雨。

Q:体育课改时间上。

本例可表成:$P \rightarrow Q$。

(2) 若 $3+2=6$,则太阳从西边升起。

解 令 P:$3+2=6$。

Q:太阳从西边升起。

本例可表成:$P \rightarrow Q$。而且该命题为真。

注意:(1) 在自然语句中"如果 P,则 Q"中的 P 与 Q 往往有某种内在的联系,否则无意义。而在数理逻辑中 P 与 Q 不一定有什么内在联系。只要 P,Q 能够分别确定真值,$P \rightarrow Q$ 即成为命题。

(2) 自然语句中的"只要 P 就 Q""P 仅当 Q""Q 当且 P""只有 Q 才 P""除非 Q 才 P"等都可符号化为 $P \rightarrow Q$ 的形式。现举几个命题如下。

令 P:明天天气好。Q:我们去春游。则 $P \rightarrow Q$:只要明天天气好,我们就去春游。

令 P:你支持。Q:我们完成这项工作。则 $Q \rightarrow P$:只有你支持,我们才能完成这项工作。

令 P:9 能被 5 整除。Q:9 能被 3 整除。则 $Q \rightarrow P$:除非 9 能被 5 整除,9 才能被 3 整除。

令 P:天下雨。Q:他乘公共汽车上学。则 $Q \rightarrow P$:除非天下雨,否则他不乘公共汽车上学。

例 1.6 将下列命题符号化,并判断其真值。

(1) 若 $3 \times 2=6$,则 $9+3=12$。

(2) 若 $3 \times 2 \neq 6$,则 $9+3=12$。

(3) 若 $3 \times 2=6$,则 $9+3 \neq 12$。

(4) 若 $3 \times 2 \neq 6$,则 $9+3 \neq 12$。

解 P:$3 \times 2=6$。Q:$9+3=12$。

(1) 符号化为 $P \rightarrow Q$,真值为 1。

(2) 符号化为 $\neg P \rightarrow Q$,真值为 1。

(3) 符号化为 $P \rightarrow \neg Q$,真值为 0。

(4) 符号化为 $\neg P \rightarrow \neg Q$,真值为 1。

5. 等价词(双条件联结词)

(1) 符号:$\leftrightarrow$。

设 P,Q 为两个命题,则 $P \leftrightarrow Q$ 可以有多种读法:P 当且仅当 Q、P 等价 Q、P 是 Q 的

充分必要条件。

(2) 当且仅当 P 和 Q 取值相同时,命题 $P \leftrightarrow Q$ 的真值才为真;否则,$P \leftrightarrow Q$ 的真值为假。等价联结词 $\leftrightarrow$ 的定义如表 1.5 所示。

表 1.5 $\leftrightarrow$ 的定义

P	Q	$P \leftrightarrow Q$
0	0	1
0	1	0
1	0	0
1	1	1

在 $P \leftrightarrow Q$ 中,P 和 Q 地位是平等的,P 和 Q 的位置可以交换而不会影响 $P \leftrightarrow Q$ 的结果。由等价词连接的命题为复合命题,它为二元联结词。

例 1.7 用等价联结词表示命题。

(1) 平面上二直线平行当且仅当这二直线不相交。

解 令 P:平面上二直线平行。

　　　Q:这二直线不相交。

本例可表成:$P \leftrightarrow Q$。

(2) $5+5=10$ 当且仅当雪是白色的。

解 令 P:$5+5=10$。

　　　Q:雪是白色的。

本例可表成:$P \leftrightarrow Q$。

例 1.8 将下列命题符号化,并判断其真值。

(1) 若 $3 \times 2 = 6$ 当且仅当 $9+3=12$。

(2) 若 $3 \times 2 \neq 6$ 当且仅当 $9+3=12$。

(3) 若 $3 \times 2 = 6$ 当且仅当 $9+3 \neq 12$。

(4) 若 $3 \times 2 \neq 6$ 当且仅当 $9+3 \neq 12$。

解 P:$3 \times 2 = 6$。Q:$9+3=12$。

(1) 符号化为 $P \leftrightarrow Q$,真值为 1。

(2) 符号化为 $\neg P \leftrightarrow Q$,真值为 0。

(3) 符号化为 $P \leftrightarrow \neg Q$,真值为 0。

(4) 符号化为 $\neg P \leftrightarrow \neg Q$,真值为 1。

命题联结词在使用中的优先级如下。

(1) 运算时,先括号内,后括号外。

(2) 联结词在运算时的优先次序从高到低排列为:$\neg$、$\wedge$、$\vee$、$\rightarrow$、$\leftrightarrow$。

(3) 对于 $\wedge$、$\vee$、$\leftrightarrow$ 来说,相同的联结词按从左到右的次序进行运算。

如:$\neg P \vee (Q \vee R)$ 可省去括号,而 $P \rightarrow (Q \rightarrow R)$ 中的括号不能省去,因为"$\rightarrow$"不满足结合律。

(4) 最外层的括号一律可省去。

例如:$(P \rightarrow Q \vee R)$ 可写成 $P \rightarrow Q \vee R$

命题联结词小结如下。

(1) 除"┐"为一元运算外,其余 4 个均为二元运算。

(2) "或"可分为可兼或(∨)和异或(▽)(不可兼或)。

(3) 命题联结词是命题和命题之间的联结词,而不是名词之间、数字之间和动词之间的联结词。

1.2 命题公式与真值表

1.2.1 命题公式

命题公式也称为合式公式,由于命题公式中涉及命题变元、命题常元,因此首先介绍命题变元和命题常元。

1. 命题变元和命题常元

命题常元:表示确定的命题,如:$\{T,F\}$。

命题变元:没有指定真值的命题,常用大写英文字母表示。

2. 命题公式与子公式

定义 1.2 由命题变元、常元、联结词、括号以规定的格式联结起来的字符串称为命题公式。

不是所有由命题变元、常元、联结词和括号所组成字符串都能成为命题公式。为此常使用递归规则定义命题公式,以便构成的公式有规则可循。

定义 1.3 由下列递归规则生成的公式称为命题公式。

(1) 孤立的命题变元是一个命题公式。

(2) 若 A 是命题公式,┐A 也为命题公式。

(3) 若 A、B 是命题公式,则 $(A \wedge B)$、$(A \vee B)$、$(A \rightarrow B)$、$(A \leftrightarrow B)$ 均为命题公式。

(4) 当且仅当有限次使用(1)、(2)、(3)所生成的公式才是命题公式。

注意:这里 A,B 表示任意合式公式,而不是某个具体的公式。

例如,$(┐(P \vee Q))$、$(P \rightarrow (Q \rightarrow R))$、$((P \wedge Q) \leftrightarrow R)$、$P$ 都是命题公式。而 $(P \rightarrow)$、$(P \vee ┐)$ 都不是命题公式。

定义 1.4 如果 B 是公式 A 中的一部分,且 B 为公式,则称 B 是公式 A 的子公式。

例如,设 A 为 $(P \leftrightarrow ┐Q) \wedge ┐R$,则 R、$P \leftrightarrow ┐Q$ 都是 A 的子公式。

1.2.2 真值表

命题变元用特定的值来取代,这一过程称为对该命题变元进行指派或赋值。

定义 1.5 命题公式 A 在其所有可能的赋值下取得的值列成的表称为 A 的真值表。构造真值表的具体步骤如下。

(1) 找出公式中所有的命题变元,列出所有可能的赋值。

(2) 按公式计算顺序写出各层次。

(3) 对应各赋值,计算公式各层次的值,直到最后计算出整个命题公式的值。

例 1.9 构造 $\neg(P \rightarrow Q) \leftrightarrow (P \vee \neg Q)$ 的真值表。

解 该公式含有两个命题变元 P 和 Q,它们一共有 4 种指派,分别为:00、01、10、11。对此 4 种指派,依据联结词的定义及其优先级和括号,逐步求出各子公式直至给定公式的真值,详见表 1.6。

表 1.6 $\neg(P \rightarrow Q) \leftrightarrow (P \vee \neg Q)$ 的真值表

P	Q	$P \rightarrow Q$	$\neg(P \rightarrow Q)$	$P \vee \neg Q$	$\neg(P \rightarrow Q) \leftrightarrow (P \vee \neg Q)$
0	0	1	0	1	0
0	1	1	0	0	1
1	0	0	1	1	1
1	1	1	0	1	0

例 1.10 构造 $(P \vee \neg Q) \wedge (Q \leftrightarrow R)$ 的真值表。

解 该公式含有 3 个命题变元 P、Q、R,它们一共有 8 种指派,分别为:000、001、010、011、100、101、110、111,详见表 1.7。

表 1.7 $(P \vee \neg Q) \wedge (Q \leftrightarrow R)$ 的真值表

P	Q	R	$P \vee \neg Q$	$Q \leftrightarrow R$	$(P \vee \neg Q) \wedge (Q \leftrightarrow R)$
0	0	0	1	1	1
0	0	1	1	0	0
0	1	0	0	0	0
0	1	1	0	1	0
1	0	0	1	1	1
1	0	1	1	0	0
1	1	0	1	0	0
1	1	1	1	1	1

由例 1.9、例 1.10 可见,命题公式中有 2 个命题变元,则有 4 组真值指派;有 3 个命题变元,则有 8 组真值指派;由此推广,n 个命题变元则有 2^n 个真值指派。

定义 1.6 设 A 为任一公式,在真值表中

(1) 对应每一个指派,公式 A 的真值为真,称 A 为重言式或永真式。

(2) 对应每一个指派,公式 A 的真值为假,称 A 为矛盾式或永假式。

(3) 对应公式 A 的所有指派,至少存在一组真值指派使公式 A 的真值为真,称 A 为可满足式。

命题公式有 3 种类型,分别是永真式,永假式还有可满足式。利用真值表可判断一个命题公式属于哪一种类型。

例 1.11 用真值表判定公式 $(P \vee \neg Q) \leftrightarrow (\neg P \rightarrow \neg Q)$ 是永真式,永假式还是可满足式。

解 公式 $(P \vee \neg Q) \leftrightarrow (\neg P \rightarrow \neg Q)$ 的真值表如表 1.8 所示。

表 1.8 $(P \vee \neg Q) \leftrightarrow (\neg P \rightarrow \neg Q)$ 的真值表

P	Q	$P \vee \neg Q$	$\neg P \rightarrow \neg Q$	$(P \vee \neg Q) \leftrightarrow (\neg P \rightarrow \neg Q)$
0	0	1	1	1
0	1	0	0	1
1	0	1	1	1
1	1	1	1	1

由表 1.8 可知,$(P \vee \neg Q) \leftrightarrow (\neg P \rightarrow \neg Q)$ 为永真式。

1.3 命题公式的翻译

定义 1.7 把一个用文字叙述的命题相应地表示成由命题标识符、联结词和圆括号组成的形式,称为命题的符号化。命题公式的符号化就是对命题公式的翻译。

命题公式的翻译步骤如下。

(1) 找出各简单命题,分别符号化。

(2) 根据各简单命题之间的关系,选择联结词,把简单命题逐个联结起来。

命题公式的翻译应该注意下列事项。

(1) 确定给定句子是否为命题。

(2) 句子中连词是否为命题联结词。

(3) 要正确地表示原子命题和适当选择命题联结词。

例 1.12 将下列各命题符号化。

(1) 虽然这次语文考试的题目很难,但是王丽还是取得了好成绩。

解 用字母表示简单命题。

P:这次语文考试的题目很难。

Q:王丽取得了好成绩。

该命题符号化为:$P \wedge Q$。

(2) 李明是计算机系的学生,他不仅成绩好,而且品德也好。

解 用字母表示简单命题。

P:李明是计算机系的学生。

Q:李明成绩好。

R:李明品德好。

该命题符号化为:$P \wedge Q \wedge R$。

(3) 如果 1+3>4 当且仅当 7 是合数,则 3 和 7 都是偶数。

解 用字母表示简单命题。

P:1+3>4。Q:7 是合数。R:3 是偶数。S:7 是偶数。

该命题符号化为:$(P \leftrightarrow Q) \rightarrow (R \wedge S)$。

(4) 一公安人员审查一起案件,事实如下。

张三或李四盗窃了机房的一台电脑,若是张三所为,则作案时间不能发生在午夜前;

若李四的证词正确,则午夜时机房的灯未灭;若其证词不正确,则作案时间发生在午夜前;午夜时机房的灯全灭了。

将案件事实符号化。

解 用字母表示简单命题。

P:张三盗窃了机房的一台电脑。

Q:李四盗窃了机房的一台电脑。

R:作案时间发生在午夜前。

S:李四的证词正确。

M:午夜时机房的灯全灭了。

该命题符号化为:$(P \vee Q) \wedge (P \rightarrow \neg R) \wedge (S \rightarrow \neg M) \wedge (\neg S \rightarrow R) \wedge M$。

1.4 等价式与蕴涵式

1.4.1 等价式

有一些公式,它们的真值表是相同的,这些公式之间存在着等价的关系。下面给出两个公式等价的定义。

定义 1.8 设 A 和 B 是两个命题公式,如果对两个公式 A,B 不论作何种指派,它们真值均相同,则称 A,B 是逻辑等价的。记作 $A \Leftrightarrow B$,读作 A 等价 B。称 $A \Leftrightarrow B$ 为等价式。

由等价定义可知,等价具有如下性质。

(1) 自反性:$A \Leftrightarrow A$。

(2) 对称性:若 $A \Leftrightarrow B$,则 $B \Leftrightarrow A$。

(3) 传递性:若 $A \Leftrightarrow B, B \Leftrightarrow C$,则 $A \Leftrightarrow C$。

显然,若公式 A 和 B 的真值表相同,则 A 和 B 等价。因此,验证两公式是否等价,可利用它们的真值表。

例 1.13 证明 $P \leftrightarrow Q \Leftrightarrow (P \rightarrow Q) \wedge (Q \rightarrow P)$。

证明:列出真值表见表 1.9。

表 1.9 $P \leftrightarrow Q \Leftrightarrow (P \rightarrow Q) \wedge (Q \rightarrow P)$ 的真值表

P	Q	$P \leftrightarrow Q$	$(P \rightarrow Q) \wedge (Q \rightarrow P)$
0	0	1	1
0	1	0	0
1	0	0	0
1	1	1	1

可见,$P \leftrightarrow Q$ 和 $(P \rightarrow Q) \wedge (Q \rightarrow P)$ 真值表相同,得证。

注意:$\leftrightarrow$ 和 $\Leftrightarrow$ 的区别如下。

(1) "$\leftrightarrow$"是逻辑联结词,起逻辑运算的作用。

(2) "⇔"不是逻辑联结词,它表示两公式关系的符号,因此 $A \Leftrightarrow B$ 不是命题公式。

在判定公式间是否等价时,有一些简单而又经常使用的等价式,称为基本等价式。在命题公式的化简和推理证明等方面经常要使用这些基本等价式,必须牢固地记住它们并能做到熟练运用。现将这些基本等价式列出如下。

(1) 双否定:$\neg\neg A \Leftrightarrow A$。

(2) 交换律:$A \wedge B \Leftrightarrow B \wedge A, A \vee B \Leftrightarrow B \vee A, A \leftrightarrow B \Leftrightarrow B \leftrightarrow A$。

(3) 结合律:$(A \wedge B) \wedge C \Leftrightarrow A \wedge (B \wedge C), (A \vee B) \vee C \Leftrightarrow A \vee (B \vee C)$,
$(A \leftrightarrow B) \leftrightarrow C \Leftrightarrow A \leftrightarrow (B \leftrightarrow C)$。

(4) 分配律:$A \wedge (B \vee C) \Leftrightarrow (A \wedge B) \vee (A \wedge C), A \vee (B \wedge C) \Leftrightarrow (A \vee B) \wedge (A \vee C)$。

(5) 德·摩根律:$\neg(A \wedge B) \Leftrightarrow \neg A \vee \neg B, \neg(A \vee B) \Leftrightarrow \neg A \wedge \neg B$。

(6) 等幂律:$A \wedge A \Leftrightarrow A, A \vee A \Leftrightarrow A$。

(7) 同一律:$A \wedge T \Leftrightarrow A, A \vee F \Leftrightarrow A$。

(8) 零律:$A \wedge F \Leftrightarrow F, A \vee T \Leftrightarrow T$。

(9) 吸收律:$A \wedge (A \vee B) \Leftrightarrow A, A \vee (A \wedge B) \Leftrightarrow A$。

(10) 互补律:$A \wedge \neg A \Leftrightarrow F$(矛盾律)
$A \vee \neg A \Leftrightarrow T$(排中律)。

(11) 条件式转化律:$A \rightarrow B \Leftrightarrow \neg A \vee B, A \rightarrow B \Leftrightarrow \neg B \rightarrow \neg A$。

(12) 双条件式转化律:$A \leftrightarrow B \Leftrightarrow (A \rightarrow B) \wedge (B \rightarrow A) \Leftrightarrow (A \wedge B) \vee (\neg A \wedge \neg B)$
$\neg(A \leftrightarrow B) \Leftrightarrow \neg(A \rightarrow B)$

(13) 输出律:$(A \wedge B) \rightarrow C \Leftrightarrow A \rightarrow (B \rightarrow C)$。

(14) 归谬律:$(A \rightarrow B) \wedge (A \rightarrow \neg B) \Leftrightarrow \neg A$。

注意:

(1) 证明上述 14 组等价公式的方法可用真值表法;

(2) $\wedge$、$\vee$、$\leftrightarrow$ 均满足结合律,则在单一用 $\wedge$、$\vee$、$\leftrightarrow$ 联结词组成的命题公式中,括号可以省去。

1.4.2 代入规则和替换规则

利用"代入"或"替换"可以从已知公式得到新的公式。

定理 1.1 在一个永真式 A 中,任何一个原子命题变元 P 出现的每一处,用另一个公式代入,所得公式 B 仍是永真式。本定理称为代入规则。

证明: 因为永真式对任意指派,其值都是真,与所给的某个命题变元指派的真值是真还是假无关,因此,用一个命题公式代入到原子命题变元 P 出现的每一处后,所得命题公式的真值仍为真,证毕。

如命题公式 $A \vee \neg A$,用 $P \leftrightarrow Q$ 代入原子命题变元 A 出现的每一处,得到公式 $(P \leftrightarrow Q) \vee \neg (P \leftrightarrow Q)$,该公式仍为永真式。

注意:

(1) 只能用命题公式代换原子命题变元,而不能去代换分子命题公式;

(2) 要用命题公式同时代换所有的同一个原子命题变元。

在命题公式 $A \vee \neg A$ 中,若用 $P \leftrightarrow Q$ 只代入原子命题变元 A 出现的一处,得到公式

$(P\leftrightarrow Q)\vee \neg A$,显然它不是永真式。

定理 1.2 给定一命题公式 A,A' 是 A 的子公式。设 B' 是一命题公式,若 $A'\Leftrightarrow B'$,用 B' 取代 A 中的 A',从而生成一新的命题公式 B,则 $A\Leftrightarrow B$。称该定理为替换规则,该替换为等价替换。

证明:因为 $A'\Leftrightarrow B'$,即对于它们的命题变元做任何真值的指派,A' 与 B' 的真值相同,故以 B' 替换 A' 后,公式 B 与 A 在对其命题变元做相应的任何真值指派,它们的真值亦相同,因此,$A\Leftrightarrow B$ 成立。

利用替换规则,可以证明两个公式等价,这种证明方法称为等值演算。利用替换规则还可以对公式化简。

例 1.14 证明

(1) $\neg Q\vee(P\vee \neg(P\rightarrow \neg Q))\Leftrightarrow Q\rightarrow P$

(2) $P\rightarrow(Q\rightarrow R)\Leftrightarrow(P\wedge Q)\rightarrow R$

证明:(1) $\neg Q\vee(P\vee \neg(P\rightarrow \neg Q))$
$\Leftrightarrow \neg Q\vee(P\vee \neg(\neg P\vee \neg Q))$
$\Leftrightarrow \neg Q\vee(P\vee(P\wedge Q))$
$\Leftrightarrow \neg Q\vee P$
$\Leftrightarrow Q\rightarrow P$

(2) $P\rightarrow(Q\rightarrow R)\Leftrightarrow \neg P\vee(\neg Q\vee R)$
$\Leftrightarrow(\neg P\vee \neg Q)\vee R$
$\Leftrightarrow \neg(P\wedge Q)\vee R$
$\Leftrightarrow(P\wedge Q)\rightarrow R$

例 1.15 将下列命题公式化简:

(1) $P\rightarrow(P\wedge(Q\rightarrow P))$

(2) $(\neg P\rightarrow Q)\rightarrow(Q\rightarrow \neg P)$

解 (1) $P\rightarrow(P\wedge(Q\rightarrow P))\Leftrightarrow P\rightarrow(P\wedge(\neg Q\vee P))$
$\Leftrightarrow P\rightarrow P$
$\Leftrightarrow T$

(2) $(\neg P\rightarrow Q)\rightarrow(Q\rightarrow \neg P)\Leftrightarrow(P\vee Q)\rightarrow(\neg Q\vee \neg P)$
$\Leftrightarrow \neg(P\vee Q)\vee(\neg Q\vee \neg P)$
$\Leftrightarrow(\neg P\wedge \neg Q)\vee(\neg Q\vee \neg P)$
$\Leftrightarrow((\neg P\wedge \neg Q)\vee \neg Q)\vee \neg P$
$\Leftrightarrow \neg Q\vee \neg P$

注意:代入规则和替换规则有以下两点区别。

(1) 代入规则是对原子命题变元而言的,而替换规则可对命题公式实行。

(2) 代入规则必须是处处代入,替换规则可部分替换,亦可全部替换。

定理 1.3 命题公式 A 和 B 等价当且仅当 $A\leftrightarrow B$ 为重言式。

证明:必要性:若 A 与 B 等价,则对出现在 A,B 中的原子命题变元的任意指派,A 和 B 有相同的真值,即 $A\leftrightarrow B$ 永远取值 1,即 $A\leftrightarrow B$ 为重言式。

充分性:若 $A\leftrightarrow B$ 为重言式,则无论任何指派,$A\leftrightarrow B$ 均取值 1,即 A,B 的真值相同,

故 $A \Leftrightarrow B$。

例 1.16 张三说李四说谎话,李四说王五说谎话,王五说张三、李四都说谎话,问:这三人到底谁说真话,谁说谎话?

解 令 P:张三说真话。Q:李四说真话。R:王五说真话。

依题意有:$P \Leftrightarrow \neg Q, Q \Leftrightarrow \neg R, R \Leftrightarrow \neg P \wedge \neg Q$ 为真。

因 $P \leftrightarrow \neg Q$ 为真,即 $(P \wedge \neg Q) \vee (\neg P \wedge Q) \Leftrightarrow 1$

同理,有 $(Q \wedge \neg R) \vee (\neg Q \wedge R) \Leftrightarrow 1$

$(R \wedge \neg P \wedge \neg Q) \vee (\neg R \wedge (P \vee Q)) \Leftrightarrow 1$

于是可得,

$((P \wedge \neg Q) \vee (\neg P \wedge Q)) \wedge ((Q \wedge \neg R) \vee (\neg Q \wedge R)) \wedge ((R \wedge \neg P \wedge \neg Q) \vee (\neg R \wedge (P \vee Q))) \Leftrightarrow 1$

$((\neg P \wedge Q \wedge \neg R) \vee (P \wedge \neg Q \wedge R)) \wedge ((R \wedge \neg P \wedge \neg Q) \vee (\neg R \wedge (P \vee Q))) \Leftrightarrow 1$

$((\neg P \wedge Q \wedge \neg R) \vee (P \wedge \neg Q \wedge R)) \wedge (\neg R \wedge (P \vee Q)) \Leftrightarrow 1$

$\neg P \wedge Q \wedge \neg R \Leftrightarrow 1$

即 $\neg P \wedge Q \wedge \neg R$ 为真,可知:李四说真话,张三、王五说谎话。

1.4.3 蕴含式

定义 1.9 设 A 和 B 是两个命题公式,若 $A \rightarrow B$ 是永真式,则称 A 蕴涵 B,记作 $A \Rightarrow B$。在 $A \Rightarrow B$ 中称 A 为蕴含式的前件或前提,B 为蕴含式的后件或结论。

$A \Rightarrow B$ 读作:"A 永真蕴含 B""A 蕴含 B"。

注意:符号 $\rightarrow$ 和 $\Rightarrow$ 的区别如下。

(1) $\rightarrow$ 是逻辑联结词。

(2) $\Rightarrow$ 不是联结词,它表示两个公式之间的关系。$A \Rightarrow B$ 不是命题公式。

由蕴含式定义知:若 $A \Rightarrow B$ 当且仅当 $A \rightarrow B$ 是永真式。

下面给出等价式与蕴涵式之间的关系。

定理 1.4 设 A 和 B 是两命题公式,$A \Leftrightarrow B$ 的充要条件是 $A \Rightarrow B$ 且 $B \Rightarrow A$。

证明:若 $A \Leftrightarrow B$,则 $A \leftrightarrow B$ 为一永真式。

由定律:$(A \leftrightarrow B) \Leftrightarrow (A \rightarrow B) \wedge (B \rightarrow A)$ 知 $(A \rightarrow B)$ 且 $(B \rightarrow A)$ 也为一永真式。

$A \rightarrow B$ 和 $B \rightarrow A$ 分别为永真式,即:$A \Rightarrow B$ 且 $B \Rightarrow A$ 成立。

反之,若 $A \Rightarrow B$ 且 $B \Rightarrow A$,则 $A \rightarrow B$ 和 $B \rightarrow A$ 都为永真式,所以 $(A \rightarrow B) \wedge (B \rightarrow A)$ 为永真式,而 $(A \leftrightarrow B) \Leftrightarrow (A \rightarrow B) \wedge (B \rightarrow A)$,则 $A \leftrightarrow B$ 为一永真式,故 $A \Leftrightarrow B$ 也成立。

蕴涵式在数理逻辑的推理证明中起着重要的作用,下面给出常用的蕴涵式。

(1) $P \wedge Q \Rightarrow P$ 化简式

(2) $P \wedge Q \Rightarrow Q$ 化简式

(3) $P \Rightarrow P \vee Q$ 附加式

(4) $Q \Rightarrow P \vee Q$ 附加式

(5) $\neg P \Rightarrow P \rightarrow Q$ 附加式变形

(6) $Q \Rightarrow P \rightarrow Q$ 附加式变形

(7) $\neg(P \rightarrow Q) \Rightarrow P$ 化简式变形

(8) $\neg(P \rightarrow Q) \Rightarrow \neg Q$ 化简式变形

(9) $P \wedge (P \rightarrow Q) \Rightarrow Q$ 假言推论

(10) $\neg Q \wedge (P \rightarrow Q) \Rightarrow \neg P$ 拒取式

(11) $\neg P \wedge (P \vee Q) \Rightarrow Q$ 析取三段论

(12) $(P \rightarrow Q) \wedge (Q \rightarrow R) \Rightarrow P \rightarrow R$ 条件三段论

(13) $(P \leftrightarrow Q) \wedge (Q \leftrightarrow R) \Rightarrow P \leftrightarrow R$ 双条件三段论

证明上述蕴含式的方法为:把"⇒"关系符改为"→"联结词,证明命题公式为永真式。而证明永真式又有以下4种具体方法。

(1) 真值表法。

(2) 等值演算法。

(3) 假设前件真,推导后件真方法。

设公式的前件指派真,若能推导出后件取值也为真,则条件式是永真式,故蕴涵式成立。

(4) 假设后件假,推导前件假方法。

设条件式后件为假,若能推导出前件也为假,则条件式是永真式,即蕴涵式成立。

例 1.17 求证 $\neg Q \wedge (P \rightarrow Q) \Rightarrow \neg P$。

证明:(1) 假设前件真,推导后件真方法:设 $\neg Q \wedge (P \rightarrow Q)$ 为 T,则 $\neg Q$,$(P \rightarrow Q)$ 皆为 T,于是 Q 为 F,$P \rightarrow Q$ 为 T,则必须 P 为 F,故 $\neg P$ 为 T。

(2) 假设后件假,推导前件假方法:假定 $\neg P$ 为 F,若 Q 为 F,则 $P \rightarrow Q$ 为 F,$\neg Q \wedge (P \rightarrow Q)$ 为 F;若 Q 为 T,则 $\neg Q$ 为 F,$\neg Q \wedge (P \rightarrow Q)$ 为 F,故 $\neg Q \wedge (P \rightarrow Q) \Rightarrow \neg P$。

1.5 对偶与范式

1.5.1 对偶式

在上节介绍的命题定律中,多数是成对出现的,这些成对出现的定律就是对偶性质的反映,即对偶式。利用对偶式的命题定律,可以扩大等价式的个数,也可减少证明的次数。

定义 1.10 给定命题公式 A,若用 $\wedge$ 代换 $\vee$,用 $\vee$ 代换 $\wedge$,用 T 代换 F,用 F 代换 T,得到另一个命题公式 A^*,则称 A^* 为 A 的对偶式。

显然,A 也是 A^* 的对偶式,A 与 A^* 互为对偶式。

例 1.18 写出下列公式的对偶式。

(1) $(\neg P \wedge Q) \vee \neg R$ (2) $\neg P \vee F$

解 所求的相应对偶式如下。

(1) $(\neg P \vee Q) \wedge \neg R$ (2) $\neg P \wedge T$

注意以下两点。

(1) 若命题公式中有联结词 →、↔,则必须把它化成由联结词 ∧、∨、¬ 组成的等价的命题公式,然后求它的对偶式。

例 1.19 求 $(P \to Q) \land (P \to R)$ 的对偶式。

解 $(P \to Q) \land (P \to R) \Leftrightarrow (\neg P \lor Q) \land (\neg P \lor R)$

则 $(P \to Q) \land (P \to R)$ 的对偶式为：$(\neg P \land Q) \lor (\neg P \land R)$。

(2) 在写对偶式时，原命题公式中括号不能省去，必须按联结词优先级的次序画上括号，并在求其对偶式时仍将保留括号。

例如，$(P \land Q) \lor R$ 对偶式写成 $(P \lor Q) \land R$，而不能写成 $P \lor Q \land R$。

定理 1.5 设 A 和 A^* 互为对偶式，$P_1, P_2 \cdots P_n$ 是出现在 A 和 A^* 中的原子命题变元，则

(1) $\neg A(P_1, P_2 \cdots P_n) \Leftrightarrow A^*(\neg P_1, \neg P_2 \cdots \neg P_n)$；

(2) $A(\neg P_1, \neg P_2 \cdots \neg P_n) \Leftrightarrow \neg A^*(P_1, P_2 \cdots P_n)$。

该定理为对偶定理。(1) 表明，公式 A 的否定等价于其命题变元否定的对偶式；(2) 表明，命题变元否定的公式等价于对偶式之否定。

证明：根据德·摩根定律，

$\neg(P \lor Q) \Leftrightarrow \neg P \land \neg Q, \neg(P \land Q) \Leftrightarrow \neg P \lor \neg Q$ 可以被证明。

例 1.20 设 $A(P, Q, R) = \neg P \lor (\neg Q \land R)$，试证明：
$$\neg A^*(P, Q, R) \Leftrightarrow P \lor (Q \land \neg R)$$

证明：
$$\neg A^*(P, Q, R) \Leftrightarrow A(\neg P, \neg Q, \neg R) \Leftrightarrow \neg \neg P \lor (\neg \neg Q \land \neg R) \Leftrightarrow P \lor (Q \land \neg R)$$

定理 1.6 设 A 和 B 为两个命题公式，若 $A \Leftrightarrow B$ 则 $A^* \Leftrightarrow B^*$。

证明：设 $P_1, P_2 \cdots P_n$ 是出现在 A 和 B 中的原子命题变元，由 $A \Leftrightarrow B$，

即 $A(P_1, P_2 \cdots P_n) \Leftrightarrow B(P_1, P_2 \cdots P_n)$，

得 $\neg A(P_1, P_2 \cdots P_n) \Leftrightarrow \neg B(P_1, P_2 \cdots P_n)$。

由定理 1.5 知：

$A^*(\neg P_1, \neg P_2 \cdots \neg P_n) \Leftrightarrow B^*(\neg P_1, \neg P_2 \cdots \neg P_n)$

则 $A^*(\neg P_1, \neg P_2 \cdots \neg P_n) \leftrightarrow B^*(\neg P_1, \neg P_2 \cdots \neg P_n)$ 为永真式。

根据代换规则知：永真式的代换实例仍为永真式，所以用 $\neg P_i$ 代换 A^* 和 B^* 中的 P_i $(1 \leq i \leq n)$。

则得：$A^*(\neg \neg P_1, \neg \neg P_2 \cdots \neg \neg P_n) \leftrightarrow B^*(\neg \neg P_1, \neg \neg P_2 \cdots \neg \neg P_n)$，

所以 $A^*(P_1, P_2 \cdots P_n) \Leftrightarrow B^*(P_1, P_2 \cdots P_n)$。

对于给定公式的判定问题，可用真值表方法加以解答。但是，当公式中命题变元的数目较多时，真值表就显得很麻烦。每增加一个命题变元，真值表的行数就比原来增加一倍，从而使计算量增加一倍。为解决这一问题，需要研究公式标准型问题。它既能判定公式是否等价，也能判定公式是否为重言式或矛盾式。

1.5.2 析取范式与合取范式

1. 简单析取式与简单合取式

定义 1.11 在一公式中，仅由有限个命题变元及其否定构成的析取式，称为简单析取式。

定义 1.12 在一公式中,仅由有限个命题变元及其否定构成的合取式,称该公式为简单合取式。

例如,公式 P、$\neg Q$、$P \vee Q$、$\neg P \vee Q \vee P$ 等都是简单析取式,公式 P、$\neg Q$、$P \wedge Q$ 和 $\neg P \wedge Q \wedge P$ 等都是简单合取式。

注意:一个命题变元或其否定既可以是简单合取式,也可以是简单析取式。

如:P、$\neg Q$ 可以是简单合取式,也可是简单析取式。

定理 1.7 简单析取式为永真式的充要条件是:它同时含有某个命题变元及其否定。

定理 1.8 简单合取式为永假式的充要条件是:它同时含有某个命题变元及其否定。

例如,简单析取式 $\neg P \vee Q \vee P$ 为永真式,简单合取式 $P \wedge \neg P \wedge Q$ 为永假式。

2. 析取范式与合取范式

定义 1.13 把命题公式化归为一种标准的形式,称此标准形式为范式。

范式包括析取范式和合取范式,下面一一介绍这两种范式。

定义 1.14 有限个简单合取式的析取构成的范式称为析取范式。

定义 1.15 有限个简单析取式的合取构成的范式称为合取范式。

例如,公式 $(P \wedge Q) \vee (\neg P \wedge Q) \vee (\neg P \wedge \neg Q)$ 是析取范式,而 $(P \vee Q) \wedge (P \vee \neg Q)$ 为合取范式。

注意以下两点。

(1) 简单合取式是析取范式,如:$\neg P \wedge Q$,$\neg P$。

(2) 简单析取式是合取范式,如:$P \vee \neg Q$,$\neg P$。

定理 1.9 对于任何一命题公式,都存在与其等价的析取范式和合取范式。

证明:首先,使用如下基本等价公式消去联结词 $\rightarrow$、$\leftrightarrow$。

$$A \rightarrow B \Leftrightarrow \neg A \vee B, A \leftrightarrow B \Leftrightarrow (\neg A \vee B) \wedge (\neg B \vee A)$$

其次,使用双重否定律和德·摩根定律,消去或将否定联结词移到命题变元之前。

最后,利用分配律,求析取范式用"∧"对"∨"的分配律,求合取范式用"∨"对"∧"的分配律。证毕。

根据定理 1.9 的证明,可得到析取范式和合取范式的求解步骤如下。

(1) 消去公式中 $\neg$、$\wedge$、$\vee$ 以外的联结词。

(2) 消去或将否定联结词移到命题变元之前。

(3) 利用分配律,求公式的析取范式利用"∧"对"∨"的分配律,求公式的合取范式利用"∨"对"∧"的分配律。

例 1.21 求 $(P \rightarrow Q) \rightarrow R$ 的析取范式和合取范式。

解 $(P \rightarrow Q) \rightarrow R$
$\Leftrightarrow \neg(\neg P \vee Q) \vee R$
$\Leftrightarrow (P \wedge \neg Q) \vee R$ 析取范式
$\Leftrightarrow (P \vee R) \wedge (\neg Q \vee R)$ 合取范式

例 1.22 求 $\neg(\neg P \rightarrow (P \wedge \neg Q))$ 的析取范式和合取范式。

解 $\neg(\neg P \rightarrow (P \wedge \neg Q)) \Leftrightarrow \neg(P \vee (P \wedge \neg Q))$
$\Leftrightarrow \neg P \wedge (\neg P \vee Q)$ 合取范式

$$\Leftrightarrow \neg P \qquad\qquad 合取范式$$
$$\neg(\neg P \to (P \land \neg Q)) \Leftrightarrow \neg(P \lor (P \land \neg Q))$$
$$\Leftrightarrow \neg P \land (\neg P \lor Q)$$
$$\Leftrightarrow (\neg P \land \neg P) \lor (\neg P \land Q) \qquad 析取范式$$
$$\Leftrightarrow \neg P \lor (\neg P \land Q) \qquad 析取范式$$

由例 1.21 知,一个命题公式的析取范式和合取范式是不唯一的。

3. 范式的应用

利用析取范式和合取范式可以判定公式的类型。

定理 1.10 公式 A 为永假式的充要条件是 A 的析取范式中每个简单合取式都是永假式。

定理 1.11 公式 A 为永真式的充要条件是 A 的合取范式中每个简单析取式都是永真式。

例 1.23 判定下面公式的类型:永真式、永假式或可满足式。
$$(P \land Q \to P) \land (P \to P \lor Q)$$

解 $(P \land Q \to P) \land (P \to P \lor Q) \Leftrightarrow (\neg(P \land Q) \lor P) \land (\neg P \lor P \lor Q)$
$$\Leftrightarrow (\neg P \lor \neg Q \lor P) \land (\neg P \lor P \lor Q) \qquad 合取范式$$

通过转换得到的合取范式中,由于两个简单析取式中都包含 P 和 $\neg P$,由定理 1.11 可知,该公式为永真式。

范式基本解决了公式的判定问题。但范式是不唯一的,为寻找相互等值公式的标准形式,引进主析取范式和主合取范式。下面将分别讨论这两种主范式。

1.5.3 主析取范式

求解一个公式的主析取范式,首先需要对简单合取式标准化,即引进小项。

定义 1.16 在含有 n 个命题变元的简单合取式中,若每个命题变元与其否定不同时存在,而二者之一出现一次且仅出现一次,则称该简单合取式为小项。

例如,两个命题变元 P 和 Q,其构成的小项有 $\neg P \land \neg Q$、$\neg P \land Q$、$P \land \neg Q$ 和 $P \land Q$;而 3 个命题变元 P、Q 和 R,其构成的小项有 $\neg P \land \neg Q \land \neg R$、$\neg P \land \neg Q \land R$、$\neg P \land Q \land \neg R$、$\neg P \land Q \land R$、$P \land \neg Q \land \neg R$、$P \land \neg Q \land R$、$P \land Q \land \neg R$、$P \land Q \land R$。$P \land \neg P$、$P \land \neg Q \land \neg P \land R$ 都不是小项。

注意以下三点。

(1) n 个命题变元,可产生 2^n 个不同小项。

(2) 在 n 个命题变元的 2^n 个赋值中,有且只有一个赋值为某个小项的成真赋值。

例如,对 P、Q、R 而言,$P \land \neg Q \land \neg R$ 是小项,在 3 个命题变元的 8 种赋值中,只有赋值 100 为该小项的成真赋值,其他赋值都是该小项的成假赋值。

(3) 如果将命题变元的原形对应 1,否定式对应 0,并且指定各命题变元出现的位置,则每一个小项对应一个 n 位二进制数。该二进制数正是该小项的唯一成真赋值。

将小项的成真赋值对应的二进制数转化为十进制数记作 j,用 m_j 表示该小项,这就是对小项的编码。3 个命题变元生成的 8 个小项编码如表 1.10 所示。

表1.10 3个命题变元的小项

小项	二进制数	十进制数	编码
$\neg P \wedge \neg Q \wedge \neg R$	000	0	m_0
$\neg P \wedge \neg Q \wedge R$	001	1	m_1
$\neg P \wedge Q \wedge \neg R$	010	2	m_2
$\neg P \wedge Q \wedge R$	011	3	m_3
$P \wedge \neg Q \wedge \neg R$	100	4	m_4
$P \wedge \neg Q \wedge R$	101	5	m_5
$P \wedge Q \wedge \neg R$	110	6	m_6
$P \wedge Q \wedge R$	111	7	m_7

定义 1.17 如果一个命题公式的析取范式中的每一个简单合取式都是小项,则称该析取范式为命题公式的主析取范式。

定理 1.12 在真值表中,一个命题公式的所有真值为1的指派所对应的小项的析取,为该命题公式的主析取范式。

主析取范式求法有两种:真值表法和等值演算法。下面分别介绍这两种方法。

用真值表法求命题公式的主析取范式步骤如下。

(1) 列出命题公式的真值表。

(2) 从真值表中找出命题公式的所有小项,方法为:将表中命题公式值为"1"所对应真值指派,按照1对应命题变元本身,0对应命题变元的否定的方法写出所有小项。

(3) 将所有小项进行析取。

若命题公式为永假式,则该公式没有小项。

若命题公式为永真式且该命题公式含有 n 个命题变元,其主析取范式有 2^n 个小项。

命题公式的主析取范式中小项的个数一定等于对应真值表中命题公式真值为"1"的个数。

定理 1.13 任意一个非永假的命题公式都存在与其等价的主析取范式。

从真值表法求命题公式的主析取范式可以得到定理1.13是成立的。

用等值演算法求命题公式的主析取范式步骤如下。

(1) 把给定公式化成析取范式。

(2) 删除析取范式中所有为永假的简单合取式,合并简单合取式中相同项(例:$P \wedge P \wedge Q \Leftrightarrow P \wedge Q$),变为最简析取范式。

(3) 对简单合取式补入所有没有出现的命题变元,如某个简单合取式 P 不含命题变元 Q,也不含 $\neg Q$,则将 P 展成如右边形式:$P \Leftrightarrow P \wedge 1 \Leftrightarrow P \wedge (Q \vee \neg Q) \Leftrightarrow (P \wedge Q) \vee (P \wedge \neg Q)$。

(4) 合并相同的小项。

例 1.24 求 $(P \wedge (P \rightarrow Q)) \vee Q$ 的主析取范式。

解 (1) 用真值表法求,如表1.11所示。

表 1.11 $(P \wedge (P \to Q)) \vee Q$ 的真值表

P	Q	$P \to Q$	$P \wedge (P \to Q)$	$(P \wedge (P \to Q)) \vee Q$
0	0	1	0	0
0	1	1	0	1
1	0	0	0	0
1	1	1	1	1

由真值表可求出

$$(P \wedge (P \to Q)) \vee Q \Leftrightarrow (\neg P \wedge Q) \vee (P \wedge Q)$$
$$\Leftrightarrow m_{01} \vee m_{11}$$
$$\Leftrightarrow m_1 \vee m_3$$

（2）用等值演算法求：

$$(P \wedge (P \to Q)) \vee Q \Leftrightarrow (P \wedge (\neg P \vee Q)) \vee Q$$
$$\Leftrightarrow ((P \wedge \neg P) \vee (P \wedge Q)) \vee Q$$
$$\Leftrightarrow (P \wedge Q) \vee Q$$
$$\Leftrightarrow (P \wedge Q) \vee (Q \wedge (P \vee \neg P))$$
$$\Leftrightarrow (P \wedge Q) \vee (P \wedge Q) \vee (\neg P \wedge Q)$$
$$\Leftrightarrow (P \wedge Q) \vee (\neg P \wedge Q)$$
$$\Leftrightarrow m_1 \vee m_3$$

定理 1.14 任意一个非永假的命题公式，其主析取范式是唯一的。

1.5.4 主合取范式

求解一个公式的主合取范式，首先需要对简单析取式标准化，即引进大项。

定义 1.18 在含有 n 个命题变元的简单析取式中，若每个命题变元与其否定不同时存在，而二者之一出现一次且仅出现一次，则称该简单析取式为大项。

例如，两个命题变元 P 和 Q，其构成的大项有 $\neg P \vee \neg Q$、$\neg P \vee Q$、$P \vee \neg Q$ 和 $P \vee Q$；而 3 个命题变元 P、Q 和 R，其构成的大项有 $\neg P \vee \neg Q \vee \neg R$、$\neg P \vee \neg Q \vee R$、$\neg P \vee Q \vee \neg R$、$\neg P \vee Q \vee R$、$P \vee \neg Q \vee \neg R$、$P \vee \neg Q \vee R$、$P \vee Q \vee \neg R$、$P \vee Q \vee R$。$P \vee \neg P$、$P \vee \neg Q \wedge \neg P \vee R$ 都不是大项。

注意如下 3 点。

（1）n 个命题变元，可产生 2^n 个不同大项。

（2）在 n 个命题变元的 2^n 个赋值中，有且只有一个赋值为某个大项的成假赋值。

例如，对 P、Q、R 而言，$P \vee \neg Q \vee \neg R$ 是大项，在 3 个命题变元的 8 种赋值中，只有赋值 011 为该大项的成假赋值，其他赋值都是该大项的成真赋值。

（3）如果将命题变元的原形对应 0，否定式对应 1，并且指定各命题变元的出现位置，则每一个大项对应一个 n 位二进制数。该二进制数正是该大项的唯一成假赋值。

将大项的成假赋值对应的二进制数转化为十进制数，记作 j，用 M_j 表示该大项，这就是对大项的编码。3 个命题变元生成的 8 个大项编码如表 1.12 所示。

表 1.12　3 个命题变元的大项

大项	二进制数	十进制数	编码
$P \vee Q \vee R$	000	0	M_0
$P \vee Q \vee \neg R$	001	1	M_1
$P \vee \neg Q \vee R$	010	2	M_2
$P \vee \neg Q \vee \neg R$	011	3	M_3
$\neg P \wedge Q \wedge R$	100	4	M_4
$\neg P \wedge Q \wedge \neg R$	101	5	M_5
$\neg P \wedge \neg Q \wedge R$	110	6	M_6
$\neg P \wedge \neg Q \wedge \neg R$	111	7	M_7

定义 1.19　如果一个命题公式的合取范式中的每一个简单析取式都是大项,则称该合取范式为命题公式的主合取范式。

定理 1.15　在真值表中,一个命题公式的所有真值为 0 的指派所对应的大项的合取,为该命题公式的主合取范式。

主合取范式求法也有两种:真值表法和等值演算法。下面分别介绍这两种方法。

用真值表法求命题公式的主合取范式步骤如下。

（1）列出命题公式的真值表。

（2）从真值表中找出命题公式的所有大项,方法为:将表中命题公式值为"0"所对应的真值指派,按照 1 对应命题变元的否定,0 对应命题变元本身的方法写出所有大项。

（3）将所有大项进行合取。

若命题公式为永真式,该命题公式没有大项。

若命题公式为永假式且该命题公式含有 n 个命题变元,其主合取范式有 2^n 个大项。

命题公式的主合取范式中大项的个数一定等于对应真值表中命题公式真值为"0"的个数。

定理 1.16　任意一个非永真的命题公式都存在与其等价的主合取范式。

用等值演算法求命题公式的主合取范式步骤如下。

（1）把给定公式化成合取范式。

（2）删除合取范式中所有为永真的简单析取式,合并简单析取式中相同项（例如,$P \vee P \vee Q \Leftrightarrow P \vee Q$）,变为最简合取范式。

（3）对简单析取式补入所有没有出现的命题变元,如某个简单析取式 P 不含命题变元 Q,也不含 $\neg Q$,则将 P 展成如右边形式:$P \Leftrightarrow P \vee 0 \Leftrightarrow P \vee (Q \wedge \neg Q) \Leftrightarrow (P \vee Q) \wedge (P \vee \neg Q)$。

（4）合并相同的大项。

例 1.25　求 $(P \wedge (P \rightarrow Q)) \vee Q$ 的主合取范式。

解　（1）用真值表法求,如表 1.13 所示。

表 1.13　$(P \wedge (P \to Q)) \vee Q$ 的真值表

P	Q	$P \to Q$	$P \wedge (P \to Q)$	$(P \wedge (P \to Q)) \vee Q$
0	0	1	0	0
0	1	1	0	1
1	0	0	0	0
1	1	1	1	1

由真值表可求出

$$(P \wedge (P \to Q)) \vee Q \Leftrightarrow (P \vee Q) \wedge (\neg P \vee Q)$$
$$\Leftrightarrow M_{00} \wedge M_{10}$$
$$\Leftrightarrow M_0 \wedge M_2$$

(2) 用等值演算法求。

$$(P \wedge (P \to Q)) \vee Q \Leftrightarrow (P \wedge (\neg P \vee Q)) \vee Q$$
$$\Leftrightarrow ((P \wedge \neg P) \vee (P \wedge Q)) \vee Q$$
$$\Leftrightarrow (P \wedge Q) \vee Q$$
$$\Leftrightarrow (P \vee Q) \wedge (Q \vee Q)$$
$$\Leftrightarrow (P \vee Q) \wedge Q$$
$$\Leftrightarrow (P \vee Q) \wedge (Q \vee (P \wedge \neg P))$$
$$\Leftrightarrow (P \vee Q) \wedge (P \vee Q) \wedge (\neg P \vee Q)$$
$$\Leftrightarrow (P \vee Q) \wedge (\neg P \vee Q)$$
$$\Leftrightarrow M_0 \wedge M_2$$

定理 1.17　任意一个非永真的命题公式,其主合取范式是唯一的。

一个真值既有真也有假的命题公式,既有主析取范式,也有主合取范式,并且命题公式的主析取范式和主合取范式是等价的。由小项和大项的编码知:一个命题公式若含有 n 个命题变元,则小项个数+大项个数=2^n,该公式表明主析取范式和主合取范式有着"互补"关系,即由给定公式的主析取范式可以求出其主合取范式,反之也成立。

我们今后约定,用 Σ 表示小项的析取,如:$\Sigma i, j$ 表示 $m_i \vee m_j$。用 Π 表示大项的合取,如:$\Pi i, j$ 表示 $M_i \vee M_j$。因此两种主范式可用简单的形式表示。

由命题公式的主析取范式求其主合取范式的步骤描述如下。

若公式 A 中含有 $n(n \geq 1)$ 个命题变元,A 的主析取范式含 $s(0 \leq s \leq 2^n)$ 个小项,则 A 有 s 个成真赋值,$2^n - s$ 个成假赋值,写出各成假赋值对应的各大项,将它们合取起来就是 A 的主合取范式。

例如,$(P \wedge (P \to Q)) \vee Q \Leftrightarrow m_1 \vee m_3 \Leftrightarrow \Sigma 1, 3$,则 $(P \wedge (P \to Q)) \vee Q \Leftrightarrow M_0 \wedge M_2 \Leftrightarrow \Pi 0, 2$

两种主范式的应用如下。

(1) 判断公式是何种类型。

如果一个命题公式包含 n 个命题变元并且它的主析取范式包含有 2^n 个小项,则该命题公式为重言式。

如果一个命题公式包含 n 个命题变元并且它的主合取范式包含有 2^n 个大项,则该命题公式为永假式。

如果一个命题公式包含 n 个命题变元并且它的两种主范式中小项和大项的个数都是大于 0,而小于 2^n,则该命题公式为可满足式。

(2) 证明两个公式是否等价。

由于任一公式的主范式是唯一的,所以对给定的公式求出其主范式,若主范式相同,则给定两公式是等价的。

1.6 命题逻辑的推理理论

数理逻辑的主要任务是用数学方法研究推理,提供一套正确的推理规则。推理是从前提出发推出结论的思维过程,前提是已知的命题公式,结论是从前提出发应用推理规则推出的命题公式。要研究推理就应该给出推理的形式结构,为此,首先应该明确什么样的推理是有效的或正确的。

本节主要讨论推理的概念、形式、规则及判别有效结论的方法。

1.6.1 推理的基本概念

推理也称论证,它是指由已知命题得到新的命题的思维过程,其中已知命题称为推理的前提或假设,推得的新命题称为推理的结论。

在数理逻辑中,前提 H 是一个或者 n 个命题公式 $H_1,H_2\cdots H_n$;结论是一个命题公式 C。由前提到结论的推理形式可表示为 $H_1,H_2\cdots H_n \Rightarrow C$,其中符号 $\Rightarrow$ 表示推出。

定义 1.20 设 $H_1,H_2\cdots H_n,C$ 都是命题公式,当且仅当 $H_1 \wedge H_2 \wedge \cdots \wedge H_n \Rightarrow C$,才可以说 C 是前提集合 $\{H_1,H_2\cdots H_n\}$ 的有效结论,或称 C 是从前提 $H_1,H_2\cdots H_n$ 逻辑推出的结论。

定理 1.18 推理形式 $H_1,H_2\cdots H_n \Rightarrow C$ 是有效的,当且仅当命题公式 $(H_1 \wedge H_2 \wedge \cdots \wedge H_n) \rightarrow C$ 是永真式。

判断命题公式为永真式主要有 3 种方法:(1)真值表法,(2)等值演算法,(3)主析取范式法。下面分别举例说明这 3 种方法的应用。

例 1.26 若小王去开会,则小李也去开会。小王去开会,所以小李去开会。

P:小王去开会 Q:小李去开会

前提:$P \rightarrow Q,P$ 结论:Q

推理形式结构:$(P \rightarrow Q) \wedge P \Rightarrow Q$

用真值表法证明 $(P \rightarrow Q) \wedge P \rightarrow Q$ 为永真式,列出真值表如表 1.14 所示。

表 1.14 $((P \rightarrow Q) \wedge P) \rightarrow Q$ 的真值表

P	Q	$P \rightarrow Q$	$(P \rightarrow Q) \wedge P$	$((P \rightarrow Q) \wedge P) \rightarrow Q$
0	0	1	0	1
0	1	1	0	1
1	0	0	0	1
1	1	1	1	1

由真值表知,公式$(P\rightarrow Q)\wedge P\rightarrow Q$为永真式,所以$(P\rightarrow Q)\wedge P \Rightarrow Q$。

用等值演算法证明其为永真式。

$$(P\rightarrow Q)\wedge P\rightarrow Q \Leftrightarrow \neg((\neg P\vee Q)\wedge P)\vee Q$$
$$\Leftrightarrow (\neg(\neg P\vee Q)\vee \neg P)\vee Q$$
$$\Leftrightarrow ((P\wedge \neg Q)\vee \neg P)\vee Q$$
$$\Leftrightarrow ((P\vee \neg P)\wedge (\neg Q\vee \neg P))\vee Q$$
$$\Leftrightarrow \neg Q\vee \neg P\vee Q$$
$$\Leftrightarrow 1$$

所以$(P\rightarrow Q)\wedge P \Rightarrow Q$。

用主析取范式法证明其为永真式。

$$(P\rightarrow Q)\wedge P\rightarrow Q \Leftrightarrow \neg((\neg P\vee Q)\wedge P)\vee Q$$
$$\Leftrightarrow (\neg(\neg P\vee Q)\vee \neg P)\vee Q$$
$$\Leftrightarrow ((P\wedge \neg Q)\vee \neg P)\vee Q$$
$$\Leftrightarrow (P\wedge \neg Q)\vee (\neg P\wedge (Q\vee \neg Q))\vee (Q\wedge (P\vee \neg P))$$
$$\Leftrightarrow (P\wedge \neg Q)\vee (\neg P\wedge Q)\vee (\neg P\wedge \neg Q))\vee (P\wedge Q)\vee (\neg P\wedge Q)$$
$$\Leftrightarrow (P\wedge \neg Q)\vee (\neg P\wedge Q)\vee (\neg P\wedge \neg Q))\vee (P\wedge Q)$$

该主析取范式表明,公式$(P\rightarrow Q)\wedge P\rightarrow Q$的所有真值指派都是小项,该公式为永真式,所以$(P\rightarrow Q)\wedge P \Rightarrow Q$。

利用真值表、等值演算法、主析取范式法虽然可以证明某一个结论是否是某一组前提的有效结论。但是,如果命题变元多、前提规模大时,利用这种方法显然就很繁琐。下面我们介绍推演证明,它包括两种方法:直接证明法和间接证明法,这两种方法不需要对命题进行真值指派,只讨论命题论证的有效性,而不去讨论命题的真假值。

1.6.2 推演证明

1. 直接证明法

直接证明法就是由一组前提,利用一些公认的推理规则,根据已知的等价或蕴含公式,推演得到有效的结论。

在数理逻辑中,从前提推导出结论,要依据事先提供的公认的推理规则。这些推理规则如下。

(1) P规则:在推导过程中,将前提引入到证明中使用。

(2) T规则:在推导过程中,如果前面一个或多个公式永真蕴含S或者某个公式等价于S,则可把S引进推导过程。

例1.27 证明 $P\rightarrow Q, \neg R\rightarrow \neg Q, P \Rightarrow R$。

证明:

(1) $P\rightarrow Q$ P
(2) $\neg R\rightarrow \neg Q$ P
(3) $Q\rightarrow R$ T(2)E
(4) $P\rightarrow R$ T(1)(3)I

(5) P　　　　　　　　P
(6) R　　　　　　　　T(4)(5)I

现解释例 1.27 证明中每一步依据的含义：第(1)、(2)、(5)步依据的是 P 规则；第(3)步依据是 T(2)E，表示对第(2)步利用 T 规则和等价公式得到第(3)步，E 表示等价公式；第(4)步依据是 T(1)(3)I，表示对第(1)、(3)步利用 T 规则和蕴涵公式得到第(4)步，I 表示蕴涵公式；第(6)步依据 T(4)(5)I 可类似第(4)步依据解释。

例 1.28　将命题符号化，并推证其结论。

我们去采石矶或雨山湖玩，如果我们去采石矶玩，那么我们就要带干粮。如果我们带了干粮，中午就不回来。所以，如果我们中午回来了，我们就去雨山湖玩了。

令 P：我们去采石矶玩。Q：我们去雨山湖玩。R：我们要带干粮。S：我们中午回来。

故本题即证：$(P \vee Q) \wedge (P \to R) \wedge (R \to \neg S) \Rightarrow S \to Q$。

证明：

(1) $P \to R$　　　　　　P
(2) $R \to \neg S$　　　　　P
(3) $P \to \neg S$　　　　　T(1)(2)I
(4) $P \vee Q$　　　　　　P
(5) $\neg Q \to P$　　　　　T(4)E
(6) $\neg Q \to \neg S$　　　　T(3)(5)I
(7) $S \to Q$　　　　　　T(6)E

2. 间接证明法

间接证明法包括 CP 规则证明和反证法，在间接证明的过程中也需要用到 P 规则和 T 规则，以及前面所学的基本等价式和常用蕴涵式。

定理 1.19　若 $H_1, H_2 \cdots H_n, R \Rightarrow C$，则 $H_1, H_2 \cdots H_n \Rightarrow R \to C$

证明：已知 $H_1 \wedge H_2 \wedge \cdots \wedge H_n \wedge R \Rightarrow C$，故 $H_1 \wedge H_2 \wedge \cdots \wedge H_n \wedge R \to C$ 为重言式。即 $\neg(H_1 \wedge H_2 \wedge \cdots \wedge H_n \wedge R) \vee C$ 为重言式，即 $\neg(H_1 \wedge H_2 \wedge \cdots \wedge H_n) \vee \neg R \vee C$ 为重言式，即 $(H_1 \wedge H_2 \wedge \cdots \wedge H_n) \to (R \to C)$ 为重言式，所以 $H_1, H_2 \cdots H_n \Rightarrow R \to C$

定理 1.19 可以引出如下的 CP 规则。

CP 规则：若证明有效结论为条件式 $R \to S$ 时，只需将其前件 R 加入到前提中作为附加前提且再去推出后件 S 即可。

例 1.29　证明 $(P \vee Q) \wedge (P \to R) \wedge (Q \to S) \Rightarrow \neg S \to R$。

证明：

(1) $\neg S$　　　　　　　附加前提
(2) $Q \to S$　　　　　　P
(3) $\neg S \to \neg Q$　　　　T(2)E
(4) $\neg Q$　　　　　　　T(1)(3)I
(5) $P \vee Q$　　　　　　P
(6) $\neg Q \to P$　　　　　T(5)E
(7) P　　　　　　　　T(4)(6)I

(8) $P \rightarrow R$ P
(9) R T(7)(8)I
(10) $\rceil S \rightarrow R$ CP 规则

定义 1.21 给出命题公式 $H_1, H_2 \cdots H_m$，$H_1 \wedge H_2 \wedge \cdots \wedge H_m$ 具有真值为"T"，则命题公式集合 $\{H_1, H_2 \cdots H_m\}$ 称为是一致的，否则称 $\{H_1, H_2 \cdots H_m\}$ 是非一致的。

定理 1.20 设 $\{H_1, H_2 \cdots H_m\}$ 是一致的，设 C 是一个命题公式，如果前提集合 $\{H_1, H_2 \cdots H_m, \rceil C\}$ 是非一致的，则一定有 $H_1, H_2 \cdots H_m \Rightarrow C$ 成立。

证明：因为前提集合 $\{H_1, H_2 \cdots H_m, \rceil C\}$ 是非一致的，所以 $H_1 \wedge H_2 \wedge \cdots \wedge H_m \wedge \rceil C$ 必定为永假式。

而 $H_1 \wedge H_2 \wedge \cdots \wedge H_m$ 是一致的，即为永真式，从而只有 $\rceil C$ 为永假式，则 C 一定为永真式，$H_1 \wedge H_2 \wedge \cdots \wedge H_m \rightarrow C$ 为永真式，故 $H_1 \wedge H_2 \wedge \cdots \wedge H_m \Rightarrow C$ 成立。

定理 1.20 给出了反证法的证明思想，即要证明 $H_1, H_2 \cdots H_m \Rightarrow C$，只需要证明 $\{H_1, H_2 \cdots H_m, \rceil C\}$ 是非一致的，即得出矛盾的结论。

例 1.30 将命题符号化，并推证其结论。

若 m 是实数，则它不是有理数就是无理数；若 m 不能表示成分数，则它不是有理数；m 是实数且它不能表示成分数，所以 m 是无理数。

解 首先将简单命题符号化：

设 $P: m$ 是实数。$Q: m$ 是有理数。$R: m$ 是无理数。$S: m$ 能表示成分数。

故本题即证：$P \rightarrow (Q \vee R)$、$\rceil S \rightarrow \rceil Q$、$P \wedge \rceil S \Rightarrow R$。

证明：

(1) $\rceil R$ 附加前提
(2) $P \wedge \rceil S$ P
(3) P T(2)I
(4) $\rceil S$ T(2)I
(5) $P \rightarrow (Q \vee R)$ P
(6) $Q \vee R$ T(3)(5)I
(7) $\rceil R \rightarrow Q$ T(6)E
(8) Q T(1)(7)I
(9) $\rceil S \rightarrow \rceil Q$ P
(10) $Q \rightarrow S$ T(9)E
(11) S T(8)(10)I
(12) $\rceil S \wedge S$ T(4)(11)I

例 1.31 证明 $R \rightarrow \rceil Q$、$R \vee S$、$S \rightarrow \rceil Q$、$P \rightarrow Q \Rightarrow \rceil P$。

证明：方法 1，直接证明法。

(1) $R \vee S$ P
(2) $\rceil S \rightarrow R$ T(1)E
(3) $R \rightarrow \rceil Q$ P
(4) $\rceil S \rightarrow \rceil Q$ T(2)(3)I
(5) $Q \rightarrow S$ T(4)E

(6) $S \to \neg Q$ P
(7) $Q \to \neg Q$ T(5)(6)I
(8) $\neg Q$ T(7)E
(9) $P \to Q$ P
(10) $\neg Q \to \neg P$ T(9)E
(11) $\neg P$ T(8)(10)I

证明：方法 2，反证法。

(1) $\neg(\neg P)$ 附加前提
(2) P T(1)E
(3) $P \to Q$ P
(4) Q T(2)(3)I
(5) $S \to \neg Q$ P
(6) $Q \to \neg S$ T(5)E
(7) $\neg S$ T(4)(6)I
(8) $R \lor S$ P
(9) R T(7)(8)I
(10) $R \to \neg Q$ P
(11) $\neg Q$ T(9)(10)I
(12) $Q \land \neg Q$ T(4)(11)I

由例 1.29 知，同一个问题，推理证明是不唯一的，只要符合逻辑推证即可。

1.7　其他联结词

前面已讨论了 5 个联结词 $\neg$、$\land$、$\lor$、$\to$、$\leftrightarrow$，但使用它们还不能广泛地做到简洁而又直接表达命题间的联系。为此，尚需定义其他 4 个联结词，它们分别是异或、与非、或非、蕴含否定。

1. 不可兼或（异或）

(1) 符号：$\triangledown$，读作"异或"。

设 P, Q 为两个命题，则 $P \triangledown Q$ 读作：P 异或 Q。

(2) 当且仅当 P 和 Q 的真值不同时，命题 $P \triangledown Q$ 的真值才为真；否则，$P \triangledown Q$ 的真值为假。异或联结词 $\triangledown$ 的定义如表 1.15 所示。

表 1.15　$\triangledown$ 的定义

P Q	$P \triangledown Q$
0　0	0
0　1	1
1　0	1
1　1	0

(3) 异或有如下几个性质。

① $P \nabla Q \Leftrightarrow (\neg P \wedge Q) \vee (\neg Q \wedge P) \Leftrightarrow (P \vee Q) \wedge (\neg P \vee \neg Q)$

② $P \nabla Q \Leftrightarrow \neg(P \leftrightarrow Q)$

③ $P \nabla Q \Leftrightarrow Q \nabla P$

④ $(P \nabla Q) \nabla R \Leftrightarrow P \nabla (Q \nabla R)$

⑤ $P \wedge (Q \nabla R) \Leftrightarrow (P \wedge Q) \nabla (P \wedge R)$

2. 与非

(1) 符号：↑。$P \uparrow Q$ 读作"P 与 Q 的否定"或"P 与非 Q"。

(2) 当且仅当 P 和 Q 的真值都为真时，命题 $P \uparrow Q$ 的真值才为假；否则，$P \uparrow Q$ 的真值为真。与非联结词↑的定义如表1.16所示。

表1.16 ↑的定义

$P \quad Q$	$P \uparrow Q$
0　0	1
0　1	1
1　0	1
1　1	0

(3) 与非有如下几个性质。

① $P \uparrow Q \Leftrightarrow \neg(P \wedge Q)$

② $(P \uparrow Q) \Leftrightarrow (Q \uparrow P)$

③ $(P \uparrow P) \Leftrightarrow \neg P$

④ $(P \uparrow Q) \uparrow (P \uparrow Q) \Leftrightarrow (P \wedge Q)$

⑤ $(P \uparrow P) \uparrow (Q \uparrow Q) \Leftrightarrow (P \vee Q)$

⑥ $P \uparrow (Q \uparrow R) \Leftrightarrow \neg P \vee (Q \wedge R)$

⑦ $(P \uparrow Q) \uparrow R \Leftrightarrow (P \wedge Q) \vee \neg R$

⑧ $P \uparrow T \Leftrightarrow \neg P, P \uparrow F \Leftrightarrow T$

3. 或非

(1) 符号：↓。$P \downarrow Q$ 读作"P 或 Q 的否定"或"P 或非 Q"。

(2) 当且仅当 P 和 Q 的真值都为假时，命题 $P \downarrow Q$ 的真值才为真；否则，$P \downarrow Q$ 的真值为假。或非联结词↓的定义如表1.17所示。

表1.17 ↓的定义

$P \quad Q$	$P \downarrow Q$
0　0	1
0　1	0
1　0	0
1　1	0

(3) 或非有如下几个性质。

① $P \downarrow Q \Leftrightarrow \neg(P \vee Q)$

② $P \downarrow Q \Leftrightarrow Q \downarrow P$

③ $P \downarrow P \Leftrightarrow \neg P$

④ $(P \downarrow Q) \downarrow (P \downarrow Q) \Leftrightarrow P \vee Q$

⑤ $(P \downarrow P) \downarrow (Q \downarrow Q) \Leftrightarrow P \wedge Q$

⑥ $P \downarrow (Q \downarrow R) \Leftrightarrow \neg P \wedge (Q \vee R)$

⑦ $(P \downarrow Q) \downarrow R \Leftrightarrow (P \vee Q) \wedge \neg R$

⑧ $P \downarrow F \Leftrightarrow \neg P$; $P \downarrow T \Leftrightarrow F$

实际上，↑ 和 ↓ 是互为对偶的。

4. 蕴涵否定

(1) 符号：$\xrightarrow{c}$。$P \xrightarrow{c} Q$ 读作 P 蕴涵 Q 的否定。

(2) 当且仅当 P 为真、Q 为假时，命题 $P \xrightarrow{c} Q$ 的真值才为真；否则，$P \xrightarrow{c} Q$ 的真值为假。蕴含否定联结词 $\xrightarrow{c}$ 的定义如表1.18所示。

表 1.18 $\xrightarrow{c}$ 的定义

P Q	$P \xrightarrow{c} Q$
0 0	0
0 1	0
1 0	1
1 1	0

从定义可知 $P \xrightarrow{c} Q \Leftrightarrow \neg(P \rightarrow Q)$。

5. 联结词功能完全集

定义 1.22 D 是若干个逻辑联结词的集合，如果任一命题公式都可以由 D 中的联结词构造的公式等价地表示，且删去 D 的任一联结词 X 后，至少有一个命题公式不能由 $D-\{X\}$ 中联结词构造的公式等价地表示，则称 D 为一个最小联结词组或功能完备集。

例如 $\{\neg, \vee\}$、$\{\neg, \wedge\}$、$\{\uparrow\}$、$\{\downarrow\}$ 都是功能完备集。$\{\wedge, \vee\}$、$\{\neg\}$ 都不是功能完备集。

例 1.32   试将公式 $(\neg P \rightarrow Q) \rightarrow (Q \rightarrow \neg P)$ 用仅含联结词 $\neg$ 和 $\vee$ 的公式等价表示。

解 $(\neg P \rightarrow Q) \rightarrow (Q \rightarrow \neg P) \Leftrightarrow (P \vee Q) \rightarrow (\neg Q \vee \neg P)$

$\Leftrightarrow \neg(P \vee Q) \vee (\neg Q \vee \neg P)$

$\Leftrightarrow (\neg P \wedge \neg Q) \vee (\neg Q \vee \neg P)$

$\Leftrightarrow ((\neg P \wedge \neg Q) \vee \neg Q) \vee \neg P$

$\Leftrightarrow \neg Q \vee \neg P$

习 题

1. 下列哪些语句是命题？

(1) 黄山是在安徽省。
(2) 你会做这道题目吗？
(3) 月球比地球大。
(4) 请关上窗户！
(5) 如果 $1+2=5$，我就去游泳。
(6) 只有 6 是偶数，3 才能被 2 整除。

2. 给出下面命题的否定命题。
(1) 上海是一座城市。
(2) $1+2=5$ 并且 $2\times 3=6$。
(3) 2 是素数或 3 是偶数。

3. 将下列命题符号化。
(1) 灯泡有故障或开关有故障。
(2) 今天下大雨和 $3+3=6$。
(3) 虽然天气炎热，老师坚持给我们上课。
(4) 他一边走路，一边看书。
(5) 如果天下大雨，他就乘公共汽车上班。
(6) 只有天下大雨，他才乘公共汽车上班。
(7) $2+2=4$ 当且仅当雪是白色的。

4. 判断下列各蕴涵式是真是假。
(1) 若一周有八天，则 $3+2=5$。
(2) 若一周有七天，则 $3+2\neq 5$。
(3) 若一周有八天，则 $3+2\neq 5$。
(4) 若一周有七天，则 $3+2=5$。

5. 给出下列各蕴涵形式命题的逆命题、反命题和逆反命题。
(1) 如果明天上离散数学课，我今晚就预习。
(2) 只有天气不好，才会取消运动会。

6. 构造下列公式的真值表，并由此判断它们是否是永真式、永假式和可满足式。
(1) $(P \land \neg Q) \to R$
(2) $\neg(P \to Q) \land Q \land R$
(3) $(\neg P \to Q) \to (Q \to \neg P)$
(4) $(P \leftrightarrow Q) \land (\neg P \leftrightarrow Q)$

7. 用等价演算法证明下面的等价式。
(1) $(P \to Q) \land (P \to R) \Leftrightarrow P \to (Q \land R)$
(2) $\neg(P \leftrightarrow Q) \Leftrightarrow (P \lor Q) \land \neg(P \land Q)$
(3) $(\neg P \to Q) \to (Q \to \neg P) \Leftrightarrow \neg P \lor Q$
(4) $P \to (Q \to R) \Leftrightarrow P \land Q \to R)$

8. 将下列公式化简。
(1) $Q \land \neg(P \to Q)$
(2) $(P \to Q) \leftrightarrow (\neg Q \to \neg P)$

(3) $((P \wedge Q) \vee (P \wedge \neg Q)) \wedge R$

(4) $((P \to Q) \wedge P) \to Q$

9. 不构造真值表证明下面的蕴含式。

(1) $\neg P \wedge (P \vee Q) \Rightarrow Q$

(2) $(P \to P) \wedge \neg P \Rightarrow \neg P$

(3) $(P \to Q) \wedge (Q \to R) \Rightarrow P \to R$

(4) $\neg (P \to Q) \Rightarrow P$

10. 求下列公式的对偶式。

(1) $P \to (Q \to R)$

(2) $(P \wedge R) \vee (Q \wedge R) \vee \neg P$

(3) $(P \wedge Q) \to R$

(4) $(T \vee Q) \wedge P$

11. 求下列公式的析取范式与合取范式。

(1) $(P \to \neg Q) \vee \neg R$

(2) $(P \to \neg Q) \to R$

(3) $(\neg P \vee Q) \wedge (P \to P \vee Q) \wedge (P \to R)$

(4) $\neg (P \vee Q) \to (P \wedge Q)$

12. 求下列公式的主析取范式与主合取范式。

(1) $P \to (Q \to R)$

(2) $(P \to \neg Q) \to R$

(3) $(P \to Q) \wedge \neg P$

(4) $\neg (P \vee Q) \to (P \wedge Q)$

(5) $(\neg P \to R) \wedge (P \leftrightarrow Q)$

13. 某单位要在甲、乙、丙 3 人中选派 1～2 名出差,选派时需满足如下条件。

(1) 若甲去,则丙同去。

(2) 若乙去,则丙不能去。

(3) 若丙不去,则甲或乙可以去。

问有几种选派方案?

14. 用推理规则证明下列各式。

(1) $P \to Q, \neg Q \vee R, \neg R, \neg S \vee P \Rightarrow \neg S$

(2) $A \to (B \to C), C \to (\neg D \vee E), \neg G \to (D \wedge \neg E), A \Rightarrow B \to G$

(3) $P \vee Q, P \to R, Q \to S \Rightarrow R \vee S$

(4) $P \to (Q \vee R), Q \to \neg P, S \to \neg R \Rightarrow P \to \neg S$

15. 符号化下列命题并推证其结论。

如果今天是星期六,我们就要去爬山或看电影;如果今天天气炎热,我们就不去爬山;今天是星期六,并且天气炎热,所以我们去看电影。

第 2 章 谓词逻辑

在研究命题逻辑中,原子命题是命题演算中最基本的单位,不能再对原子命题进行分解,这样会产生以下两大缺点。

(1) 不能研究命题的结构,成分和内部逻辑的特征。

(2) 也不可能表达两个原子命题所具有的共同特征,甚至在命题逻辑中无法处理一些简单又常见的推理过程。

例:苏格拉底论证是正确的,但不能用命题逻辑的推理规则推导出来。

"所有的人总是要死的"。　　　　　　P

"苏格拉底是人"。　　　　　　　　　Q

"所以苏格拉底是要死的。"　　　　　R

按照命题逻辑,提出 3 个原子命题,推理证明:$P \wedge Q \Rightarrow R$,显然根据命题逻辑是无法证明的。

2.1 基本概念

2.1.1 谓词

为了克服命题逻辑的局限性,就应该将简单命题再细分,分析出个体词、谓词和量词,能够表达出个体与总体的内在联系和数量关系,这就是一阶逻辑所研究的内容。一阶逻辑也称一阶谓词逻辑或谓词逻辑。

定义 2.1 可以独立存在的抽象的或具体的客体称为个体。

如:学生、西瓜、自然数、相对论等都可以做为个体。

将表示具体或特定的个体词称为个体常元,一般用 $a,b,c\cdots$ 表示;将表示抽象或泛指的个体称为个体变元,一般用 $x,y,z\cdots$ 表示。

个体变元的取值范围称为个体域,记为 D。特别的,将宇宙间一切事物组成的个体域称为全总个体域。如无特殊说明个体域,个体域均指全总个体域。

定义 2.2 用来刻划个体的性质或关系的词称为谓词。

同个体词一样,谓词也有常项和变项之分。表示具体性质或关系的谓词称为谓词常项,表示抽象的、泛指的性质或关系的谓词称为谓词变项。无论是谓词常项或变项都用大写英文字母 $A,B,C\cdots$ 表示,可根据上下文进行区分。

表达一个命题必须包括个体词和谓词两部分。我们把谓词字母后括号内填上个体,用 $F(a)$ 表示 a 具有性质 F,用 $L(a,b)$ 表示 a 与 b 具有关系 L。

如:张华是三好学生,李明是三好学生。则该命题表示如下。

H 表示"是学生"。j 表示"张华"。m 表示"李明"。其中,H 是谓词,j、m 是个体,则可用下列符号表示上述二个命题:$H(j)$,$H(m)$。

小李比小王跑得快。则该命题表示如下。

R 表示"跑得快"。l 表示"小李"。w 表示"小王"。其中,R 是谓词,l,w 是个体,则可用 $R(l,w)$ 表示该命题。

注意以下两点。

(1) 谓词中所含个体变元的个数称为谓词的元数。含 n 个个体变元的谓词,称为 n 元谓词,记为 $P(x_1,x_2\cdots x_n)$。

当 $n=1$ 时,称一元谓词;当 $n=2$ 时,称二元谓词…特别的,当 $n=0$,称为零元谓词。零元谓词是命题,这样命题与谓词就得到了统一。

一般的,一元谓词描述个体词的性质,二元或多元谓词描述两个或多个个体间的关系。

(2) 在二元或多元谓词中客体的次序有时是有规定的。

如,张三高于李四,写成二元谓词为 $G(z,l)$,G 表示"高于",z 表示"张三",l 表示"李四",不能写成 $G(l,z)$。

2.1.2 命题函数

客体在谓词表达式中可以是任意的名词。

如,D:"是有大小的"。

有大小的对象很多,现任意取 3 个对象,它们分别是:g 表示水果,y 表示树叶,f 表示衣服。

则 $D(g)$、$D(y)$、$D(f)$ 均代表命题。

如果用 x 表达任意的个体,则 x 表示个体变元,$D(x)$ 表示"x 是有大小的",称 $D(x)$ 为命题函数。

定义 2.3 由一个谓词字母和一些非空的个体变元的集合所组成的表达式,称为命题函数。

注意以下两点。

(1) 当命题函数仅有一个个体变元时,称为一元命题函数;含 n 个个体变元的命题函数,称为 n 元命题函数。

(2) 若用任何实际个体去取代个体变元之后,则命题函数就变为命题。

例:$I(x)$ 表示 x 是整数,这是一个命题函数。$I(4)$ 表示 4 是整数,这是一个命题。

定义 2.4 命题函数中个体变元的取值范围称为个体域(或论述域)。

个体域的给定形式有两种。

(1) 具体给定,也就是给定一个具体的集合,如:$\{a,b,c\}$。

(2) 全总个体域/任意域:宇宙间一切事物组成的个体域称为全总个体域。

2.1.3 量词

有了个体和谓词之后,有些命题还是不能准确地符号化,原因是还缺少表示个体常元或变元之间数量关系的词。量词是表示个体常元或变元之间数量关系的词,量词可分两种:全称量词和存在量词。

1. 全称量词

日常生活和数学中所用的"一切的""所有的""每一个""任意的"等词可统称为全称量词,将它们符号化为"$\forall$"。并用$\forall x$表示个体域里的所有个体,而用$\forall x F(x)$表示个体域里所有个体都具有性质F。

例如,将"对于所有的x和任何的y,如果x高于y,那么y不高于x"写成命题表达形式为:$\forall x \forall y(G(x,y) \to \neg G(y,x))$,$G(x,y)$表示$x$高于$y$。

2. 存在量词

日常生活和数学中所用的"存在""有一个""有的""至少有一个""某些""有些"等词统称为存在量词,将它们都符号化为"$\exists$"。并用$\exists x$表示个体域里有的个体,而用$\exists x F(x)$表示个体域里存在个体具有性质F。

例 2.1 将下面两个命题利用不同的个体域进行符号化。

(1) 有的生物是动物。(2) 所有的生物都是动物。

其中,(1)个体域D_1为生物集合,(2)个体域D_2为全总个体域。

解 ① 令$A(x):x$是动物。

在D_1中除了生物外,再无别的东西,因而(1)符号化为$\exists x A(x)$,(2)符号化为$\forall x A(x)$。

② D_2中除了生物外,还有其他万物,因而在(1)、(2)符号化时,必须考虑将生物分离出来。令$S(x):x$是生物。在D_2中,(1)、(2)可以分别重述如下:(1)在宇宙间存在着是动物的生物;(2)对于宇宙间一切对象而言,如果对象是生物,则它是动物。于是(1)、(2)的符号化形式分别为$(\exists x)(S(x) \wedge A(x))$,$(\forall x)(S(x) \to A(x))$。

由例2.1可知,个体域不同,则表示同一命题的符号化形式不同。

定义 2.5 若一个谓词$P(x)$是用来限制个体变元的取值范围,那么称谓词$P(x)$为特性谓词。

注意以下两点。

(1) 当个体域为全总个体域时,需要使用特性谓词,将特性谓词所代表的对象从全总个体域中分离出来。如果对语句符号化时,指明了个体域,便不用特性谓词。

(2) 对于同一个体域,用不同的量词时,特性谓词加入的方法不同。

对于全称量词,其特性谓词以条件式的前件方式加入;对于存在量词,其特性谓词以合取的形式加入。

例 2.2 将下面两个命题符号化。

(1) 每个学生都要参加考试。(2) 一些人是聪明的。

解 当题目中没有指明个体域时,采用全总个体域。

(1) 令$S(x):x$是学生。$T(x):x$要参加考试。可符号化为:$\forall x(S(x) \to T(x))$,其中$S(x)$是特性谓词。

(2) 令$M(x):x$是人。$C(x):x$是聪明的。可符号化为:$\exists x(M(x) \wedge C(x))$,其中$M(x)$是特性谓词。

3. 量化命题与命题的关系

(1) 量化命题的真值:决定于所给定的个体域。

给定个体域:$\{a_1,a_2\cdots a_n\}$。以$\{a_1,a_2\cdots a_n\}$中的每一个元素代入,则:

$\forall x P(x) \Leftrightarrow P(a_1) \wedge P(a_2) \wedge \cdots \wedge P(a_n)$

$\exists x Q(x) \Leftrightarrow Q(a_1) \vee Q(a_2) \cdots \vee Q(a_n)$

当个体域是有限时,可以消去量化命题中的量词。若个体域$D=\{a,b,c\}$,则公式$(\forall x)A(x) \Leftrightarrow A(a) \wedge A(b) \wedge A(c)$,$(\exists x)A(x) \Leftrightarrow A(a) \vee A(b) \vee A(c)$。

(2) 谓词前加上了量词,称为谓词的量化。若一个谓词中所有个体变元都量化了,则该谓词就变成了命题。

个体域不同,则表示同一命题的值不同。令$Q(x):x<5$。在不同的个体域下,$\forall x Q(x)$与$\exists x Q(x)$量化值如表2.1所示。

表2.1　个体域不同所对应的同一命题的值

	$\{-1,0,3\}$	$\{-3,6,2\}$	$\{15,30\}$
$\forall x Q(x)$	T	F	F
$\exists x Q(x)$	T	T	F

2.1.4　谓词公式

定义 2.6　不出现命题联结词和量词的谓词命名式称为原子谓词公式,并用$P(x_1,x_2\cdots x_n)$来表示。P称为n元谓词,$x_1\cdots x_n$称为个体变元,当$n=0$时称为零元谓词公式。

定义 2.7　由下列递归规则生成的公式称为谓词公式。

(1) 原子谓词公式是谓词公式。

(2) 若A是谓词公式,则$\neg A$也是谓词公式。

(3) 若A,B都是谓词公式,则$(A \wedge B)$、$(A \vee B)$、$(A \rightarrow B)$、$(A \leftrightarrow B)$都是谓词公式。

(4) 若A是谓词公式,x是任何变元,则$\forall x A$、$\exists x A$也都是谓词公式。

(5) 当且仅当能够有限次地应用(1)~(4)所求得的那些公式才是谓词公式。

由上述定义,命题演算公式也是谓词演算公式。例如,$(\forall x)P(x)$、$(\forall x)(P(x) \vee Q(x))$和$(\exists x)(\forall y)(P(x,y) \rightarrow R(y))$都是谓词公式,而$(\forall x)(P(x) \rightarrow R(x)$和$(\exists x)(\forall y)(\wedge P(x,y))$都不是谓词公式。

2.1.5　约束变元与自由变元

1. 约束变元与自由变元

定义 2.8　在公式$\forall x A$和$\exists x A$中,称x为指导变元,A为相应量词的辖域。在$\forall x$和$\exists x$的辖域中,x的所有出现称为约束出现,x称为约束变元;A中不是约束出现的其他个体变元的出现称为自由出现,这些个体变元称为自由变元。

若量词后有括号,则括号内的子公式就是该量词的辖域;若量词后无括号,则与量词邻接的子公式为该量词的辖域。

判定给定公式 A 中个体变元是约束变元还是自由变元,关键是要看它在 A 中是约束出现,还是自由出现。

例 2.3 指出下列各谓词公式中的量词辖域、约束变元和自由变元。

(1) $(\forall x)(P(x) \to (\exists y)Q(x,y))$

(2) $\exists x(P(x,y) \to Q(x,z)) \vee R(x)$

(3) $(\forall x)(\forall y)(P(x,y) \vee Q(y,z)) \wedge (\exists x)R(x,y)$

解 (1) $(\forall x)$ 的辖域是 $(P(x) \to (\exists y)Q(x,y))$,$(\exists y)$ 的辖域为 $Q(x,y)$。对于 $(\exists y)$ 的辖域而言,y 为约束出现,x 为自由出现。对于 $(\forall x)$ 的辖域来说,x 和 y 均为约束出现,x 约束出现 2 次,y 约束出现 1 次。

(2) $(\exists x)$ 的辖域是 $(P(x,y) \to Q(x,z))$,公式 $\exists x(P(x,y) \to Q(x,z)) \vee R(x)$ 从左向右算起,x 的第 1 次,第 2 次出现是约束的,第 3 次出现是自由的;y,z 的出现是自由的。

(3) 在 $(\forall x)(\forall y)(P(x,y) \vee Q(y,z))$ 中,$(\forall x)$ 和 $(\forall y)$ 的辖域分别为 $(\forall y)(P(x,y) \vee Q(y,z))$ 和 $P(x,y) \vee Q(y,z)$,显然 x 和 y 为约束出现,z 为自由出现。$(\exists x)$ 的辖域是 $R(x,y)$,x 为约束出现,y 为自由出现。在整个公式中,x 为约束出现,y 既为约束出现又为自由出现,z 为自由出现。

在一个公式中,同一个个体变元既可以自由出现,又可以约束出现,这样容易引起混淆,为研究问题带来不便,我们希望一个个体变元在一个公式中以一种身份出现。为此引入下面两条规则,分别是约束变元的改名规则和自由变元的代入规则。

2. 约束变元的改名规则

下面介绍约束变元的改名规则。

(1) 在改名中要把公式中所有相同的约束变元全部同时改掉。

(2) 改名时所用的变元符号在量词辖域内未出现。

如 $\forall x P(x) \to \exists y R(x,y)$ 可改写成 $\forall x P(x) \to \exists z R(x,z)$,但不能改成

$\forall x P(x) \to \exists x R(x,x)$,因为 $\exists x R(x,x)$ 中前面的 x 原为自由变元,现在变为约束变元了。

例 2.4 将公式 $(\forall x)(P(x) \to Q(x,y)) \wedge R(x,y)$ 中的约束变元改名。

解 把约束变元 x 改为 z,得 $(\forall z)(P(z) \to Q(z,y)) \wedge R(x,y)$,其中 $R(x,y)$ 的 x 为自由变元,所以不改名。而 $(\forall z)(P(z) \to Q(x,y)) \wedge R(x,y)$ 和 $(\forall y)(P(y) \to Q(y,y)) \wedge R(x,y)$ 均为错误改名。

3. 自由变元的代入规则

自由变元的代入规则如下。

(1) 对公式中出现该自由变元的每一处进行代入。

(2) 用以代入的变元与原公式中所有变元的名称不能相同。

如对于 $\forall x P(x,y) \wedge \forall y Q(y) \to R(y,z)$,可代替为 $\forall x P(x,m) \wedge \forall y Q(y) \to R(m,z)$。但下面的代替都是不对的。

$$\forall x P(x,m) \wedge \forall y Q(m) \to R(m,z)$$

$$\forall x P(x,z) \wedge \forall y Q(y)) \to R(z,z)$$

$$\forall x P(x,m) \wedge \forall y Q(y)) \rightarrow R(y,z)$$

利用约束变元改名规则和自由变元代入规则可使同一个个体变元在一个公式中以一种身份出现。

4. 闭式

定义 2.9 设 A 为任意一个公式,若 A 中无自由出现的个体变元,则称 A 为封闭的合式公式,简称闭式。

由闭式定义可知,闭式中所有个体变元均为约束出现。例如,$(\forall x)(P(x) \rightarrow Q(x))$ 和 $(\exists x)(\forall y)(P(x) \vee Q(x,y))$ 是闭式,而 $(\forall x)(P(x) \rightarrow Q(x,y))$ 和 $(\exists y)(\forall z)L(x,y,z)$ 不是闭式。

注意:区别是命题还是命题函数的方法如下。

(1) 若在谓词公式中出现有自由变元,则该公式为命题函数。

(2) 若在谓词公式中的变元均为约束变元,则该公式为命题。

如,$\forall x P(x,y,z)$ 是二元命题函数,$\exists y \forall x P(x,y,z)$ 是一元命题函数,而 $\forall x P(x)$ 中如果没有自由变元出现,该公式是一个命题。

根据闭式定义和命题与命题函数的区别方法可知:闭式为命题,命题函数不是闭式。

2.2 谓词逻辑的翻译

把一个文字叙述的命题,用谓词公式表示出来,称为谓词逻辑的翻译或符号化;反之亦然。一般来说,将自然语言翻译成谓词公式主要有以下几个步骤。

(1) 确定个体域,如无特别说明,一般使用全总个体域。

(2) 根据个体域,分析命题中的个体、个体性质以及个体间的关系,确定谓词。

(3) 根据表示数量的词确定量词;如果使用全总个体域,则要加入特性谓词。

(4) 选择合适的联结词将整个命题符号化。

例 2.5 把下列命题符号化。

(1) 张丽和李明都是大学生。

(2) 小李比小张头发短。

(3) 这是一把红色的古老的椅子。

(4) 有的人喜欢看书。

(5) 不是所有的西瓜瓤都是红色的。

解 (1) 令 $S(x):x$ 是大学生。z:张丽。l:李明。命题符号化为 $S(z) \wedge S(l)$。

(2) 令 $D(x,y):x$ 比 y 头发短。l:小李。z:小张。命题符号化为 $D(l,z)$。

(3) 令 $Y(x):x$ 是一把红色的古老的椅子。z:这。命题符号化为 $Y(z)$。

该题还可以对谓词提取更详细一些,令 $Y(x):x$ 是椅子。$R(x):x$ 是红色的。$L(x):x$ 是古老的。z:这。命题符号化为 $R(z) \wedge L(z) \wedge Y(z)$。

对个体描述性质的刻画深度不同,命题就可以翻译成不同形式的谓词公式。

(4) 由于未指定个体域,所以使用全总个体域,令 $P(x):x$ 喜欢看书。$M(x):x$ 是人。命题符号化为 $\exists x(M(x) \wedge P(x))$。

(5) 个体域仍然使用全总个体域，令 $R(x):x$ 是红色的。$W(x):x$ 是西瓜瓤。命题符号化为 $\forall x(W(x) \rightarrow R(x))$，也可以翻译为 $\exists x(W(x) \wedge \neg R(x))$。

例 2.6 符号化下列命题(个体域为全总个体域)。

(1) 冬瓜比南瓜大。
(2) 有的冬瓜比所有南瓜大。
(3) 并不是所有的冬瓜都比南瓜大。
(4) 不存在同样大的两个南瓜。

解 令 $B(x):x$ 是冬瓜。$N(y):y$ 是南瓜。$S(x,y):x$ 比 y 大。$L(x,y):x$ 和 y 同样大。

(1) 本命题可理解为"所有冬瓜都比所有南瓜大"，因此本命题可符号化为：
$(\forall x)(B(x) \rightarrow (\forall y)(N(y) \rightarrow S(x,y)))$ 或 $(\forall x)(\forall y)((B(x) \wedge N(y)) \rightarrow S(x,y))$。

(2) 本命题可符号化为：$(\exists x)(B(x) \wedge (\forall y)(N(y) \rightarrow S(x,y)))$。

(3) 本命题可理解为"并非所有冬瓜都比所有南瓜大"或"有的冬瓜比有的南瓜不大"，因此本命题可符号化为：
$\neg(\forall x)(\forall y)((B(x) \wedge N(y)) \rightarrow S(x,y))$ 或 $(\exists x)(\exists y)(B(x) \wedge N(y) \wedge \neg S(x,y))$。

(4) 本命题也可理解为"任何两个南瓜不会同样大"，因此本命题可符号化为：
$\neg(\exists x)(\exists y)(N(x) \wedge N(y) \wedge L(x,y))$ 或 $(\forall x)(\forall y)((N(x) \wedge N(y)) \rightarrow \neg L(x,y))$。

2.3 谓词公式的解释

谓词公式中常常含有个体常元、个体变元(约束变元或自由变元)、函数变元和谓词变元等，对各种变元用指定的特殊常元去代替，就构成了一个公式的解释。当然在给定的解释下，可以对多个公式进行解释。下面给出解释的一般定义。

定义 2.10 一个解释 I 由 4 部分组成：
(1) 非空个体域 D；
(2) D 中一部分特定元素；
(3) D 上一些特定的函数；
(4) D 上一些特定的谓词。

然后将谓词公式中的自由变元看作常元。于是，若对公式 A 给定了一个解释 I，则 A 在解释 I 下可以计算其真值。

例 2.7 设有谓词公式 $A \Leftrightarrow \forall y(P(y) \wedge Q(y,a))$、$B \Leftrightarrow \exists x(P(f(x)) \wedge Q(x,f(a)))$，解释给定为：$D=\{1,2\}$、$a=2$，特定的函数和特定的谓词值如表 2.2 所示。

表 2.2 特定的函数和特定的谓词值

$f(1)$	$f(2)$	$P(1)$	$P(2)$	$Q(1,1)$	$Q(1,2)$	$Q(2,1)$	$Q(2,2)$
2	1	T	F	T	F	F	T

则
$A \Leftrightarrow (P(1) \wedge Q(1,2)) \wedge (P(2) \wedge Q(2,2)) \Leftrightarrow (T \wedge F) \wedge (F \wedge T) \Leftrightarrow F$
$B \Leftrightarrow (P(f(1)) \wedge Q(1,f(2))) \vee (P(f(2)) \wedge Q(2,f(2)))$

$$\Leftrightarrow (P(2) \wedge Q(1,1)) \vee (P(1) \wedge Q(2,1))$$
$$\Leftrightarrow (F \wedge T) \vee (T \wedge F) = F$$

定义 2.11 （1）若一公式在任何解释下都是真的,称该公式为永真式。

（2）若一公式在任何解释下都是假的,称该公式为永假式。

（3）若一公式至少存在一个解释使其为真,称该公式为可满足式。

由定义 2.11 可知,谓词公式也分为永真式、永假式和可满足式。

2.4 谓词演算的等价式与蕴涵式

在命题逻辑中给出了一些常见等价公式和蕴含式,用原子谓词公式去代替第一章中等价公式和蕴含式中的原子命题变元,则在第 1 章中等价公式和蕴含式均可变成谓词演算中的等价公式和蕴含式。

例如：在命题逻辑中有 $P \wedge Q \Leftrightarrow Q \wedge P$、$P \Rightarrow P \vee Q$,同样在谓词逻辑中有 $P(x) \wedge Q(x) \Leftrightarrow Q(x) \wedge P(x)$、$P(x) \Rightarrow P(x) \vee Q(x)$。

2.4.1 谓词演算等价式

定义 2.12 设 A、B 为任意两个谓词公式。若 $A \leftrightarrow B$ 为永真式,则称 A 与 B 是等价的,记为 $A \Leftrightarrow B$,称 $A \Leftrightarrow B$ 为等价式。

下面给出涉及量词的一些等价式。

1. 量词否定等价式

(1) $\neg (\forall x) A(x) \Leftrightarrow (\exists x) \neg A(x)$

(2) $\neg (\exists x) A(x) \Leftrightarrow (\forall x) \neg A(x)$

下面证明 $\neg \exists x A(x) \Leftrightarrow \forall x \neg A(x)$。设个体域为 $S = \{a_1, a_2, \cdots a_n\}$。

证明：$\neg \exists x A(x) \Leftrightarrow \neg ((A(a_1) \vee A(a_2) \vee \cdots \vee A(a_n))$
$$\Leftrightarrow \neg A(a_1) \wedge \neg A(a_2) \wedge \cdots \wedge \neg A(a_n) \Leftrightarrow \forall x \neg A(x)$$

例 2.8 否定下列命题。

(1) 马鞍山是一个城市。

(2) 每一个自然数都是偶数。

解 (1) 符号化为：$C(m)$。 (2) 符号化为：$\forall x (N(x) \rightarrow E(x))$。

上述两个命题的否定为。

(1) 马鞍山不是一个城市,$\neg C(m)$。

(2) 有一些自然数不是偶数,$\neg \forall x (N(x) \rightarrow E(x))$ 或 $\exists x (N(x) \wedge \neg E(x))$。$\neg \forall x (N(x) \rightarrow E(x))$ 的等价演算如下。
$$\neg \forall x (N(x) \rightarrow E(x)) \Leftrightarrow \exists x \neg (N(x) \rightarrow E(x))$$
$$\Leftrightarrow \exists x \neg (\neg N(x) \vee E(x))$$
$$\Leftrightarrow \exists x (N(x) \wedge \neg E(x))$$

注意：对于非量化命题的否定只需将动词否定,而对于量化命题的否定不但对动词进行否定而且对量词同时进行否定。其方法是:$\forall x$ 的否定变为$\exists x$,$\exists x$ 的否定变为$\forall x$。

量词转换律的推广应用:把$\neg$深入到谓词公式前面。
$$\neg \forall x\, \exists y P(x,y,z) \Leftrightarrow \exists x\, \neg \exists y P(x,y,z) \Leftrightarrow \exists x\, \forall y\, \neg P(x,y,z)$$

2. 量词辖域收缩或扩张等价式

设 B 是不含 x 的任何谓词公式,$A(x)$ 为有 x 约束出现的任意公式,则有:
(1) $(\forall x)(A(x) \wedge B) \Leftrightarrow (\forall x)A(x) \wedge B$
(2) $(\forall x)(A(x) \vee B) \Leftrightarrow (\forall x)A(x) \vee B$
(3) $(\forall x)(A(x) \rightarrow B) \Leftrightarrow (\exists x)A(x) \rightarrow B$
(4) $(\forall x)(B \rightarrow A(x)) \Leftrightarrow B \rightarrow (\forall x)A(x)$
(5) $(\exists x)(A(x) \wedge B) \Leftrightarrow (\exists x)A(x) \wedge B$
(6) $(\exists x)(A(x) \vee B) \Leftrightarrow (\exists x)A(x) \vee B$
(7) $(\exists x)(A(x) \rightarrow B) \Leftrightarrow (\forall x)A(x) \rightarrow B$
(8) $(\exists x)(B \rightarrow A(x)) \Leftrightarrow B \rightarrow (\exists x)A(x)$

我们选择(2)证明如下。

证明:(2) $(\forall x)(A(x) \vee B) \Leftrightarrow (\forall x)A(x) \vee B$

设个体域为:$S = \{a_1, a_2, \cdots a_n\}$。
$$\forall x A(x) \vee B \Leftrightarrow (A(a_1) \wedge A(a_2) \wedge \cdots \wedge A(a_n)) \vee B$$
$$\Leftrightarrow (A(a_1) \vee B) \wedge (A(a_2) \vee B) \wedge \cdots \wedge (A(a_n) \vee B)$$
$$\Leftrightarrow \forall x(A(x) \vee B)$$

所以上式得证。

3. 量词分配律等价式

(1) $(\forall x)(A(x) \wedge B(x)) \Leftrightarrow (\forall x)A(x) \wedge (\forall x)B(x)$
(2) $(\exists x)(A(x) \vee B(x)) \Leftrightarrow (\exists x)A(x) \vee (\exists x)B(x)$

其中,$A(x)$,$B(x)$ 为有 x 约束出现的任何公式。

我们选择(1)证明如下。

证明:(1) $\forall x(A(x) \wedge B(x)) \Leftrightarrow \forall x A(x) \wedge \forall x B(x)$

设个体域为:$S = \{a_1, a_2 \cdots a_n\}$。
$$\forall x(A(x) \wedge B(x)) \Leftrightarrow (A(a_1) \wedge B(a_1)) \wedge (A(a_2) \wedge B(a_2)) \wedge \cdots \wedge (A(a_n) \wedge B(a_n))$$
$$\Leftrightarrow (A(a_1) \wedge \cdots \wedge A(a_n)) \wedge (B(a_1) \wedge \cdots \wedge B(a_n))$$
$$\Leftrightarrow \forall x A(x) \wedge \forall x B(x)$$

4. 多个量词等价式

(1) $(\forall x)(\forall y)A(x,y) \Leftrightarrow (\forall y)(\forall x)A(x,y)$
(2) $(\exists x)(\exists y)A(x,y) \Leftrightarrow (\exists y)(\exists x)A(x,y)$

其中 $A(x,y)$ 为含有 x 和 y 约束出现的任意公式。

在含有多个量词的谓词公式中,$\forall x\, \forall y$ 中$\forall x$ 和 $\forall y$ 的位置是可以互换的,且不影响命题的真值。$\exists x\, \exists y$ 也是如此,即相同量词间的次序是可以任意调动的,不同量词间的次序则不能随意调动。

例 2.9 证明如下两个等价公式。

(1) $\neg \forall x(F(x) \to G(x)) \Leftrightarrow \exists x(F(x) \wedge \neg G(x))$

(2) $\neg \forall x \forall y(F(x) \wedge G(y) \to H(x,y)) \Leftrightarrow \exists x \exists y(F(x) \wedge G(y) \wedge \neg H(x,y))$

证明：(1) $\neg \forall x(F(x) \to G(x))$

$\Leftrightarrow \neg \forall x(\neg F(x) \vee G(x))$

$\Leftrightarrow \exists x \neg(\neg F(x) \vee G(x))$

$\Leftrightarrow \exists x(F(x) \wedge \neg G(x))$

(2) $\neg \forall x \forall y(F(x) \wedge G(y) \to H(x,y))$

$\Leftrightarrow \exists x \exists y \neg(F(x) \wedge G(y) \to H(x,y))$

$\Leftrightarrow \exists x \exists y \neg(\neg(F(x) \wedge G(y)) \vee H(x,y))$

$\Leftrightarrow \exists x \exists y(F(x) \wedge G(y) \wedge \neg H(x,y))$

2.4.2 蕴涵式

定义 2.13 设 A、B 为任意两个谓词公式，若 $A \to B$ 为永真式，则称 A 蕴涵 B，记为 $A \Rightarrow B$。

下面将给出谓词逻辑中的一些蕴涵式，其证明省略。

1. 含单个量词的蕴涵式

(1) $(\forall x)A(x) \vee (\forall x)B(x) \Rightarrow (\forall x)(A(x) \vee B(x))$

(2) $(\exists x)(A(x) \wedge B(x)) \Rightarrow (\exists x)A(x) \wedge (\exists x)B(x)$

(3) $(\forall x)(A(x) \to B(x)) \Rightarrow (\forall x)A(x) \to (\forall x)B(x)$

(4) $(\forall x)(A(x) \to B(x)) \Rightarrow (\exists x)A(x) \to (\exists x)B(x)$

其中，$A(x)$ 和 $B(x)$ 为含有 x 的约束出现的任意公式。

2. 含多个量词的蕴涵式

(1) $(\forall x)(\forall y)A(x,y) \Rightarrow (\forall x)A(x,x)$

(2) $(\exists x)A(x,x) \Rightarrow (\exists x)(\exists y)A(x,y)$

(3) $(\forall x)(\forall y)A(x,y) \Rightarrow (\exists y)(\forall x)A(x,y)$

(4) $(\exists y)(\forall x)A(x,y) \Rightarrow (\forall x)(\exists y)A(x,y)$

(5) $(\forall x)(\exists y)A(x,y) \Rightarrow (\exists y)(\exists x)A(x,y)$

其中，$A(x,y)$ 为含有 x、y 的约束出现的任意公式。

例 2.10 证明 $(\forall x)(\forall y)(P(x) \leftrightarrow Q(y)) \Rightarrow (\forall x)P(x) \leftrightarrow (\forall x)Q(x)$。

证明：$(\forall x)(\forall y)(P(x) \leftrightarrow Q(y))$

$\Rightarrow (\forall x)(P(x) \leftrightarrow Q(x))$

$\Leftrightarrow (\forall x)((P(x) \to Q(x)) \wedge (Q(x) \to P(x)))$

$\Leftrightarrow (\forall x)(P(x) \to Q(x)) \wedge (\forall x)(Q(x) \to P(x))$

$\Rightarrow ((\forall x)P(x) \to (\forall x)Q(x)) \wedge ((\forall x)Q(x) \to (\forall x)P(x))$

$\Leftrightarrow (\forall x)(P(x) \leftrightarrow (\forall x)Q(x)$

从而,得到

$(\forall x)(\forall y)(P(x) \leftrightarrow Q(y)) \Rightarrow (\forall x)P(x) \leftrightarrow (\forall x)Q(x)$

2.5 前束范式

谓词逻辑同命题逻辑一样,有必要研究谓词公式的标准形式问题。本节主要介绍谓词公式的标准形式——前束范式。

定义 2.14 一个公式,如果量词均非否定地出现在全式的开头,它们的作用域延伸到整个公式的末尾,则称此公式为前束范式。

例如,$\forall x \exists y \forall z (\neg Q(x,y) \vee R(z))$ 为前束范式。

可见,前束范式的特点是:所有量词均非否定地出现在公式最前面,且它的辖域一直延伸到公式的末尾。任何一个谓词公式均和一个前束范式等价。

例如,$(\forall x)(\exists y)(\forall z)(P(x,y) \to Q(y,z))$、$(\forall x)R(x,y)$ 等都是前束范式,而 $(\forall x)P(x) \wedge (\exists y)Q(y)$、$(\forall x)(P(x) \to (\exists y)Q(x,y))$ 不是前束范式。

定理 2.1 任意谓词公式 A 都有与之等价的前束范式。

该定理为前束范式存在定理。

谓词公式转换为前束范式的方法如下。

(1) 利用量词否定等价式把 $\neg$ 深入到原子谓词公式前。

(2) 利用约束变元的改名规则。

(3) 利用量词辖域的扩张收缩律,把量词移到全式的最前面,这样一定可得到等价的前束范式。

例 2.11 将公式 $\forall x P(x) \to \exists x Q(x)$ 化归为前束范式。

解 $\forall x P(x) \to \exists x Q(x) \Leftrightarrow \neg \forall x P(x) \vee \exists x Q(x)$
$\Leftrightarrow \exists x \neg P(x) \vee \exists x Q(x)$
$\Leftrightarrow \exists x (\neg P(x) \vee Q(x))$

例 2.12 将公式 $\neg(\forall x F(x,y) \vee \exists y G(x,y))$ 化归为前束范式。

解 $\neg(\forall x F(x,y) \vee \exists y G(x,y))$
$\Leftrightarrow \neg \forall x F(x,y) \wedge \neg \exists y G(x,y)$
$\Leftrightarrow \exists x \neg F(x,y) \wedge \forall y \neg G(x,y)$ 量词否定等价式
$\Leftrightarrow \exists u \neg F(u,y) \wedge \forall v \neg G(x,v)$ 约束变元改名规则
$\Leftrightarrow \exists u (\neg F(u,y) \wedge \forall v \neg G(x,v))$ 量词辖域收缩或扩张等价式
$\Leftrightarrow \exists u \forall v (\neg F(u,y) \wedge \neg G(x,v))$ 量词辖域收缩或扩张等价式

2.6 谓词逻辑的推理理论

谓词逻辑是命题逻辑的进一步深化和发展,因此命题逻辑里的 P、T、CP 推理规则等在谓词逻辑中同样可以使用。但是谓词公式中由于有了量词,等价和蕴涵的情况就不完

全与命题逻辑相同,有必要消去量词和添加量词,故需要对量词的一些特性再作进一步地讨论,以便解决谓词逻辑的推理问题。

1. 处理量词的推理规则

下面分别介绍 4 个推理规则。

(1) 全称指定规则(US 规则)。

如果对个体域中所有客体 x,$A(x)$ 成立,则对个体域中某个任意客体 c,$A(c)$ 成立。该规则表示成:$\forall x A(x) \Rightarrow A(c)$。

(2) 全称推广规则(UG 规则)。

如果能够证明对个体域中每一个客体 c,命题 $A(c)$ 都成立,则可得到结论 $\forall x A(x)$ 成立。该规则表示成:$A(c) \Rightarrow \forall x A(x)$。

(3) 存在指定规则(ES 规则)。

如果对于个体域中某些客体 $A(x)$ 成立,则必有某个特定的客体 c,使 $A(c)$ 成立。该规则表示成:$\exists x A(x) \Rightarrow A(c)$。

(4) 存在推广规则(EG 规则)。

如果对个体域中某个特定客体 c,有 $A(c)$ 成立,则在个体域中,必存在 x,使 $A(x)$ 成立。该规则表示成:$A(c) \Rightarrow \exists x A(x)$。

注意:在这 4 个规则当中,US 规则和 ES 规则是消去谓词公式中的量词,而 UG 规则和 EG 规则是给谓词公式加上量词。US 规则和 UG 规则是处理全称量词的,而 ES 规则和 EG 规则是处理存在量词的。

处理量词的推理规则使用说明如下。

(1) 在使用 ES、US 规则时,谓词公式必须是前束范式。

(2) 推导中连续使用 US 规则可指定相同变元。

例如,$\forall x P(x) \Rightarrow P(c)$,$\forall x Q(x) \Rightarrow Q(c)$。

(3) 推导中如果既使用 ES 规则,又使用 US 规则,则必须先用 ES 规则,后用 US 规则方可指定相同变元,反之不行。

例如,$\exists x P(x) \Rightarrow P(c)$、$\forall x Q(x) \Rightarrow Q(c)$,这两个蕴涵式使用指定规则时,可以指定相同的变元。

(4) 推导中连续使用 ES 规则时,使用一次更改一个变元。

例 2.13 指出下列推导中的错误,并加以改正。

(1) $\exists x P(x)$ P
(2) $P(c)$ ES(1)
(3) $\exists x Q(x)$ P
(4) $Q(c)$ ES(2)

解 第二次使用存在量词消去规则(ES 规则)时,所指定的特定个体应该是证明序列以前公式中没有出现过的,正确的推理如下。

(1) $\exists x P(x)$ P
(2) $P(c)$ ES(1)
(3) $\exists x Q(x)$ P

(4) $Q(d)$ 　　　　　　　　ES(2)

谓词逻辑推理方法是命题逻辑推理方法的扩展,因此在谓词逻辑中利用的推理规则也是 T 规则、P 规则和 CP 规则,还有已知的等价式、蕴涵式以及有关量词的消去和产生规则。常用的推理方法和命题逻辑一样也有两种:直接证法和间接证法。

2. 直接证法

例 2.14　试证明下面苏格拉底论证。

所有人都是要死的。

苏格拉底是人。

因此,苏格拉底是要死的。

证明:令 $M(x):x$ 是人。$D(x):x$ 是要死的。s:苏格拉底。原题可符号化为:
$$(\forall x)(M(x) \to D(x)), M(s) \Rightarrow D(s)$$

推证如下:

(1) $(\forall x)(M(x) \to D(x))$　　　　P
(2) $M(s) \to D(s)$　　　　　　　　US(1)
(3) $M(s)$　　　　　　　　　　　　P
(4) $D(s)$　　　　　　　　　　　　T(2)(3)I

例 2.15　证明 $(\forall x)(P(x) \to Q(x))$、$\neg(\forall x)(P(x) \to R(x)) \Rightarrow (\exists x)(Q(x) \wedge \neg R(x))$。

证明:

(1) $\neg(\forall x)(P(x) \to R(x))$　　　　　P
(2) $(\exists x)\neg(\neg P(x) \vee R(x))$　　　　T(1)E
(3) $\neg(\neg P(c) \vee R(c))$　　　　　　ES(2)
(4) $(P(c) \wedge \neg R(c))$　　　　　　　T(3)E
(5) $P(c)$　　　　　　　　　　　　　T(4)I
(6) $\neg R(c)$　　　　　　　　　　　　T(4)I
(7) $(\forall x)(P(x) \to Q(x))$　　　　　P
(8) $P(c) \to Q(c)$　　　　　　　　　US(7)
(9) $Q(c)$　　　　　　　　　　　　　T(5)(8)I
(10) $Q(c) \wedge \neg R(c)$　　　　　　　T(6)(9)I
(11) $(\exists x)(Q(x) \wedge \neg R(x))$　　　　EG(10)

3. 间接证法

间接证法分为 CP 规则证明和反证法证明。

例 2.16　将下列推理符号化并给出推理证明。

每一个大学生不是文科生就是理科生,有的大学生是优等生,小张不是文科生但他是优等生。因此,如果小张是大学生,他就是理科生。

证明:个体域取全总个体域。设 $P(x):x$ 是大学生。$Q(x):x$ 是文科生。$S(x):x$ 是理科生。$T(x):x$ 是优等生。c:小张。则翻译如下:

前提:$\forall x(P(x) \to (Q(x) \vee S(x)))$、$\exists x(P(x) \wedge T(x))$、$\neg Q(c) \wedge T(c)$。

结论：$P(c) \to S(c)$

(1) $P(c)$ 附加前提

(2) $\forall x(P(x) \to (Q(x) \vee S(x)))$ P

(3) $P(c) \to (Q(c) \vee S(c))$ US(2)

(4) $Q(c) \vee S(c)$ T(1)(3)I

(5) $\neg Q(c) \wedge T(c)$ P

(6) $\neg Q(c)$ T(5)I

(7) $\neg Q(c) \to S(c)$ T(4)E

(8) $S(c)$ T(6)(7)I

(9) $P(c) \to S(c)$ CP 规则

该例使用了 CP 规则证明。

例 2.17 证明 $\neg \forall x(P(x) \wedge Q(x))$、$\forall xP(x) \Rightarrow \neg \forall xQ(x)$。

(1) $\neg \neg \forall xQ(x)$ 附加前提

(2) $\forall xQ(x)$ T(1)E

(3) $Q(c)$ US(2)

(4) $\forall xP(x)$ P

(5) $P(c)$ US(4)

(6) $P(c) \wedge Q(c)$ T(3)(5)I

(7) $\forall x(P(x) \wedge Q(x))$ UG(6)

(8) $\neg \forall x(P(x) \wedge Q(x))$ P

(9) $\forall x(P(x) \wedge Q(x)) \wedge \neg \forall x(P(x) \wedge Q(x))$ T(7)(8)I

该例使用了反证法证明。

习　　题

1. 用谓词表达式写出下列命题。

(1) 老李去过巴西和美国。

(2) 小张没有交作业。

(3) 若 n 是偶数，则 $2n$ 也是偶数。

(4) 小李喜欢书籍或球类运动。

(5) 所有的人都要学驾驶。

(6) 有些人不学驾驶。

(7) 并非有人不学驾驶。

(8) 春天来了当且仅当燕子飞回来了。

2. 令谓词 $S(x)$ 表示"x 是大学生"，$E(x)$ 表示"x 学外语"，当个体域分别为(1)大学生的集合(2)全总个体域时，用谓词表达式符号化下列语句。

(1) 每个大学生都学外语。

(2) 有的大学生不学外语。

(3) 并非有大学生不学外语。

(4) 并非有所有大学生学外语。

3. 令谓词 $M(x)$ 表示"x 是明星",$Y(x)$ 表示"x 是演员",$G(x)$ 表示"x 是歌手",$O(x)$ 表示"x 是年老的",$H(x)$ 表示"x 身材好",$S(x)$ 表示"x 是大学生",$P(x)$ 表示"x 是运动员",$A(x,y)$ 表示"x 钦佩 y",个体域为全总个体域。用谓词表达式符号化下列语句。

(1) 有些明星是演员。

(2) 某些演员是歌手。

(3) 不是所有明星都是演员。

(4) 某些明星是年老的,但是身材好。

(5) 某些大学生明星是运动员。

(6) 有些明星既是歌手,又是演员。

(7) 所有大学生都钦佩运动员。

4. 设个体域 $D=\{1,2,3\}$,消去下列各式的量词。

(1) $\exists x \forall y(P(x) \land Q(y))$

(2) $\forall x \forall y(P(x) \lor Q(y))$

(3) $\exists x P(x) \to \exists y Q(y)$

(4) $\forall x \exists y P(x,y) \to \exists y Q(y)$

5. 设谓词 $P(x,y)$ 表示"x 大于 y",个体域 $D=\{1,2,3\}$,求下列各式的真值。

(1) $\exists x P(x,2)$

(2) $\forall y P(3,y)$

(3) $\forall x \forall y P(x,y)$

(4) $\exists x \exists y P(x,y)$

(5) $\exists x \forall y P(x,y)$

(6) $\forall y \exists x P(x,y)$

6. 指出下列谓词公式的量词辖域、约束变元和自由变元。

(1) $\forall x(P(x) \to Q(x,y))$

(2) $\forall x P(x) \to Q(x,y)$

(3) $\forall x P(x,y) \to \exists y Q(x,y)$

(4) $\forall x P(x,y) \to \exists y(Q(x,y) \land R(y,z))$

(5) $\forall x \exists y(P(x,y) \lor Q(x,z)) \land \exists z R(y,z)$

7. 给定一个解释 I 如下。

(1) 个体域为自然数集 N。

(2) 个体常项 $a=0$。

(3) 函数 $f(x,y)=x+y$,$g(x,y)=xy$。

(4) 谓词 $F(x,y)$ 为 $x=y$。

在解释 I 下,研究下列各公式哪些是命题,哪些不是命题?如果是命题,判断其真值。

(1) $\forall x \forall y(F(f(x,a),y) \to F(f(y,a),x))$

(2) $\forall x \forall y(F(f(x,y),g(x,y))$

(3) $F(f(x,y),f(y,z))$

(4) $F(g(x,y),g(y,x))$

8. 证明下列各等价式(B 中不含变元 x)。

(1) $\forall x(A(x) \to B) \Leftrightarrow \exists x A(x) \to B$

(2) $\forall x(B \to A(x)) \Leftrightarrow B \to \forall x A(x)$

(3) $\neg \forall x(P(x) \to Q(x)) \Leftrightarrow \exists x(P(x) \wedge \neg Q(x))$

(4) $\forall x(P(x) \to \neg Q(x)) \Leftrightarrow \neg \exists x(P(x) \wedge Q(x))$

(5) $\neg \forall x \forall y(F(x) \wedge G(y) \to H(x,y)) \Leftrightarrow \exists x \exists y(F(x) \wedge G(y) \wedge \neg H(x,y))$

9. 求下列谓词公式的前束范式。

(1) $\exists x P(x) \to \exists y Q(y)$

(2) $\forall x \exists y P(x,y) \to \exists y Q(y)$

(3) $\forall x P(x,y) \to \exists y Q(x,y)$

(4) $\neg(\forall x)(P(x) \to R(x))$

10. 用演绎法证明下列推理式。

(1) $(\forall x)A(x) \vee (\forall x)B(x) \Rightarrow (\forall x)(A(x) \vee B(x))$

(2) $(\exists x)(A(x) \wedge B(x)) \Rightarrow (\exists x)A(x) \wedge (\exists x)B(x)$

(3) $(\forall x)(A(x) \to B(x)) \Rightarrow (\forall x)A(x) \to (\forall x)B(x)$

(4) $(\forall x)(A(x) \to B(x)) \Rightarrow (\exists x)A(x) \to (\exists x)B(x)$

11. 用演绎法证明下列推理式。

(1) $\forall x(P(x) \to (Q(x) \wedge R(x))), \exists x P(x) \Rightarrow \exists x(P(x) \wedge R(x))$

(2) $\forall x(P(x) \vee Q(x)), \neg(\exists x)Q(x) \Rightarrow \exists x P(x)$

(3) $\forall x(P(x) \vee Q(x)), \forall x(\neg R(x) \vee \neg Q(x)), \forall x R(x) \Rightarrow \forall x P(x)$

(4) $\forall x(F(x) \to \neg G(x)), \forall y(H(y) \to G(y)), \forall z(M(z) \to F(z)) \Rightarrow \forall w(M(w) \to \neg H(w))$

(5) $\forall x(\neg P(x) \vee Q(x)) \Rightarrow \forall x P(x) \to \forall x Q(x)$

12. 将下列命题符号化,并用演绎推理法证明其结论是有效的(个体域取全总个体域)。

(1) 所有的自然数都是整数,某些自然数是偶数。因此,某些整数是偶数。

(2) 所有的自然数都是整数,所有的小数都不是整数。因此,所有的小数都不是自然数。

(3) 所有的学生都喜欢学习,小李是个技术员并且是个学生。因此,有些技术员喜欢学习。

13. 令谓词 $P(x)$、$Q(x)$、$R(x)$ 分别表示"x 是哺乳动物"、"x 是脊椎动物"、"x 是胎生动物",个体域为全总个体域,将下列语句符号化。

(1) 所有的哺乳动物都是脊椎动物。

(2) 并非所有的哺乳动物都是胎生动物。

(3) 有些脊椎动物是胎生的。

能否从(1)和(2)推出(3)? 若能,请用演绎推理法证明;若不能,请写出(1)、(2)的一个有效结论,并用演绎推理法证明。

第 3 章 集合

集合论是现代数学的理论基础,广泛地应用于各种科学技术领域。由于集合论适合于描述和研究离散对象及其关系,所以也是计算机科学与工程的理论基础,在程序设计、关系数据库、形式语言和自动机等学科领域中有着重要的应用。

3.1 集合的概念和表示法

3.1.1 集合的概念

定义 3.1 集合是具有某种共性的客体的全体。

① 客体:泛指一切客观事物,可以是具体的或抽象的。
② 元素(成员):集合中的任一客体。
③ 符号:用大写英文字母 A,B 等表示集合,用小写英文字母 a,b 等表示元素。
④ 元素与集合间的关系:若 a 是集合 S 中的元素,则可写成 $a \in S$;若 b 不是集合 S 中的元素,则可写成 $b \notin S$。
⑤ 集合 S 的基数(势):S 中的元素个数。用 $|S|$ 表示。
⑥ 有限集合:集合的基数(元素)是有限的。
  无限集合:集合的基数(元素)是无限的。
⑦ 本书中常用集合符。

$I_m (m \geqslant 1)$:有限个正整数的集合 $\{1,2,3,\cdots,m\}$。
$N_m (m \geqslant 0)$:有限个自然数的集合 $\{0,1,2,\cdots,m\}$。
N:自然数集合 $\{0,1,2,\cdots\}$。
I^+:正整数集合 $\{1,2,3,\cdots\}$。
I:整数集合 $\{\cdots,-1,0,1,2,\cdots\}$。
P:素数集合 $\{$大于 1 的正整数,只能被 1 和自己整除$\}$。
Q:有理数集合 $\{i/j, i、j$ 均为整数且 $j \neq 0\}$。
R:实数集合 $\{$有理数、无理数$\}$。
C:复数集合 $\{a+bi, a、b$ 可为实数,$i=\sqrt{-1}\}$。

3.1.2 集合的表示法

1. 枚举法(列举法)

把集合的元素列于花括号内。

例如:命题的真假值组成的集合 $S=\{T,F\}$,自然数 0、1、2、3、4 五个元素的集合 $S=\{0,1,2,3,4\}$。

例 3.1 下面是枚举法给出的集合的例子。
(1) $A=\{1,3,5,7,\cdots\}$。
(2) $B=\{2,4,6,8,\cdots,100\}$。
(3) $P=\{a+1,a+2,a+3,\cdots,a+999\}$。
(4) $Q=\{a,A,b,B,c,C,\cdots,Z\}$。

2. 谓词公式描述法

描述法通过刻画集合中元素所具备的某种特性来表示集合。
所有集合均可用谓词公式表示为: $S=\{x\mid p(x)\}$。

例 3.2 大于 10 的整数的集合 $S_1=\{x\mid x\in I\land x>10\}$。
偶整数集合 $S_2=\{x\mid y(y\in I\land x=2y)\}$。

注意: 同一集合可以用多种不同的形式表示。
$S3=\{1,2,3,4,5\}=\{x\mid x\in I\land(1\leqslant x\leqslant 5)\}$
$S4=\{F,T\}=\{x\mid x=T\lor x=F\}$
$S5=\{1,4\}=\{x\mid (x^2-5x+4=0)\}$

3. 文氏图

用平面上的方形或圆形表示一个集合,又称为文氏图(Venn Diagrams)法。图 3.1 就是集合 A、B、C 和 D 的图形表示。

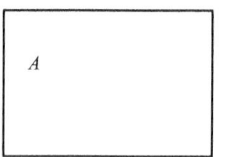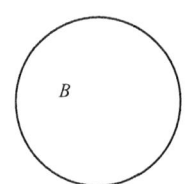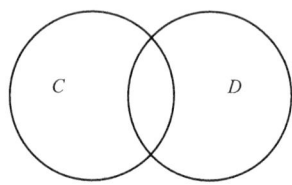

图 3.1 集合的图形表示

3.1.3 集合的关系

首先了解一下 3 个特殊的集合:空集、全集、集合族。

定义 3.2 不拥有任何元素的集合称为**空集**(或称零集),用 ∅ 表示,即:
$$\varnothing=\{x\mid p(x)\land\neg p(x)\}=\{\ \}$$

注意: $\varnothing\neq\{\varnothing\}$,前者是空集,后者是以 ∅ 作为元素的集合。

定理 3.1 设有空集 ∅ 和任一集合 A,则 $\varnothing\subseteq A$。

证明: 设 $\forall x\in A$,要证明 $\varnothing\subseteq A$,只要证 $\forall x(x\in\varnothing\to x\in A)$ 为"T"。

∵ ∅ 中没有元素。

∴ $x\in\varnothing$ 为假,$\forall x(x\in\varnothing\to x\in A)$ 为"T"

定义 3.3 如果一个集合包含了所要讨论的每一个集合,则称该集合为全集,用 E 表

示,即:
$$E = \{x \mid p(x) \vee \neg p(x)\} \quad p(x)\text{为任何谓词公式}$$

定义 3.4 以集合为元素的集合称为集合族。

例 3.3 $A = \{\{a\}, \{b\}, \{c,d\}\}$

集合 A 和 B 相等当且仅当 A 和 B 具有同样的元素(成员),记 $A = B$,即:
$$(A = B) \Leftrightarrow \forall x(x \in A \leftrightarrow x \in B)$$

例 3.4 $\{a,b,c\} = \{b,a,a,c,c\}, \{a,b,c\} = \{b,c,a\}$。
$P = \{\{1,2\}, 4\}$、$Q = \{1,2,4\}$,则 $P \neq Q$。

定义 3.5 集合 A 的每一个元素都是 B 的元素,则称 **A 是 B 的子集**,或者说 **A 包含于 B**,或者说 **B 包含 A**,记作 **$A \subseteq B$**,或者 **$B \supseteq A$**,并规定:
$$A \subseteq B \Leftrightarrow B \supseteq A \Leftrightarrow \forall x(x \in A \rightarrow x \in B)$$

例如,$A1 = \{1,2,3\}$、$A2 = \{0\}$、$A3 = \{1,2,3,0\}$、$B = \{1,2,3,0\}$,则
$$A1 \subseteq B \text{、} A2 \subseteq B \text{、} A3 \subseteq B$$

定理 3.2 设 A、B 是任意两个集合,$A = B$ 当且仅当 $A \subseteq B$ 和 $B \subseteq A$。

证明:

(1) 必要性:$(A = B) \Rightarrow (A \subseteq B \wedge B \subseteq A)$
$$(A = B) \Leftrightarrow \forall x((x \in A \rightarrow x \in B) \wedge (x \in B \rightarrow x \in A))$$
$$\Leftrightarrow \forall x(x \in A \rightarrow x \in B) \wedge \forall x(x \in B \rightarrow x \in A)$$
$$\Leftrightarrow (A \subseteq B) \wedge (B \subseteq A)$$

(2) 充分性:$A \subseteq B \wedge B \subseteq A \Rightarrow A = B$
$$(A \subseteq B) \wedge (B \subseteq A) \Leftrightarrow \forall x(x \in A \rightarrow x \in B) \wedge \forall x(x \in B \rightarrow x \in A)$$
$$\Leftrightarrow (A = B)$$

定义 3.6 若 $A \subseteq B$ 且 $A \neq B$,则称 A 是 B 的真子集,记作 **$A \subset B$**(A 真包含于 B),即:
$$A \subset B \Leftrightarrow (A \subseteq B \wedge A \neq B)$$

注意:区分"$\in$"和"$\subseteq$"的关系,"$\in$"关系是指集合和该集合中元素之间的关系。

例:$S = \{a, \{b\}, c\}$,则 $a \in S, \{b\} \in S, c \in S$。

而"$\subseteq$"关系是指二个集合之间的关系。

例:$S1 = \{a, b\}$、$S2 = \{a, b, 1, 2\}$,则 $S1 \subseteq S2$。

3.1.4 幂集和索引集合

定义 3.7 给定集合 A,由集合 A 的所有子集为元素组成的集合,称为集合 A 的幂集,记为 $P(A)$。

例 3.5 若 $A_1 = \varnothing$,则 $P(A_1) = \{\varnothing\}$。

若 $A_2 = \{a\}$,则 $P(A_2) = \{\varnothing, \{a\}\}$。

若 $A_3 = \{1,2\}$,则 $P(A_3) = \{\varnothing, \{1\}, \{2\}, \{1,2\}\}$。

定理 3.3 如果有限集合 A 有 n 个元素,则其幂集 $P(A)$ 有 2^n 个元素。

证明:A 的所有由 k 个元素组成的子集数为从 n 个元素中取 k 个元素的组合数,为
$$C_n^k = \frac{n(n-1)(n-2)\cdots(n-k+1)}{k!}$$

另外，因∅⊆A，故 P(A) 的总数 N 可表示为

$$N = 1 + C_n^1 + C_n^2 + \cdots + C_n^k + \cdots + C_n^n = \sum_{k=0}^{n} C_n^k$$

但又因

$$(x+y)^n = \sum_{k=0}^{n} C_n^k \cdot x^k \cdot y^{n-k}$$

令 $x = y = 1$，

$$2^n = \sum_{k=0}^{n} C_n^k$$

故 P(A) 的元素个数是 2^n。

3.2 集合的运算

3.2.1 交运算与并运算

1. 集合的交

定义 3.8 集合 A 和 B 的交集是由 A 和 B 相同元素构成的集合，记为 $A \cap B$，即：
$$A \cap B = \{x \mid x \in A \land x \in B\}$$

交集的定义如图 3.2（文氏图）所示。

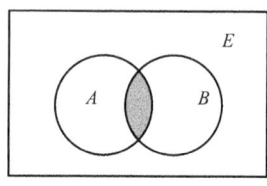

图 3.2

例 3.6 $A = \{0, 2, 4, 6, 8, 10, 12\}$、$B = \{1, 2, 3, 4, 5, 6\}$，

则 $A \cap B = \{2, 4, 6\}$。

例 3.7 设 $A \subseteq B$，求证 $A \cap C \subseteq B \cap C$。

证明：对 $\forall x \in A \cap C$，有 $x \in A$ 且 $x \in C$，又因为 $A \subseteq B$，所以 $x \in B$ 且 $x \in C$，即 $x \in B \cap C$。因此，$A \cap C \subseteq B \cap C$。

例 3.8 $A \cap B \subseteq A$，$A \cap B \subseteq B$。

证明：（略）。

集合的交运算具有以下性质。

(1) $A \cap A = A$。

(2) $A \cap \emptyset = \emptyset$。

(3) $A \cap E = A$。

(4) $A \cap B = B \cap A$。

(5) $(A \cap B) \cap C = A \cap (B \cap C)$。

证明对(4)的证明如下：

$$\forall x \in A \cap B \Leftrightarrow x \in \{x \mid x \in A \wedge x \in B\}$$
$$\Leftrightarrow x \in \{x \mid x \in B \wedge x \in A\} \Leftrightarrow x \in B \cap A$$

若 $A \cap B = \varnothing$,则称 A 和 B 是**不相交**。

2. 集合的并

定义 3.9 集合 A 和 B 的并集是由 A 和 B 的所有元素构成的集合,记为 $A \cup B$,即:
$$A \cup B = \{x \mid x \in A \vee x \in B\}。$$

并集的定义如图 3.3 所示:

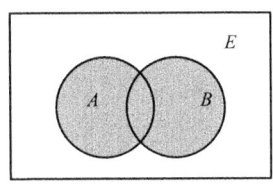

图 3.3

例 3.9 设 $A = \{1,2,3,4\}$,$B = \{2,4,5\}$,则:
$$A \cup B = \{1,2,3,4,5\}$$

集合的并运算具有以下性质。

(1) $A \cup A = A$。
(2) $A \cup E = E$。
(3) $A \cup \varnothing = A$。
(4) $A \cup B = B \cup A$。
(5) $(A \cup B) \cup C = A \cup (B \cup C)$。

此外,从并的定义还可以得到 $A \subseteq A \cup B$、$B \subseteq A \cup B$。

例 3.10 设 $A \subseteq B$、$C \subseteq D$,则 $A \cup C \subseteq B \cup D$。

证明:对任意 $x \in A \cup C$,则有 $x \in A$ 或 $x \in C$。若 $x \in A$,由 $A \subseteq B$,则 $x \in B$,故 $x \in B \cup D$。

若 $x \in C$,由 $C \subseteq D$,则 $x \in D$,故 $x \in B \cup D$,因此 $A \cup C \subseteq B \cup D$。

同理可证,$A \subseteq B \Rightarrow A \cup C \subseteq B \cup C$。

定理 3.4 设 A、B、C 为三个集合,则下列分配律成立。

(1) $A \cap (B \cup C) = (A \cap B) \cup (A \cap C)$。
(2) $A \cup (B \cap C) = (A \cup B) \cap (A \cup C)$。

证明:(1) 设 $S = A \cap (B \cup C)$、$T = (A \cap B) \cup (A \cap C)$,若 $x \in S$,则 $x \in A$ 且 $x \in B \cup C$,即 $x \in A$ 且 $x \in B$ 或 $x \in A$ 且 $x \in C$,即 $x \in A \cap B$ 或 $x \in A \cap C$,即 $x \in T$,所以 $S \subseteq T$。

反之,若 $x \in T$,则 $x \in A \cap B$ 或 $x \in A \cap C$,即 $x \in A$ 且 $x \in B$ 或 $x \in A$ 且 $x \in C$,即 $x \in A$ 且 $x \in B \cup C$,即 $x \in S$,所以 $T \subseteq S$。

综上,$T = S$。

(2) 证明完全与(1)类似。

定理 3.5 设 A、B 为任意两个集合,则下列关系式成立。

(1) $A\cup(A\cap B)=A$。
(2) $A\cap(A\cup B)=A$。

证明：(1) $A\cup(A\cap B)=(A\cap E)\cup(A\cap B)$
$=A\cap(E\cup B)=A$

(2) $A\cap(A\cup B)=(A\cup A)\cap(A\cup B)$
$=A\cup(A\cap B)=A$

定理 3.6 $A\subseteq B$ 当且仅当 $A\cup B=B$ 或 $A\cap B=A$。

证明：对任意 $x\in A\cup B$，有 $x\in A$ 或 $x\in B$，又因为 $A\subseteq B$，所以 $x\in B$，进而 $A\cup B\subseteq B$。又 $B\subseteq A\cup B$，所以 $A\cup B=B$。

反之，若 $A\cup B=B$，因为 $A\subseteq A\cup B$，故 $A\subseteq B$。

同理可证 $A\subseteq B$ 当且仅当 $A\cap B=A$。

3.2.2 相对补与绝对补

定义 3.10 任意集合 A 和 B，B 对 A 的相对补是由 A 中所有不属于 B 的元素组成的集合，记 $A-B$，即：

$$A-B=\{x\mid x\in A\wedge x\notin B\}=\{x\mid x\in A\wedge\neg x\in B\}$$

$A-B$ 也称集合 A 和 B 的差，其定义如图 3.4 所示。

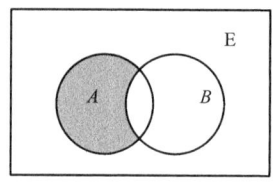

图 3.4

例 3.11 设 $A=\{2,5,6\}$、$B=\{1,2,47,9\}$，求 $A-B$。

解 $A-B=\{5,6\}$。

例 3.12 设 A 是素数集合，B 是奇数集合，求 $A-B$。

解 $A-B=\{2\}$。

定义 3.11 集合 A 对全集 E 的相对补称为 A 的绝对补（或称补），记作 $\sim A$（或 $\overline{A}$），即：

$$\sim A=E-A=\{x\mid x\in E\wedge x\notin A\}=\{x\mid x\notin A\}$$

$\sim A$ 的定义如图 3.5 所示。

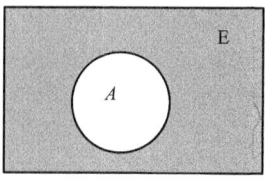

图 3.5

由补的定义可知：

(1) $\sim(\sim A)=A$。

(2) $\sim E=\varnothing$。

(3) $\sim\varnothing=E$。

(4) $A\cup\sim A=E$。

(5) $A\cap\sim A=\varnothing$。

定理 3.7 设 A、B 为任意两个集合,则下列关系式成立。

(1) $\sim(A\cup B)=\sim A\cap\sim B$。

(2) $\sim(A\cap B)=\sim A\cup\sim B$。

证明:(1) $\sim(A\cup B)=\{x\mid x\in\sim(A\cup B)\}$

$\qquad = \{x\mid x\notin A\cup B\}$

$\qquad = \{x\mid(x\notin A)\wedge(x\notin B)\}$

$\qquad = \{x\mid(x\in\sim A)\wedge(x\in\sim B)\}$

$\qquad = \sim A\cap\sim B$

(2) 其证法与(1)类似。

定理 3.8 设 A,B 为任意两个集合,则下列关系式成立。

(1) $A-B=A\cap\sim B$。

(2) $A-B=A-(A\cap B)$。

证明:(1) 对 $\forall x\in(A-B)$,则 $x\in A$ 且 $x\notin B$,即 $x\in A$ 且 $x\in\sim B$,所以 $x\in A\cap\sim B$,因此 $A-B\subseteq A\cap\sim B$。

类似可证 $A\cap\sim B\subseteq A-B$。

综上,$A-B=A\cap\sim B$。

(2) 留作练习。

定理 3.9 设 A、B、C 为三个集合,则

$$A\cap(B-C)=(A\cap B)-(A\cap C)$$

证明:$A\cap(B-C)=A\cap(B\cap\sim C)=A\cap B\cap\sim C$

又 $(A\cap B)-(A\cap C)=(A\cap B)\cap\sim(A\cap C)$

$\qquad\qquad\qquad =(A\cap B)\cap(\sim A\cup\sim C)$

$\qquad\qquad\qquad =(A\cap B\cap\sim A)\cup(A\cap B\cap\sim C)$

$\qquad\qquad\qquad =\varnothing\cup(A\cap B\cap\sim C)=A\cap B\cap\sim C$

因此,$A\cap(B-C)=(A\cap B)-(A\cap C)$。

定理 3.10 $B=\sim A$ 当且仅当 $A\cup B=E$ 且 $A\cap B=\varnothing$。

证明:必要性,$B=\sim A\Rightarrow(A\cup B=E)$ 且 $(A\cap B=\varnothing)$

因为 $B=\sim A$,所以 $A\cup B=A\cup\sim A=E$,

$\qquad A\cap B=A\cap\sim A=\varnothing$

充分性,$(A\cup B=E)$ 且 $(A\cap B=\varnothing)\Rightarrow B=\sim A$

$\qquad B=E\cap B$

$\qquad\quad =(A\cup\sim A)\cap B$

$\qquad\quad =(A\cap B)\cup(\sim A\cap B)$

$$=\varnothing \cup (\sim A \cap B)$$
$$=(\sim A \cap A) \cup (\sim A \cap B)$$
$$=\sim A \cap (A \cup B)$$
$$=\sim A \cap E = \sim A$$

3.2.3 对称差运算

定义 3.12 集合 B 对 A 的相对补与集合 A 对 B 的相对补的并集称为 A 和 B 的对称差,记作 $A \oplus B$,即:
$$A \oplus B = (A-B) \cup (B-A) = (A \cap \sim B) \cup (B \cap \sim A)$$
对称差的定义如图 3.6 所示。

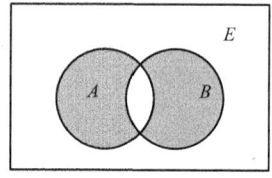

图 3.6

由对称差的定义很易推得如下性质。

(1) $A \oplus B = B \oplus A$(可交换的)
(2) $(A \oplus B) \oplus C = A \oplus (B \oplus C)$(可结合的)
(3) $A \oplus B = (A-B) \cup (B-A)$
  $\quad = (A \cap \sim B) \cup (B \cap \sim A) = (A \cup B) \cap (\sim A \cup \sim B)$
(4) $A \oplus A = \varnothing$
(5) $A \oplus \varnothing = A$
(6) $\sim A \oplus \sim B = (\sim A \cap \sim(\sim B)) \cup (\sim B \cap \sim(\sim A))$
  $\quad = (\sim A \cap B) \cup (\sim B \cap A) = (B-A) \cup (A-B) = A \oplus B$
(7) $A \cap (B \oplus C) = (A \cap B) \oplus (A \cap C)$ （∩ 对 ⊕ 可分配）

3.3 集合中元素的计数

3.3.1 集合的基数与有穷集合

集合 A 的基数:集合 A 中的元素个数,记作 $\mathrm{card}\, A$。
有穷集 A:$\mathrm{card}\, A = |A| = n$,$n$ 为自然数。
有穷集的实例:
$$A = \{a, b, c\}, \mathrm{card}\, A = |A| = 3$$
$$B = \{x \mid x^2 + 1 = 0, x \in \mathbf{R}\}, \mathrm{card}\, B = |B| = 0$$
无穷集的实例:$\mathbf{N}, \mathbf{Z}, \mathbf{Q}, \mathbf{R}, \mathbf{C}$ 等。

例 3.13 有 100 名程序员,其中 47 名熟悉 FORTRAN 语言,35 名熟悉 PASCAL 语言,23 名熟悉这两种语言。问有多少人对这两种语言都不熟悉?

解 设 A,B 分别表示熟悉 FORTRAN 和 PASCAL 语言的程序员的集合,则该问题可以用图 3.7 来表示。将熟悉两种语言的对应人数 23 填到 $A \cap B$ 的区域内,不难得到 $A-B$ 和 $B-A$ 的人数分别为:

$$|A-B|=|A|-|A \cap B|=47-23=24$$
$$|B-A|=|B|-|A \cap B|=35-23=12$$

从而得到

$$|A \cup B|=24+23+12=59$$
$$|\sim(A \cup B)|=100-59=41$$

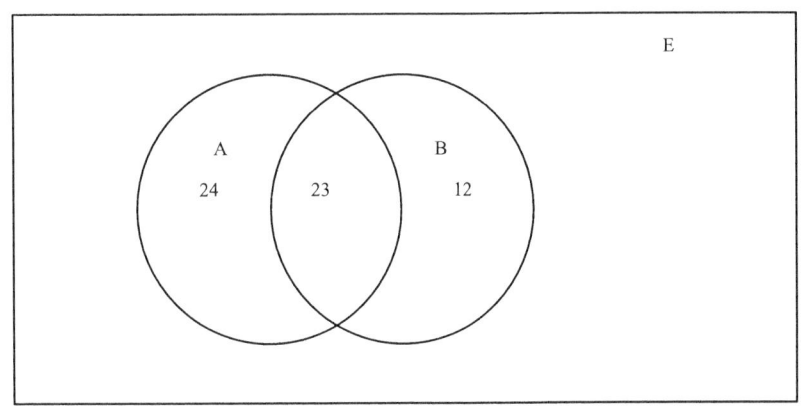

图 3.7

3.3.2 包含排斥原理

对集合计数除了可以使用文氏图以外,也可以利用包含排斥原理。

定理 3.11 设 $A1、A2$ 为有限集,其元素个数分别为 $|A1|、|A2|$,则

$$|A1 \cup A2|=|A1|+|A2|-|A1 \cap A2|$$

证明:当 $A1 \cap A2 = \varnothing$ 时,结论成立。

若 $A1 \cap A2 \neq \varnothing$,则:

$$|A1|=|A1 \cap \sim A2|+|A1 \cap A2|$$
$$|A2|=|\sim A1 \cap A2|+|A1 \cap A2|$$

故 $|A1|+|A2|=|A1 \cap \sim A2|+|\sim A1 \cap A2|+2|A1 \cap A2|$,

但 $|A1 \cap \sim A2|+|\sim A1 \cap A2|+|A1 \cap A2|=|A1 \cup A2|$,

故 $|A1 \cup A2|=|A1|+|A2|-|A1 \cap A2|$。

对于任意三个集 $A1、A2、A3$ 包含排斥原理形式为:

$$|A1 \cup A2 \cup A3|=|A1|+|A2|+|A3|-|A1 \cap A2|-|A1 \cap A3|-|A2 \cap A3|+|A1 \cap A2 \cap A3|$$

例 3.14 24 名科技人员,每人至少会 1 门外语。

会英语:13 人。会日语:5 人。会德语:10 人。会法语:9 人。

会英日:2人。会英德:4人。会英法:4人。会法德:4人。
会日语的不会法语、德语。
求:同时会英、法、德3种语言的人数,只会英、法、德其中1种语言的人数。

解 令 A、B、C、D 分别表示会英、法、德、日语的人的集合。设同时会英、法、德3种语言的人为 x,只会英、法、德一种语言的分别为 y_1、y_2、y_3。

由题意,只会日语的有 $5-2=3$ 人。因此会英、法或德的有 $24-3=21$ 人。设 A、B、C 分别表示会英、法、德语的人的集合,由已知条件有:
$$|A \cup B \cup C|=21, |A|=13, |B|=9, |C|=10$$
$$|A \cap B|=4, |A \cap C|=4, |B \cap C|=4$$

令 $|A \cap B \cap C|=x$,由包含排斥原理有:
$$|A \cup B \cup C|=|A|+|B|+|C|-|A \cap B|-|A \cap C|-|B \cap C|+|A \cap B \cap C|$$

代入相应数字求出 $x=1$。

从而得到
$$|A-(B \cup C)|=|A|-(|A \cap B|+|A \cap C|+|A \cap B \cap C|)=13-(4+4)+1=6$$

因这6人中还有2人会日语,所以只会英语的人数应该是 $6-2=4$。

同理求得
$$|B-(A \cup C)|=9-(4+4)+1=2$$
$$|C-(A \cup B)|=10-(4+4)+1=3$$

第 4 章 二元关系

关系一词是大家所熟知的,不论科学研究还是日常生活中,关系无处不在。例如,人与人之间有父子、兄弟、师生关系;两数之间有大于、等于、小于关系;集合之间有包含关系等。在计算机科学中,"关系"这个概念有着广泛的应用,它在有限自动机、形式语言、编译程序设计、信息检索、数据结构、算法分析和数据库等方面起着重要作用。

4.1 序偶与笛卡尔乘积

在日常生活中,许多事物都是成对出现的,并且这些事物之间具有一定的联系。例如:上下,大小,左右,平面上点的坐标等。

定义 4.1 由两个具有给定次序的客体所组成的序列成为序偶,记作 $<x,y>$。

上述各例可以分别表示为 $<上,下>$、$<大,小>$、$<左,右>$ 等。

序偶可以看成是具有两个元素的集合。但是它与一般的集合不同之处在于序偶具有确定的次序。在集合中 $\{a,b\}=\{b,a\}$,但对于序偶,在 a 和 b 不相等的条件下,$<a,b>\neq<b,a>$。

定义 4.2 两个序偶相等,$<a,b>=<c,d>$,当且仅当 $a=c,b=d$。

序偶的概念可以推广到三元组的情况。

三元组被定义为一个序偶,其第一元素本身也是一个序偶,故三元组可表示为 $<<x_1,x_2>,x_3>$。由序偶相等定义可知,$<<x_1,x_2>,x_3>=<<y_1,y_2>,y_3>$ 当且仅当 $<x_1,x_2>=<y_1,y_2>$ 且 $x_3=y_3$。通常约定三元组记作 $<x_1,x_2,x_3>$。

同理,四元组也被定义为一个序偶,其第一元素称为三元组,故四元组可表示为 $<<x_1,x_2,x_3>,x_4>$。由序偶相等定义可知,$<<x_1,x_2,x_3>,x_4>=<<y_1,y_2,y_3>,y_4>$ 当且仅当 $<x_1,x_2,x_3>=<y_1,y_2,y_3>$ 且 $x_4=y_4$。通常约定三元组记作 $<x_1,x_2,x_3,x_4>$。

类似地,n 元组定义为 $<<x_1,x_2,\cdots,x_{n-1}>,x_n>$ 且 $<<x_1,x_2,\cdots,x_{n-1}>,x_n>=<<y_1,y_2,\cdots,y_{n-1}>,y_n>$,此时 $(x_1=y_1) \wedge (x_2=y_2) \wedge \cdots \wedge (x_{n-1}=y_{n-1}) \wedge (x_n=y_n)$。

一般地,n 元组 $<x_1,x_2,\cdots,x_{n-1},x_n>$ 中的 x_i 称为 n 元素的第 i 个坐标。

序偶 $<x,y>$,其元素可以分别属于不同的集合,因此任意给两定个元素 A 和 B,我们可以定义一种序偶的集合。

定义 4.3 令 A 和 B 为两个任意集合,若序偶的第一个成员是 A 的元素,第二个成员

是 B 的元素,则所有这样的序偶构成的集合称为 A 和 B 的笛卡尔积或直积,记作 $A\times B = \{<x,y> \mid x\in X \wedge y\in B\}$。

例 4.1 设 $A=\{a,b\}, B=\{1,2\}, C=\{z\}$,求 $A\times B, B\times A, (A\times B)\times C, A\times(B\times C)$。

解 $A\times B=\{<a,1>,<a,2>,<b,1>,<b,2>\}$

$B\times A=\{<1,a>,<2,a>,<1,b>,<2,b>\}$

$(A\times B)\times C=\{<<a,1>,z>,<<a,2>,z>,<<b,1>,z>,$
$<<b,2>,z>\}$

$A\times(B\times C)=\{<a,<1,z>>,<a,<2,z>>,<b,<1,z>>,<b,<2,z>>\}$

由例 4.1 可以看出,

(1) 对于任意集合 A 和 B,不一定有 $A\times B=B\times A$,因此不满足交换律。

(2) 对于任意集合 A,B 和 C,不一定有 $(A\times B)\times C=A\times(B\times C)$,因此不满足结合律。

例 4.2 若 $A=\{\alpha,\beta\}, B=\{1,2,3\}$,求 $A\times B, B\times A, A\times A, B\times B$ 以及

$$(A\times B)\cap(B\times A)。$$

解 $A\times B=\{<\alpha,1>,<\alpha,2>,<\alpha,3>,<\beta,1>,<\beta,2>,<\beta,3>\}$

$B\times A=\{<1,\alpha>,<2,\alpha>,<3,\alpha>,<1,\beta>,<2,\beta>,<3,\beta>\}$

$A\times A=\{<\alpha,\alpha>,<\alpha,\beta>,<\beta,\alpha>,<\beta,\beta>\}$

$B\times B=\{<1,1>,<1,2>,<1,3>,<2,1>,<2,2>,<2,3>,<3,1>,<3,2>,<3,3>\}$

$(A\times B)\cap(B\times A)=\varnothing$

定理 4.1 设 A,B,C 为任意三个集合,则有

(1) $A\times(B\cup C)=(A\times B)\cup(A\times C)$。

(2) $A\times(B\cap C)=(A\times B)\cap(A\times C)$。

(3) $(A\cup B)\times C=(A\times C)\cup(B\times C)$。

(4) $(A\cap B)\times C=(A\times C)\cap(B\times C)$。

证明:(1) ① 对任意的 $<x,y>\in A\times(B\cup C)$,则 $x\in A, y\in(B\cup C)$,即 $x\in A, y\in B \vee y\in C$,于是有 $<x,y>\in A\times B$ 或 $<x,y>\in A\times C$,则 $<x,y>\in(A\times B)\cup(A\times C)$,故 $A\times(B\cup C)\subseteq(A\times B)\cup(A\times C)$。

② 对任意的 $<x,y>\in(A\times B)\cup(A\times C)$,则 $<x,y>\in A\times B \vee <x,y>\in A\times C$,即 $x\in A, y\in B$ 或 $x\in A, y\in C$,于是有 $y\in B\cup C$,因此 $<x,y>\in A\times(B\cup C)$,故 $(A\times B)\cup(A\times C)\subseteq A\times(B\cup C)$。

由①②得, $A\times(B\cup C)=(A\times B)\cup(A\times C)$。

(2) ① 对任意的 $<x,y>\in A\times(B\cap C)$,则 $x\in A, y\in(B\cap C)$,即 $x\in A, y\in B \wedge y\in C$,于是有 $<x,y>\in A\times B$ 且 $<x,y>\in A\times C$,则 $<x,y>\in(A\times B)\cap(A\times C)$,故 $A\times(B\cap C)\subseteq(A\times B)\cap(A\times C)$。

② 对任意的 $<x,y>\in(A\times B)\cap(A\times C)$,则 $<x,y>\in A\times B \wedge <x,y>\in A\times C$,即 $x\in A, y\in B$ 且 $x\in A, y\in C$,于是有 $y\in B\cap C$,因此 $<x,y>\in A\times(B\cap C)$,故 $(A\times$

$B) \cap (A \times C) \subseteq A \times (B \cap C)$。

由①②得，$A \times (B \cap C) = (A \times B) \cap (A \times C)$。

(3) ① 对任意的 $<x,y> \in (A \cup B) \times C$，则 $x \in (A \cup B), y \in C$，即 $x \in A \lor x \in B, y \in C$，于是有 $<x,y> \in A \times C$ 或 $<x,y> \in B \times C$，则 $<x,y> \in (A \times C) \cup (B \times C)$，故 $(A \cup B) \times C \subseteq (A \times C) \cup (B \times C)$。

② 对任意的 $<x,y> \in (A \times C) \cup (B \times C)$，则 $<x,y> \in A \times C \lor <x,y> \in B \times C$，即 $x \in A, y \in C$ 或 $x \in B, y \in C$，于是有 $x \in A \cup B$，因此 $<x,y> \in (A \cup B) \times C$，故 $(A \times C) \cup (B \times C) \subseteq (A \cup B) \times C$。

由①②得，$(A \cup B) \times C = (A \times C) \cup (B \times C)$。

(4) ① 对任意的 $<x,y> \in (A \cap B) \times C$，则 $x \in (A \cap B), y \in C$，即 $x \in A \land x \in B, y \in C$，于是有 $<x,y> \in A \times C$ 且 $<x,y> \in B \times C$，则 $<x,y> \in (A \times C) \cap (B \times C)$，故 $(A \cap B) \times C \subseteq (A \times C) \cap (B \times C)$。

② 对任意的 $<x,y> \in (A \times C) \cap (B \times C)$，则 $<x,y> \in A \times C \land <x,y> \in B \times C$，即 $x \in A, y \in C$ 且 $x \in B, y \in C$，于是有 $x \in A \cap B$，因此 $<x,y> \in (A \cap B) \times C$，故 $(A \times C) \cap (B \times C) \subseteq (A \cap B) \times C$。

由①②得，$(A \cap B) \times C = (A \times C) \cap (B \times C)$。

4.2 关系及其表示

关系是一个基本概念，在日常生活中我们都熟悉关系这词的含义，例如，父子关系，母子关系，兄弟关系等。在数学上关系可表达集合中元素间的关系，例如，"9 大于 2"，"4 等于 4"，"直线 x 垂直于直线 y"等。序偶可以表达两个客体、三个客体或 n 个客体之间的关系，因此用序偶表达关系的概念十分自然。

定义 4.4 若 $R = \{<x,y> \mid x \in A \land y \in B\}$，则称 R 是一个二元关系。

关系的表示方法主要有以下 4 种。

1. 枚举法（直观法、列举法）

设 R 表示二元关系，$<x,y> \in R$，记 xRy，$<x,y> \notin R$，记 $x\overline{R}y$。

例 4.3 定义某二元关系如图 4.1 所示，可写成：
$R = \{<1,a>, <2,b>, <3,c>, <4,d>\}$，
由定义可见，关系是一个集合。

2. 谓词公式表示法

例 4.4 实数集合 R 上的">"关系可表达为：
大于关系：">" $= \{<x,y> \mid (x \in R \land y \in R \land x > y)\}$

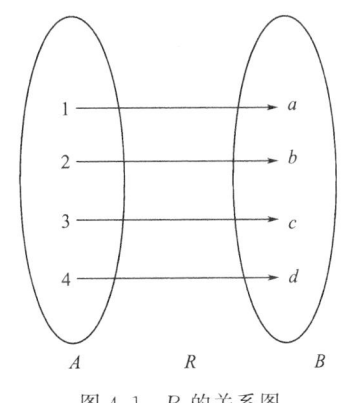

图 4.1 R 的关系图

3. 关系矩阵表示法

设给定两个有限集合 $X=\{x_1,x_2,\cdots,x_m\}$，$Y=\{y_1,y_2,\cdots,y_n\}$，R 为从 X 到 Y 的一个二元关系。则对应于关系 R 有一个关系矩阵 $M_R = [r_{ij}]_{m\times n}$

其中，$r_{ij} = \begin{cases} 1, & \text{当} <x_i,y_j> \in R \\ 0, & \text{当} <x_i,y_j> \notin R \end{cases} (i=1,2,\cdots,m;j=1,2,\cdots,n)$

例 4.5 设 $X=\{1,2,3,4\}$，R_1 是 $X \to X$ 上的关系，并定义 $R_1 = \{<4,1>,<4,2>,<4,3>,<3,1>,<3,2>,<2,1>\}$。

列出关系矩阵 $M_{R_1} = \begin{bmatrix} 0 & 0 & 0 & 0 \\ 1 & 0 & 0 & 0 \\ 1 & 1 & 0 & 0 \\ 1 & 1 & 1 & 0 \end{bmatrix}$

例 4.6 设 $X=\{a,b,c\}$，$Y=\{1,2\}$，R_2 是 $X \to Y$ 上的关系，$R_2 = X \times Y = \{<a,1>,<a,2>,<b,1>,<b,2>,<c,1>,<c,2>\}$，$R_2$ 是 $X \to Y$ 的全域关系，$R_3 = \varnothing$，则它们的关系矩阵为：

$$M_{R_2} = \begin{bmatrix} 1 & 1 \\ 1 & 1 \\ 1 & 1 \end{bmatrix} \quad M_{R_3} = \begin{bmatrix} 0 & 0 \\ 0 & 0 \\ 0 & 0 \end{bmatrix}$$

4. 关系图表示法

有限集的二元关系亦可用图形来表示。设集合 $X=\{x_1,x_2,\cdots,x_m\}$ 到 $Y=\{y_1,y_2,\cdots,y_n\}$ 上的一个二元关系为 R，首先在平面上以 m 个结点分别记为 $x_1,x_2,\cdots,x_m$，另外以 n 个结点分别记为 $y_1,y_2,\cdots,y_n$。如果 $x_i R y_j$，则从结点 x_i 至结点 y_j 做一条有向弧，其箭头指向 y_j，如果 $x_i \overline{R} y_j$，则 x_i、y_j 之间没有线段连接。用这种方法连接起来的图称为 R 的关系图。

例 4.7 $X=\{1,2,3,4\}$，$R_1 = \{<4,1>,<4,2>,<4,3>,<3,1>,<3,2>,<2,1>\}$ 是 X 上的二元关系，其关系图如图 4.2 所示。

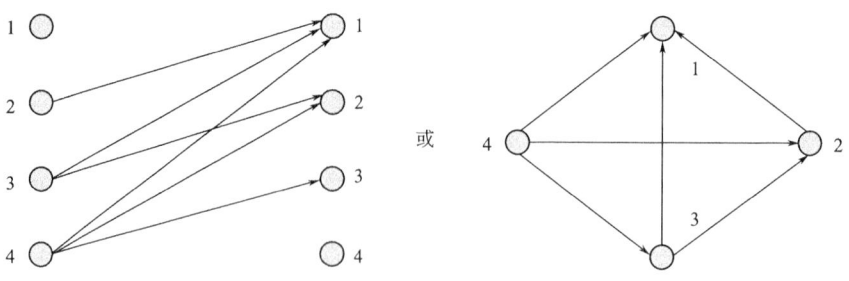

图 4.2 例 4.7 的二元关系

由于关系图主要表达结点与结点之间的邻接关系，故关系图中对结点位置和线段的长短无关。

定义 4.5 令二元关系 $R=\{<x,y>|x\in A,y\in B\}$，由 $<x,y>\in R$ 的所有 x 组成的集合 dom R 称为 R 的前域，即

$$D(R)=\{x\mid(\exists y)(<x,y>\in R)\}$$

由 $<x,y>\in R$ 的所有 y 组成的集合 ran R 称作 R 的值域，即

$$R(R)=\{y\mid(\exists x)(<x,y>\in R)\}$$

例 4.8 $X=\{1,2,3,4,5,6\}$，$Y=\{a,b,c,d,e,f\}$，R 为 X 到 Y 的二元关系，$R=\{<1,a>,<2,b>,<3,c>,<4,d>\}$，如图 4.3 所示，则

$$D(R)=\{1,2,3,4\}$$
$$R(R)=\{a,b,c,d\}$$

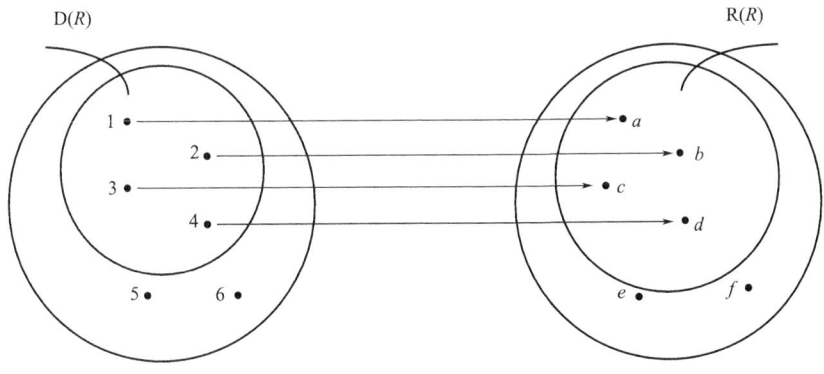

R 的关系图

图 4.3 例 4.8 的关系图

例 4.9 设 $A=\{1,2,3,4,5\}$，$B=\{1,2,4\}$，$H=\{<1,2>,<1,4>,<2,4>,<3,4>\}$，求 $D(H),R(H)$。

解 $D(H)=\{1,2,3\}$，$R(H)=\{2,4\}$

笛卡尔乘积的任何子集都可以定义为一种二元关系。

例 4.10 $X=\{1,2,3,4\}$，$Y=\{1,2\}$，

$X\times Y=\{<1,1>,<1,2>,<2,1>,<2,2>,<3,1>,<3,2>,<4,1>,<4,2>\}$

$S_1=\{<x,y>x\in X\wedge y\in Y\wedge x>y\}$
$=\{<2,1>,<3,1>,<3,2>,<4,1>,<4,2>,<4,3>\}$

$S_2=\{<x,y>x\in X\wedge y\in Y\wedge x=y^2\}=\{<1,1>,<4,2>\}$

$S_3=\{<x,y>x\in X\wedge y\in Y\wedge x=y\}=\{<1,1>,<2,2>\}$

定义 4.6 对于任意集合 A，关系 $\varnothing$ 称为 A 上的空关系；关系 $E_A=X\times Y=\{<x,y>\mid x\in A,y\in A\}$ 称为 A 上的全域关系；关系 $I_A=\{<x,x>\mid x\in A\}$ 称为 A 上的恒等关系。

例 4.11 设 $X=\{T,F\}$，求 X 上的全域关系、空关系和恒等关系。

解 $E_X=\{<T,T>,<T,F>,<F,T>,<F,F>\}$

$\varnothing=\{\}$

$I_A=\{<T,T>,<F,F>\}$

4.3 关系的性质

有了表达关系的各种方法,下面就可以对关系作进一步的讨论。特别注意的是,在集合 X 上的二元关系 R 的一些特殊性质。

4.3.1 自反与反自反

定义 4.7 设 R 是 X 集合上的二元关系,对于每个 $x \in X$,若有 $<x,x> \in R$,则称 R 是 x 集合上的自反关系。即 R 自反 $\Leftrightarrow (\forall x \in X \rightarrow <x,x> \in R)$。

例 4.12 设 $X=\{a,b,c\}, R=\{<a,a>,<b,b>,<c,c>,<a,b>\}$ 是自反的关系(见图 4.4)。

$$M_R = \begin{bmatrix} 1 & 1 & 0 \\ 0 & 1 & 0 \\ 0 & 0 & 1 \end{bmatrix}$$

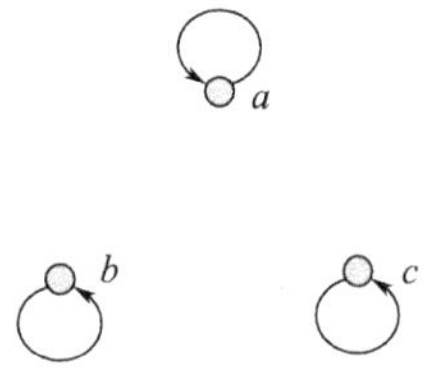

图 4.4 例 4.12 的自反关系图

注:也可以根据关系矩阵或关系图来判定自反关系(自反关系的关系矩阵主对角线上所有元素均为 1,自反关系的关系图上所有结点均有环)。

定义 4.8 设 R 是 X 上的二元关系,对于每个 $x \in X$,有 $<x,x> \notin R$,则称 R 是 X 集合上的反自反关系,即 R 反自反 $\Leftrightarrow (\forall x \in X \rightarrow <x,x> \notin R)$。

例 4.13 设 $X=\{1,2,3\}, S_1=\{<1,2>,<2,1>\}, S_2=\{<1,2>\}, S_3=\{<2,1>\}$,
$S_4=\{<1,1>,<2,1>,<3,1>,<3,2>\}$

$$M_{S_1} = \begin{bmatrix} 0 & 1 & 0 \\ 1 & 0 & 0 \\ 0 & 0 & 0 \end{bmatrix} \quad M_{S_2} = \begin{bmatrix} 0 & 1 & 0 \\ 0 & 0 & 0 \\ 0 & 0 & 0 \end{bmatrix} \quad M_{S_3} = \begin{bmatrix} 0 & 0 & 0 \\ 1 & 0 & 0 \\ 0 & 0 & 0 \end{bmatrix} \quad M_{S_4} = \begin{bmatrix} 1 & 0 & 0 \\ 1 & 0 & 0 \\ 1 & 1 & 0 \end{bmatrix}$$

关系图如图 4.5 所示。

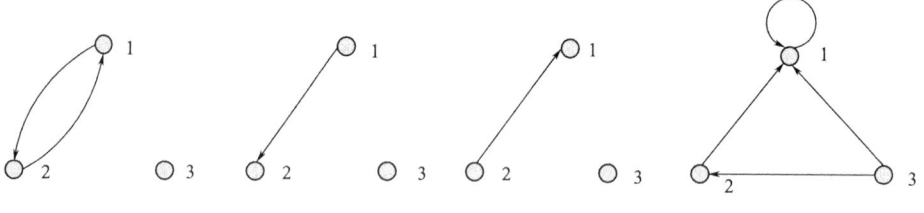

图 4.5 例 4.13 的关系图

S_4 不是自反也不是反自反。

注:也可以根据关系矩阵或关系图来判定反自反关系(反自反关系的关系矩阵主对角线上所有元素均为 0,反自反关系的关系图上所有结点均无环)。

4.3.2 对称与反对称

定义 4.9 设 R 是 X 上的二元关系,对于每个 $<x,y> \in R$,若有 $<y,x> \in R$,则称 R 是 X 集合上的对称关系,即 R 是对称的 $\Leftrightarrow (\forall <x,y> \in R \rightarrow <y,x> \in R)$。

例 4.14 设 $X=\{1,2,3\}$，$R=\{<1,1>,<2,1>,<1,2>,<3,2>,<2,3>\}$ 是对称关系(见图 4.6)。

$$M_R = \begin{bmatrix} 1 & 1 & 0 \\ 1 & 0 & 1 \\ 0 & 1 & 0 \end{bmatrix}$$

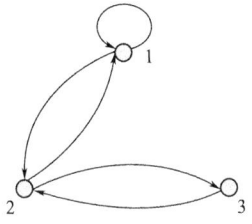

图 4.6 例 4.14 的对称关系图

注：也可以根据关系矩阵或关系图来判定对称关系(对称关系的关系矩阵中，关于主对角线对称的元素一定相等(同 0 或同 1)；对称关系的关系图上任意两个结点间要么没有有向边，有的话一定是双向的)。

定义 4.10 设 R 是 X 集合上的二元关系，对于每一个 $<x,y>\in R(x\neq y)$，若 $<y,x>\notin R$，则称 R 是反对称关系。

即 R 反对称 $\Leftrightarrow (\forall <x,y>\in R \rightarrow <y,x>\notin R)(x\neq y)$

例 4.15 设 $X=\{a,b,c\}$，$R_1=\{<a,b>,<b,c>,<c,a>\}$，
$R_2=\{<a,c>,<a,a>,<b,b>,<c,c>\}$，$R_3=\{<a,a>,<b,c>,<c,a>\}$

$$M_{R_1}=\begin{bmatrix} 0 & 1 & 0 \\ 0 & 0 & 1 \\ 1 & 0 & 0 \end{bmatrix}, \quad M_{R_2}=\begin{bmatrix} 1 & 0 & 1 \\ 0 & 1 & 0 \\ 0 & 0 & 1 \end{bmatrix}, \quad M_{R_3}=\begin{bmatrix} 1 & 0 & 0 \\ 0 & 0 & 1 \\ 1 & 0 & 0 \end{bmatrix}$$

其关系图如图 4.7 所示。

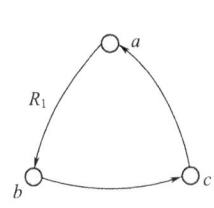 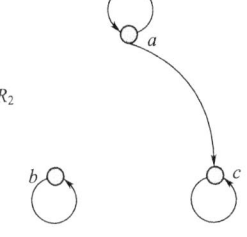 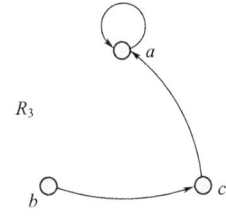

图 4.7 例 4.15 的关系图

R_1，R_2，R_3 均反对称。

4.3.3 传递性

定义 4.11 设 R 为定义在集合 X 上的二元关系，如果对于任意 $<x,y>\in R$，存在 $<y,z>\in R$，且 $<x,z>\in R$，则称 R 是 X 集合上的传递关系。

即 R 在 X 上传递 $\Leftrightarrow (\forall <x,y>\in R, \exists <y,z>\in R \rightarrow <x,z>\in R)$

例 4.16 设 $X=\{a,b,c\}$，则下列关系是传递的

$R=\{<a,b>,<b,c><a,c>\}$

注：也可以根据关系图来判定传递关系(传递关系的关系图上，如果 a 指向 b，b 指向 c，那么 a 指向 c)。

例 4.17 设 $X=\{a,b,c\}$，下列关系 $R_1=\{<a,b>,<b,a>,<b,c>\}$，

$R_2=\{<a,a>,<b,c>,<c,b>,<a,c>\}$，$R_3=\{<a,a>,<b,b>,<c,c>\}$

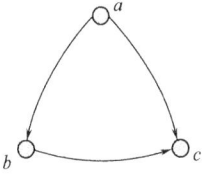

图 4.8 例 4.16 的关系图

$$M_{R_1} = \begin{bmatrix} 0 & 1 & 0 \\ 1 & 0 & 1 \\ 0 & 0 & 0 \end{bmatrix} \quad M_{R_2} = \begin{bmatrix} 1 & 0 & 1 \\ 0 & 0 & 1 \\ 0 & 1 & 0 \end{bmatrix} \quad M_{R_3} = \begin{bmatrix} 1 & 0 & 0 \\ 0 & 1 & 0 \\ 0 & 0 & 1 \end{bmatrix}$$

关系图如图 4.9 所示。

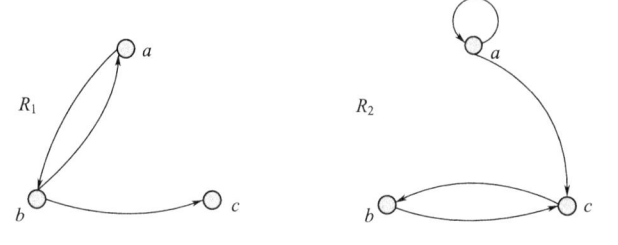

图 4.9 例 4.17 的关系图

R_1, R_2 不是对称也不是反对称，X 上的恒等关系 R_3 是自反、对称、反对称的。

X 上的全域关系：

$R_4 = \{<a,a>, <b,b>, <c,c>, <a,b>, <a,c>, <b,a>, <b,c>, <c,a>, <c,a>\}$ 是自反、对称的。

X 上的空关系是反自反、对称、反对称的。

4.4 关系的运算

4.4.1 关系的复合运算

二元关系是以序偶为元素的集合，因此对它可以进行集合的运算，如并、交、补等而产生新的集合。对于关系还可以进行一种新的运算，那就是关系的复合。

定义 4.12 设 $R: X \to Y$, $S: Y \to Z$，则在 $X \to Z$ 上可定义 R 和 S 的复合关系：

$R \circ S = \{<x,z> | x \in X \land z \in Z \land \exists y(y \in Y \land <x,y> \in R \land <y,z> \in S)\}$

复合运算是对关系的二元运算，它能够由两个关系生产一个新的关系。根据定义可知 $R \circ S$ 有如下性质。

(1) $R \circ S$ 为新的二元关系。

(2) $R \circ S \subseteq X \times Z$。

(3) 当 $<x,y> \in R$ 与 $<y,z> \in S$，才有 $<x,z> \in R \circ S$。

定理 4.2 设 $X \xrightarrow{R_1} Y \xrightarrow{R_2} Z \xrightarrow{R_3} W$ 则有：

$(R_1 \circ R_2) \circ R_3 = R_1 \circ (R_2 \circ R_3) = R_1 \circ R_2 \circ R_3$

定理 4.2 的复合关系图如图 4.10 所示。

定义 4.13 给定集合 X, R 是 X 上的二元关系，设 $n \in N$，则 R 的 n 次幂 R^n 定义成：

(1) $R^0 = I_x$

(2) $R^{n+1} = R^n \circ R$

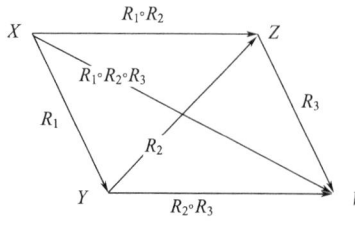

图 4.10 定理 4.2 的复合关系图

例 4.18 设 R,S 是 I^+ 上的二元关系,且 $R=\{<x,2x>|x\in I^+\}$, $S=\{<x,7x>|x\in I^+\}$ 则:

$$R^2=\{<x,4x>|x\in I^+\}$$
$$S^2=\{<x,49x>|x\in I^+\}$$
$$R^3=R^2\circ R=\{<x,8x>|x\in I^+\}$$

例 4.19 $X=\{a,b,c\} R=\{<a,b>,<b,c>,<c,a>\}$

$$R^2=\{<a,c>,<b,a>,<c,b>\}$$
$$R^3=R^2\circ R=\{<a,a>,<b,b>,<c,c>\}=I_x$$
$$R^4=R^3\circ R=R$$

若 $|X|=n$,则 X 中的二元关系 R 的幂次值是有限的。一般不用求出超过 X 的基数次幂。因为关系可用矩阵表示,故复合关系也可用矩阵表示。设有三个集合: $X=\{x_1,x_2\cdots x_m\}$, $Y=\{y_1,y_2\cdots y_n\}$, $Z=\{z_1,z_2\cdots z_p\}$, $X\xrightarrow{R}Y\xrightarrow{S}Z$, $|X|=m,|Y|=n,|Z|=p$, $M_R=[a_{ik}]_{m\times n} M_S=[a_{kj}]_{n\times p}$ 则复合关系 $R\circ S$ 的关系矩阵为: $M_{R\circ S}=M_R\circ M_S=[c_{ij}]_{m\times n} c_{ij}=\bigvee_{k=1}^{n}(a_{ik}\wedge b_{kj})$

例 4.20 设 $X=\{1,2,3,4,5\}$, R,S 均是 X 上的二元关系, $R=\{<1,2><3,4><2,2>\}$, $S=\{<4,2><2,5><3,1><1,3>\}$

$$M_R=\begin{bmatrix}01000\\01000\\00010\\00000\\00000\end{bmatrix},M_S=\begin{bmatrix}00100\\00001\\10000\\01000\\00000\end{bmatrix} M_{R\circ S}=\begin{bmatrix}00001\\00001\\01000\\00000\\00000\end{bmatrix}$$

$$c_{15}=(a_{11}\wedge b_{15})\vee(a_{12}\wedge b_{25})\vee(a_{13}\wedge b_{35})\vee(a_{14}\wedge b_{45})\vee(a_{15}\wedge b_{55})=1$$

4.4.2 关系的逆运算

关系是序偶的集合,由于序偶的有序性,关系还有一些特殊的运算。

定义 4.14 设 X,Y 是两个集合,若 R 是 $X\to Y$ 上的关系,则 $Y\to X$ 上的关系称为 R 的逆关系,用 $\widetilde{R}=\{<y,x>|<x,y>\in R\}$ 表示,或用 R^c 表示。

例 4.21 $X=\{0,1,2\}, R=\{<0,0><0,1><1,2><2,2>\}$,则 R 的逆关系(见图 4.11)为:

$$R^c=\{<0,0><1,0><2,1><2,2>\}$$

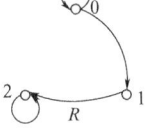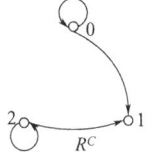

图 4.11 例 4.21 的逆关系图

$$M_R=\begin{bmatrix}110\\001\\001\end{bmatrix},M_{R^c}=\begin{bmatrix}100\\100\\011\end{bmatrix}$$

定理 4.3 设 $X\xrightarrow{R}Y\xrightarrow{S}Z$,则 $(R\circ S)^c=S^c\circ R^c$

证明:
$$\forall <z,x>\in(R\circ S)^c\Leftrightarrow <x,z>\in R\circ S$$
$$\Leftrightarrow(\exists y)(y\in Y\wedge <x,y>\in R\wedge <y,z>\in S)$$
$$\Leftrightarrow(\exists y)(y\in Y\wedge <y,x>\in R^c\wedge <z,y>\in S^c)$$
$$\Leftrightarrow <z,x>\in S^c\circ R^c$$

定理 4.4 设 R,R_1 和 R_2 都是从 A 到 B 的二元关系,则下列各式成立。
(1) $(R_1 \cup R_2)^c = R_1^c \cup R_2^c$
(2) $(R_1 \cap R_2)^c = R_1^c \cap R_2^c$
(3) $(A \times B)^c = B \times A$
(4) $(\overline{R})^c = \overline{R^c}$,这里 $\overline{R} = A \times B - R$
(5) $(R_1 - R_2)^c = R_1^c - R_2^c$

证明:(1) $<x,y> \in (R_1 \cup R_2)^c \Leftrightarrow <y,x> \in R_1 \cup R_2$
$\Leftrightarrow <y,x> \in R_1 \vee <y,x> \in R_2$
$\Leftrightarrow <x,y> \in R_1^c \vee <x,y> \in R_2^c$
$\Leftrightarrow <x,y> \in R_1^c \cup R_2^c$

(2) $<x,y> \in (R_1 \cap R_2)^c \Leftrightarrow <y,x> \in R_1 \cap R_2$
$\Leftrightarrow <y,x> \in R_1 \wedge <y,x> \in R_2$
$\Leftrightarrow <x,y> \in R_1^c \wedge <x,y> \in R_2^c$
$\Leftrightarrow <x,y> \in R_1^c \cap R_2^c$

(3) 设 $<x,y> \in A \times B$
$<y,x> \in (A \times B)^c \Leftrightarrow <y,x> \in B \times A$
$(A \times B)^c = B \times A$

(4) $<x,y> \in (\overline{R})^c \Leftrightarrow <y,x> \in \overline{R} \Leftrightarrow <y,x> \notin R \Leftrightarrow <x,y> \notin R^c$
$\Leftrightarrow <x,y> \in \overline{R^c}$

(5) 因为 $R_1 - R_2 = R_1 \cap \overline{R_2}$,故有
$(R_1 - R_2)^c = (R_1 \cap \overline{R_2})^c = R_1^c \cap (\overline{R_2})^c = R_1^c \cap \overline{R_2^c} = R_1^c - R_2^c$

定理 4.5 设 R 为 X 上的二元关系,则
(1) R 是对称的,当且仅当 $R = R^c$。
(2) R 是反对称的,当且仅当 $R \cap R^c \subseteq I_X$。

证明:(1) 必要性:R 是对称的 $\Rightarrow R = R^c$
因为 R 对称的,所以对任一 $<a,b> \in R \Leftrightarrow <b,a> \in R \Leftrightarrow <a,b> \in R^c$,所以 $R = R^c$
充分性:$R = R^c \Rightarrow R$ 是对称的,
$\because R = R^c$
$\therefore$ 对任一 $<a,b> \in R \Rightarrow <a,b> \in R^c \Rightarrow <b,a> \in R$
$\therefore R$ 一定是对称的

(2) 其证明留着练习。

关系 R^c 的图形,是关系 R 图形中将其弧的箭头方向反置。关系 R^c 的矩阵 M_{R^c} 是 M_R 的转置矩阵。

例 4.22 $M_R = \begin{bmatrix} 101 \\ 110 \\ 111 \end{bmatrix}, M_S = \begin{bmatrix} 10010 \\ 10101 \\ 01010 \end{bmatrix}$,试求:$M_{R \circ S}, M_{R^c}, M_{S^c}, M_{(R \circ S)^c}$。

$$M_{R \circ S} = \begin{bmatrix} 101 \\ 110 \\ 111 \end{bmatrix} \circ \begin{bmatrix} 10010 \\ 10101 \\ 01010 \end{bmatrix} = \begin{bmatrix} 11010 \\ 10111 \\ 11111 \end{bmatrix}$$

$$M_{R^c} = \begin{bmatrix} 111 \\ 011 \\ 101 \end{bmatrix}, M_{S^c} = \begin{bmatrix} 110 \\ 001 \\ 010 \\ 101 \\ 010 \end{bmatrix}, M_{(R \circ S)^c} = M_{S^c} \circ M_{R^c} = \begin{bmatrix} 110 \\ 001 \\ 010 \\ 101 \\ 010 \end{bmatrix} \circ \begin{bmatrix} 111 \\ 011 \\ 101 \end{bmatrix} = \begin{bmatrix} 111 \\ 101 \\ 011 \\ 111 \\ 011 \end{bmatrix}$$

4.4.3 关系的闭包运算

上面所讲的关系的合成和关系的逆都可以构成新的关系。我们还可对给定的关系用扩充一些序偶的办法得到具有某些特殊性质的新关系,这就是闭包运算。

定义 4.15 给定集合 X,R 是 X 中的二元关系,若有另一 R' 满足下列条件:

(1) R' 是自反的(对称,可传递的);

(2) $R' \supseteq R$

(3) 对于任一自反(对称,传递的)关系 R'',若 $R'' \supseteq R$,就有 $R'' \supseteq R'$。则称 R' 是 R 的自反(对称,传递的)闭包,并依次用 $r(R), s(R), t(R)$ 来表示。

对于 X 上的二元关系 R,我们能够用扩充序偶的方法来形成它的自反(对称,传递)闭包,但必须注意,自反(对称,传递)闭包应是包含 R 的最小自反(对称,传递)关系。

定理 4.6 给定集合 X,R 是 X 中的二元关系,于是有:

(1) R 是自反的当且仅当 $r(R) = R$。

(2) R 是对称的当且仅当 $s(R) = R$。

(3) R 是可传递的当且仅当 $t(R) = R$。

证明:(1) 如果 R 是自反的,因为 $R \supseteq R$,且任何包含 R 的自反关系 R'',有 $R'' \supseteq R$,故 R 就满足自反闭包的定义,即

$$r(R) = R$$

反之,如果 $r(R) = R$,根据定义 4.15(1),R 必是自反的。

(2) 和 (3) 的证明完全类似。

下面几个定理介绍了由给定关系 R,求 $r(R), s(R)$ 和 $t(R)$ 的方法。

定理 4.7 设 R 是 X 中的二元关系,I_X 是 X 中的恒等关系,则有 $r(R) = R \cup I_X$。

证明(按定义证):(1) 设 $R' = R \cup I_X$,则 R' 是自反的。

(2) $R' \supseteq R$。

(3) 设有任一 R'' 满足:$R'' \supseteq I_X$,且 $R'' \supseteq R$

则 $R'' \supseteq (R \cup I_X)$ 即 $R'' \supseteq R'$

$\therefore r(R) = R' = R \cup I_X$

定理 4.8 给定集合 X,R 是 X 中的二元关系,则有 $s(R) = R \cup R^c$。

证明:令 $R' = R \cup R^c$,因为 $R \subseteq R \cup R^c$,即 $R' \supseteq R$,又设 $<x,y> \in R'$,则 $<x,y> \in R$ 或 $<x,y> \in R^c$,即 $<y,x> \in R^c$ 或 $<y,x> \in R$,故 $<y,x> \in R \cup R'$,所以 R' 是对称的。

设 R'' 是对称的且 $R'' \supseteq R$,对任意 $<x,y> \in R'$,则 $<x,y> \in R$ 或 $<x,y> \in R^c$。当 $<x,y> \in R$ 则 $<x,y> \in R''$,当 $<x,y> \in R^c$ 时,$<y,x> \in R$,$<y,x> \in R''$,因为 R'' 对称,所以 $<x,y> \in R''$,因此 $R' \subseteq R''$,故

$$s(R) = R \cup R^c$$

定理 4.9 设 X 是一集合，R 是 X 中的二元关系，则 $t(R) = R \cup R^2 \cup \cdots = \bigcup_{i=1}^{\infty} R^i$，$(i \in I_+)$。

证明：(1) 先证 $\bigcup_{i=1}^{\infty} R^i \subseteq t(R)$，用归纳法。

① 根据传递闭包定义 $R \subseteq t(R)$。

② 假定 $n \geq 1$ 时，$R^n \subseteq t(R)$，设 $<x,y> \in R^{n+1}$。

因为 $R^{n+1} = R^n \cdot R$，故必有某个 $c \in X$，使 $<x,c> \in R^n$ 和 $<c,y> \in R$，故有 $<x,c> \in t(R)$ 和 $<c,y> \in t(R)$，即 $<x,y> \in t(R)$，所以

$$R^{n+1} \subseteq t(R)$$

故

$$\bigcup_{i=1}^{\infty} R^i \subseteq t(R)$$

(2) 再证 $t(R) \subseteq \bigcup_{i=1}^{\infty} R^i$。

设 $<x,y> \in \bigcup_{i=1}^{\infty} R^i$，$<y,z> \in \bigcup_{i=1}^{\infty} R^i$，则必存在整数 s 和 t，使得 $<x,y> \in R^s$，$<y,z> \in R^t$，这样 $<x,z> \in R^s \circ R^t$，即 $<x,z> \in \bigcup_{i=1}^{\infty} R^i$，所以 $\bigcup_{i=1}^{\infty} R^i$ 是传递的。

由于包含 R 的可传递关系都包含 $t(R)$，故

$$t(R) \subseteq \bigcup_{i=1}^{\infty} R^i$$

由(1)和(2)可得 $t(R) = \bigcup_{i=1}^{\infty} R^i$，通常将 $\bigcup_{i=1}^{\infty} R^i$ 记作 R^+。

例 4.23 设 $X = \{a, b, c\}$，$R = \{<a,b><b,c><c,a>\}$，求 $r(R)$、$s(R)$、$t(R)$。

$$r(R) = R \cup I_X$$
$$= \{<a,b><b,c><c,a><a,a><b,b><c,c>\}$$

$$s(R) = R \cup R^c$$
$$= \{<a,b><b,a><b,c><c,b><c,a><a,c>\}$$

为了求得 $t(R)$，先写出

$$M_R = \begin{bmatrix} 0 & 1 & 0 \\ 0 & 0 & 1 \\ 1 & 0 & 0 \end{bmatrix} \quad M_{R^2} = \begin{bmatrix} 0 & 1 & 0 \\ 0 & 0 & 1 \\ 1 & 0 & 0 \end{bmatrix} \circ \begin{bmatrix} 0 & 1 & 0 \\ 0 & 0 & 1 \\ 1 & 0 & 0 \end{bmatrix} = \begin{bmatrix} 0 & 0 & 1 \\ 1 & 0 & 0 \\ 0 & 1 & 0 \end{bmatrix} \quad R^2 = \{<a,c><b,a><c,b>\}$$

$$M_{R^3} = M_{R^2} \circ M_R = \begin{bmatrix} 0 & 0 & 1 \\ 1 & 0 & 0 \\ 0 & 1 & 0 \end{bmatrix} \circ \begin{bmatrix} 0 & 1 & 0 \\ 0 & 0 & 1 \\ 1 & 0 & 0 \end{bmatrix} = \begin{bmatrix} 1 & 0 & 0 \\ 0 & 1 & 0 \\ 0 & 0 & 1 \end{bmatrix} \quad R^3 = \{<a,a><b,b><c,c>\}$$

$$M_{R^4} = M_{R^3} \circ M_R = \begin{bmatrix} 1 & 0 & 0 \\ 0 & 1 & 0 \\ 0 & 0 & 1 \end{bmatrix} \circ \begin{bmatrix} 0 & 1 & 0 \\ 0 & 0 & 1 \\ 1 & 0 & 0 \end{bmatrix} = \begin{bmatrix} 0 & 1 & 0 \\ 0 & 0 & 1 \\ 1 & 0 & 0 \end{bmatrix} \quad R^4 = \{<a,b><b,c><c,a>\} = R$$

继续这个运算有 $R = R^4 = \cdots = R^{3n+1}$

$$R^2 = R^5 = \cdots = R^{3n+2}$$
$$R^3 = R^6 = \cdots = R^{3n+3} \ (n = 1, 2, \cdots)$$

故
$$t(R) = \bigcup_{i=1}^{\infty} R^i = R \cup R^2 \cup R^3 \cup \cdots = R \cup R^2 \cup R^3$$
$$= \{<a,a><b,b><c,c><a,b><b,c><c,a>$$
$$<a,c><b,a><c,b>\}$$

从例 4.18 中看到给定 X 上关系 R 求 $t(R)$，有时不必求出每一个 R^i，下面定理指出了计算 $t(R)$ 与集合 X 中元素个数的联系。

定理 4.10 设 X 是含有 n 个元素的集合，R 是 X 上的二元关系，则存在一个正整数 $k \leq n$，使得 $t(R) = R \cup R^2 \cup R^3 \cup \cdots \cup R^k$。

证明：设有 $x_i, x_j \in X$，记 $t(R) = R^+$，如果 $x_i R^+ x_j$ 成立，则存在整数 $p > 0$，使得 $x_i R^p x_j$ 成立，即存在序列 $e_1, e_2, \cdots, e_{p-1}$ 有 $x_i R e_1, e_1 R e_2, \cdots, e_{p-1} R x_j$。设满足上述条件的最小 p 大于 n，则在上述序列中必有 $0 \leq t < q \leq p$，使 $e_t = e_q$，因此序列就成为

$$\underbrace{x_i R e_1, e_1 R e_2, \cdots, e_{t-1} R e_t}_{t\text{个}}, \underbrace{e_t R e_{q+1}, \cdots, e_{p-1} R x_j}_{(p-q)\text{个}}$$

这表明 $x_i R^k x_j$ 存在，其中 $k = t + p - q = p - (q - t) < p$，这与 p 是最小的假设矛盾，故 $p > n$ 不成立。

从本定理可以知道，在 n 个元素的有限集上关系 R 的传递闭包不妨写为 $t(R) = R \cup R^2 \cup \cdots \cup R^n$。

例 4.24 $X = \{a, b, c, d\}$，$R = \{<a,b><b,c><c,d>\}$
则 $R^2 = \{<a,c><b,d>\}$，$R^3 = \{<a,d>\}$，$R^4 = \emptyset$
$t(R) = R \cup R^2 \cup R^3 \cup R^4 = \{<a,b><b,c><c,d><a,c><b,d><a,d>\}$

关系 R 的自反（对称，传递）闭包还可以进一步复合成自反（对称，传递）等闭包，它们之间有如下定理：

定理 4.11 设 X 是集合，R 是 X 上的二元关系，则
(1) $rs(R) = sr(R)$
(2) $rt(R) = tr(R)$
(3) $ts(R) \supseteq st(R)$

证明：令 I_X 表示 X 上的恒等关系。

(1) $sr(R) = s(I_X \cup R) = (I_X \cup R) \cup (I_X \cup R)^c$
$= (I_X \cup R) \cup (I_X^c \cup R^c) = I_X \cup R \cup R^c$
$= I_X \cup s(R) = rs(R)$

(2) $tr(R) = t(I_X \cup R) = \bigcup_{i=1}^{\infty} (I_X \cup R)^i = \bigcup_{i=1}^{\infty} (I_X \cup \bigcup_{j=1}^{i} R^j)$
$= I_X \cup \bigcup_{i=1}^{\infty} \bigcup_{j=1}^{i} R^j = I_X \cup \bigcup_{i=1}^{\infty} R^i$
$= I_X \cup t(R) = rt(R)$

(3) 其证明并不困难，留作练习请读者自证。

常用下列符号表示一些闭包：

"R 加" $R^+ = t(R)$，传递闭包，$R^+ = \bigcup_{i=1}^{n} R^i = R^1 \cup R^2 \cup \cdots \cup R^n$

"R 星" $R^* = tr(R) = rt(R)$，自反传递闭包，$R^* = R^0 \cup t(R) = I_X \cup \bigcup_{i=1}^{n} R^i$

例 4.25 设 $X=\{a,b,c\}, R=\{<a,b><c,c>\}$

(1) $rs(R)=r\{<a,b><b,a><c,c>\}$
$=\{<a,b><b,a><c,c><a,a><b,b>\}$

$sr(R)=s\{<a,b><c,c><a,a><b,b>\}$
$=\{<a,b><b,a><c,c><a,a><b,b>\}$

(2) $rt(R)=r\{<a,b><c,c>\}=\{<a,b><c,c><a,a><b,b>\}$

$tr(R)=t\{<a,b><c,c><a,a><b,b>\}=\{<a,b><c,c><a,a><b,b>\}$

(3) $ts(R)=t\{<a,b><c,c><b,a>\}=\{<a,b><c,c><b,a><a,a><b,b>\}$

$st(R)=s\{<a,b><c,c>\}=\{<a,b><c,c><b,a>\}$

∴ $ts(R) \supseteq st(R)$

4.5 等价关系与划分

关系可能具有一些特殊的性质,如自反性、对称性、传递性等,当一个关系具有一个或多个特殊性质时,可以定义不同的特殊关系。在这一节里将介绍一类具有特别意义的二元关系即等价关系。

定义 4.16 设 X 是一个集合,R 是 X 中的二元关系,若 R 是自反的、对称的和可传递的,则称 R 是等价关系。

例 4.26 下列关系均为等价关系:

(1) 实数(或 I,N 集上)集合上的"="关系(相等);

(2) 人类的"同姓"关系;

(3) 命题集合上的等价关系。

例 4.27 设集合 $X=\{1,2,3,4,5,6,7\}, R=\{<x,y>|x,y\in X \wedge \dfrac{x-y}{3}$ 为整数$\}$,试验证 R 是 X 上的等价关系,画出 R 的关系图,列出 R 的关系矩阵。

解 (1) $R=\{<1,1>,<1,4>,<1,7>,<2,2>,<2,5>,<3,3>,<3,6>,<4,1>,<4,4>,<4,7>,<5,2>,<5,5>,<6,3>,<6,6>,<7,1>,<7,4>,<7,7>\}$。

(2) R 的关系矩阵如下:

$$\begin{bmatrix} 1 & 0 & 0 & 1 & 0 & 0 & 1 \\ 0 & 1 & 0 & 0 & 1 & 0 & 0 \\ 0 & 0 & 1 & 0 & 0 & 1 & 0 \\ 1 & 0 & 0 & 1 & 0 & 0 & 1 \\ 0 & 1 & 0 & 0 & 1 & 0 & 0 \\ 0 & 0 & 1 & 0 & 0 & 1 & 0 \\ 1 & 0 & 0 & 1 & 0 & 0 & 1 \end{bmatrix}$$

R 的关系图如图 4.12 所示。

每个节点都有自回路,说明 R 是自反的。任意两结点间或没有弧线连接,或有成对弧出现,故 R 是对称的。从 R 的序偶表示式中可以看出 R 是传递的,逐个检查序偶,如<1,1>

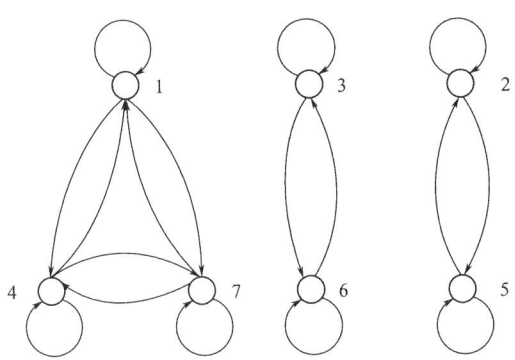

图 4.12　例 4.27 的关系图

∈R，<1,4>∈R，有<1,4>∈R。同理<1,4>∈R，<4,1>∈R，有<1,1>∈R，…。故 R 是 X 上的等价关系。

同样地，从关系矩阵亦可验证 R 是等价关系。

定义 4.17　设 $m\in \mathrm{I}^+$，$x,y\in \mathrm{I}$，若有 $\dfrac{x-y}{m}=n\in \mathrm{I}$，则称 x,y 满足模 m 同余关系，记作：$x\equiv y(\bmod m)$。

例 4.28　设 $X=N$，关系 $R=\{<x,y>|x\in X\wedge y\in X\wedge(x-y)$ 可被 3 整除$\}$ 即模 3 同余关系：

$\{0,3,6,9,\cdots\}$ 中的元素除以 3 的余数为"0"；

$\{1,4,7,10,\cdots\}$ 中的元素除以 3 的余数为"1"；

$\{2,5,8,11,\cdots\}$ 中的元素除以 3 的余数为"2"。

定理 4.12　任何集合 $X\subseteq \mathrm{I}$ 上的模 m 同余关系是一个等价关系。

定义 4.18　设 R 是 X 集合上的等价关系，对任何 $x\in X$，集合 $[x]_R=\{y|y\in X\wedge <x,y>\in R\}$ 称为元素 x 生成的等价类。

例 4.29　设 $X=\{a,b,c,d\}$，R 是 X 上的等价关系，$R=\{<a,a>,<b,b>,<a,b>,<b,a>,<c,c>,<d,d>,<c,d>,<d,c>\}$，则各元素的等价类为：

$$[a]_R=[b]_R=\{a,b\}$$
$$[c]_R=[d]_R=\{c,d\}$$

定理 4.13　设 X 是一个集合，R 是 X 上的等价关系，则：

(1) 若 $x\in X$，则 $x\in [x]_R$；

(2) 对于所有的 $x,y\in X$，或者 $[x]_R=[y]_R$ 或者 $[x]_R\cap [y]_R=\varnothing$；

(3) $\bigcup\limits_{x\in X}[x]_R=X$。

证明：(1) 因为 R 是等价关系，故 R 是自反的。所以对任一 $x\in X$，均有 xRx，故 $x\in [x]_R$。

(2) 任意给定 $x,y\in X$，若 $[x]_R\cap [y]_R=\varnothing$，则已得证，若 $[x]_R\cap [y]_R\neq \varnothing$，则存在 X 的元素 $a\in [x]_R\cap [y]_R$，于是 $a\in [x]$ 且 $a\in [y]$，故有 aRx 且 aRy，R 是对称的，故 xRa 且 aRy，又 R 是传递的，故 xRy。因此，任一 $b\in [x]_R$ 必有 bRx，而 xRy，故 bRy，即 b

$\in [y]_R$,又因此得到$[x]_R \subseteq [y]_R$。同理可证$[y]_R \subseteq [x]_R$。

(3) 显然 $\bigcup_{x \in X}[x]_R \subseteq X$。对任意$a \in X$,因为$a \in [a]_R$,故$a \in \bigcup_{x \in X}[x]_R$,从而$X \subseteq \bigcup [x]_R$,得$\bigcup_{x \in X}[x]_R = X$。

例 4.30 设$X = N$,关系$R = \{<x,y> | x \in X \land y \in X \land (x-y)$可被 3 整除$\}$是一等价关系,则可以找出 3 个等价类:

$[0]_R = \{0,3,6,9,\cdots\}$,此集合中的元素除以 3 的余数为"0";

$[1]_R = \{1,4,7,10,\cdots\}$,此集合中的元素除以 3 的余数为"1";

$[2]_R = \{2,5,8,11,\cdots\}$,此集合中的元素除以 3 的余数为"2"。

例 4.31 X 为全班同学的集合,则班中同姓关系是一个等价关系。

(1) 任何一个人均属于某一个等价类,王某$\in [王]_R$,张某$\in [张]_R$。

(2) 任何两个姓的等价类,只有两种可能

一种:$[王]_R = [王]_R$

二种:$[王]_R \cap [李]_R = \varnothing$

(3) 全班同学的集合=同姓关系等价类的并集=$[王]_R \cup [李]_R \cup \cdots$。

(4) 所有等价类的集合,一定导致全班同学集合的一个划分:$A = \{[王]_R, [李]_R, \cdots\}$。

定义 4.19 设 R 为集合 X 上的等价关系,称等价类集合$\{[x]_R | x \in X\}$为 X 关于 R 的商集,记作 X/R。

如例 4.29 中商集 $X/R = \{[a]_R, [c]_R\}$,例 4.30 中商集 $X/R = \{[0]_R, [1]_R, [2]_R\}$。

定理 4.14 设 R 是非空集合 X 上的等价关系,则 X 对 R 的商集X/R决定了 X 的一个划分。

证明:首先由定理 4.13 可知$[x]_R \cap [y]_R = \varnothing$或$[x]_R = [y]_R$且$\bigcup_{x \in X}[x]_R = X$。再由$[x]_R$的定义知$[x]_R \subseteq X$。所以$X/R$是 X 的一个划分。证毕。

例 4.32 设 $X = \{x_1, x_2, \cdots, x_n\}$

(1) X 集合中的全域关系$R_1 = X \times X$是一个等价关系,$[x]_{R_1} = X$,$|[x]_{R_1}| = |X|$,

$\therefore X$ 关于R_1的商集$X/R_1 = \{[x]_{R_1} | x \in X\}$,$|X/R_1| = 1$

它形成了 X 的一个最小划分。

(2) X 上的恒等关系$R_2 = I_x$

$$X/R_2 = \{[x]_{R_2} | x \in X\} = \{[x_1]_{R_2} \cdots [x_n]_{R_2}\}$$

它形成了 X 的一个最大划分。

例 4.33 X 为全班同学的集合,$|X| = n (n \in N)$

(1) 同学关系R_1是一个等价关系,$X/R_1 = X$形成了全班同学的最小划分;

(2) 指纹相同关系R_2是一个等价关系,$X/R_2 = \{[x_1]_{R_2} \cdots [x_n]_{R_2}\}$形成了全班同学的最大划分;

(3) 同姓关系R_3是一个等价关系,$X/R_3 = \{[张]_{R_3}, [李]_{R_3}, \cdots\}$形成了全班同学的既不是最大,又不是最小的划分。

定理 4.15 X 是一非空集合,A 为 X 的一个划分,且$A = \{A_1, A_2, \cdots, A_n\}$,$X$ 中的关系 R 定义为:$R = \{<x,y> | (存在 A_i)(A_i \in A \land x \in A_i \land y \in A_i)\}$,则 R 是 X 中的等价关系。

证明:只要证明 R 是自反的、对称的和传递的。

(1) 对任一 $x \in X$,由划分的定义知,必存在 $A_i \in A$,使得 $x \in A_i$,由 R 的定义知 xRx 成立。所以 R 是自反的。

(2) 对任一 $x, y \in X$ 且从 xRy 的定义可知,存在 $A_j \in A$ 使得 $x \in A_j$ 和 $y \in A_j$。因而 yRx 成立。所以 R 是对称的。

(3) 对任意的 $x, y, z \in X$ 使得 xRy 及 yRz 成立。显然由 xRy 知存在 $A_i \in A$,使得 $x \in A_i$ 和 $y \in A_i$。又因 yRz,所以必存在 A_j,使得 $y \in A_j$ 和 $z \in A_j$。于是 $y \in A_i$ 且 $y \in A_j$,由于 A 是划分,当 $p \neq q$ 时,$A_p \cap A_q = \emptyset$,故必有 $A_i = A_j$,因此有 $z \in A_i$,根据 R 的定义,有 xRz。由此可知 R 是传递的。

R 满足等价关系的 3 个条件,故 R 是等价关系。

因为 R 是等价关系,于是,可求出 X 关于 R 的商集 X/R。不难看出 $X/R = A$。证毕。

因此,集合 X 中的等价关系本质上对集合 X 的元素作了一个划分,使得同一个划分块中的元素之间有等价关系。反之,由一个划分也可以确定唯一的等价关系。

例 4.34 设 $X = \{a, b, c, d\}$,试求划分 $A = \{\{a, b\}, \{c, d\}\}$ 确定的等价关系。

解 $R_1 = \{a, b\} \times \{a, b\} = \{<a,a>, <a,b>, <b,a>, <b,b>\}$
$R_2 = \{c, d\} \times \{c, d\} = \{<c,c>, <c,d>, <d,c>, <d,d>\}$

则 $R = R_1 \cup R_2 = \{<a,a>, <a,b>, <b,a>, <b,b>, <c,c>, <c,d>, <d,c>, <d,d>\}$。

定理 4.16 设 R_1 与 R_2 都是集合 X 上的等价关系,则 $R_1 = R_2$ 当且仅当 $X/R_1 = X/R_2$。

证明:$X/R_1 = \{[x]_{R_1} | x \in X\}$,$X/R_2 = \{[x]_{R_2} | x \in X\}$

必要性,若 $R_1 = R_2$,对任意的 $a \in X$ 有
$$[a]_{R_1} = \{x | x \in X, aR_1 x\} = \{x | x \in X, aR_2 x\} = [a]_{R_2}$$
故 $\{[a]_{R_1} | a \in X\} = \{[a]_{R_2} | a \in X\}$,即 $X/R_1 = X/R_2$。

充分性,假设 $X/R_1 = X/R_2$,则对任意 $[a]_{R_1} \in X/R_1$,必存在 $[c]_{R_2} \in X/R_2$,使得 $[a]_{R_1} = [c]_{R_2}$,故

$<a,b> \in R_1 \Leftrightarrow (a \in [a]_{R_1}) \wedge (b \in [a]_{R_1}) \Leftrightarrow (a \in [a]_{R_2}) \wedge (b \in [a]_{R_2}) \Rightarrow <a,b> \in R_2$

所以,$R_1 \subseteq R_2$,同理有 $R_2 \subseteq R_1$。因此,$R_1 = R_2$。

4.6 相容关系与覆盖

集合的划分与等价关系有密切联系,但等价关系中的传递性是个较复杂的问题,实际问题中有些关系不一定具有传递性。例如父子关系,朋友关系就不具有传递性,现在我们介绍一种应用广泛的新关系——相容关系。

4.6.1 集合的覆盖

定义 4.20 设 X 是非空集合,$S = \{S_1, S_2, \cdots, S_m\}$,其中 S_i 都是 X 的非空子集,如

果 $\bigcup_{i=1}^{m} S_i = X$,则称 S 是集合 X 的一个覆盖。

例 4.35 设 $X = \{1,2,3,4,5\}$,则 $S_1 = \{\{1\},\{2,3\},\{2,4,5\}\}$,$S_2 = \{\{1\},\{3,4\},\{2,4,5\}\}$ 等都是集合 X 的覆盖。

注意:覆盖不是划分,而划分一定是覆盖。

4.6.2 相容关系

设 $A = \{a,b,c,d\}$ 中 4 个元素分别表示 4 个大学生,其中,a、b 和 c 是校篮球队队员,c 和 d 是校足球队队员,a 和 d 是校排球队队员。如果将参加同一种球队的同学认为是相关的,那么这样的关系是 $R = \{<a,a>,<b,b>,<c,c>,<a,b>,<b,a>,<a,c>,<c,a>,<b,c>,<c,b>,<d,d>,<c,d>,<d,c>,<a,d>,<d,a>\}$,分析可知:$R$ 是自反的和对称的,但不是传递的。因为 $<b,c> \in R$ 且 $<c,d> \in R$,但 $<b,d> \notin R$。这类关系可由下述定义来描述。

定义 4.21 给定一个集合 X,R 是 X 上的二元关系,如果 R 是自反、对称的,则称 R 为 X 上的相容关系。

例 4.36 设 $X = \{\text{ball, bed, dog, let, egg}\}$ 5 个英文单词,定义 X 上一个二元关系:
$R = \{<x,y> | x,y \in X \wedge x,y \text{ 有相同的字母}\}$,验证 R 是 X 上的相容关系。

证明:简记 X 中的元素依次为 $1,2,3,4,5$,则
$R = \{<1,1>,<1,2>,<2,1>,<1,4>,<4,1>,<2,2>,<2,3>,<3,2>,<2,4>,<4,2>,<2,5>,<5,2>,<3,3>,<3,5>,<5,3>,<4,4>,<4,5>,<5,4>,<5,5>\}$

R 的关系矩阵如下:

$$\begin{bmatrix} 1 & 1 & 0 & 1 & 0 \\ 1 & 1 & 1 & 1 & 1 \\ 0 & 1 & 1 & 0 & 1 \\ 1 & 1 & 0 & 1 & 1 \\ 0 & 1 & 1 & 1 & 1 \end{bmatrix}$$

由于 R 的关系图上每一点都有指向自身的弧,可以略去不画,R 又具有对称性,因此两点之间如果有一点指向另一点的弧,必有方向相反的另一弧存在,此时就简化为一条无箭头的边,故相容关系的简化关系图就表现为:无自身回路的无向图,如图 4.13 所示。

由关系矩阵和关系图知 R 是自反的、对称的,所以是相容关系。

定义 4.22 设 R 是集合 X 上的相容关系,C 是 X 的非空子集,如果 $\forall a,b \in C$ 都有 aRb,则称 C 是由 R 产生的相容类,记为 C_R。

例如,例 4.35 中的相容关系 R 产生的相容类为:$\{3,5\},\{2,3,5\},\{1,2,4\}$ 等。

定义 4.23 设 X 是一个集合,R 是 X 上的相容关系,$A \subseteq X$,若 A 中每一元素均与 A 中其他所有元素有相容关系,而 $X - A$ 中没有一个元素与 A 中所有元素有相容关系,则称 A 为相容关系 R 的一个最大相容类。

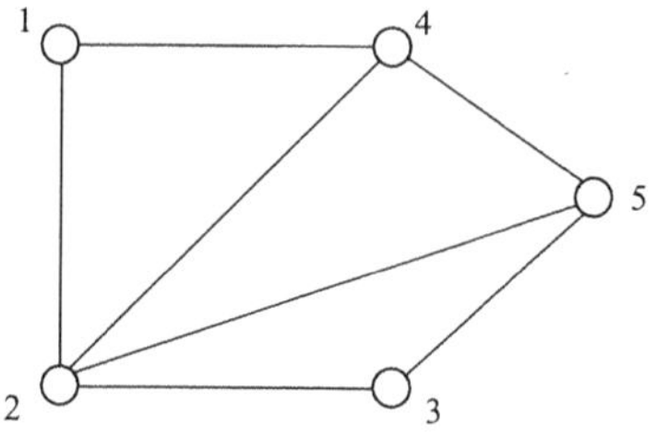

图 4.13 R 的无向图

例如,例 4.35 中 $A_1=\{1,2,4\}$,$A_2=\{2,3,5\}$,$A_3=\{2,4,5\}$ 均是 X 上的最大相容类。

在关系图中,两点 x,y 之间有边相联,表明 xRy,而最大相容类中的每两点都有边相联,其他的点均不与这些点有边相联,因此,最大相容类中的元素在关系图中形成一个点或者一条边或者一个最大完全多边形。所谓完全多边形就是其每个顶点都与其他顶点连接的多边形。

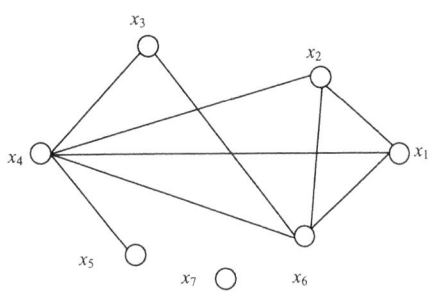

图 4.14 相容关系图

例 4.37 设给定的相容关系图如图 4.14 所示,求它的最大相容类。

解 最大相容类为:
$$\{x_1,x_2,x_4,x_6\},\{x_3,x_4,x_6\},\{x_4,x_5\},\{x_7\}。$$

定理 4.17 设 R 是有限集合 X 上的相容关系,C 是一个相容类,则必存在一个最大相容类 C_R,使得 $C \subseteq C_R$。

证明:设 $X=\{x_1,x_2,\cdots,x_n\}$,构造相容类序列 $C_0 \subset C_1 \subset C_2 \subset \cdots$,其中 $C_0=C$ 且 $C_{i+1}=C_i \cup \{x_j\}$,其中 j 是满足 $x_j \notin C_i$ 而 x_j 与 C_i 中各元素都有相容关系的最小足标。

由于 X 的元素个数 $|X|=n$,所以至多经过 $n-|C|$ 步,就使这个过程终止,而此序列的最后一个相容类,就是所要找的最大相容类。

X 中任一元素 x,它可以组成相容类 $\{x\}$,从定理 4.17 可知,$\{x\}$ 必包含在一个最大相容类 C_R 之中,因此所有最大相容类组成的集合必是 X 的覆盖。

定义 4.24 在集合 X 上给定关系 R,其最大相容类的集合称作集合 X 的完全覆盖,记作 $C_R(A)$。

我们注意到集合 X 的覆盖不是唯一的,因此给定相容关系 R 可以作成不同的相容类的集合,它们都是 X 的覆盖。但给定相容关系 R 只能对应唯一的完全覆盖。如例 4.36 中,给定 X 上相容关系则有唯一的完全覆盖:$\{\{x_1,x_2,x_4,x_6\},\{x_3,x_4,x_6\},\{x_4,x_5\},\{x_7\}\}$。

定理 4.18 给定集合 X 的覆盖 $A=\{A_1,A_2,\cdots,A_n\}$,由它确定的关系 $R=A_1 \times A_1 \cup A_2 \times A_2 \cup A_3 \times A_3 \cup \cdots A_n \times A_n$ 是相容关系。

证明:因为 $A=\bigcup_{i=1}^{n} A_i$,对于任意 $x \in X$,必存在某个 $j>0$ 使得 $x \in A_j$,所以 $<x,x> \in A_j \times A_j$,即 $<x,x> \in R$,因此 R 是自反的。

其次,若有任意 $x,y \in X$ 且 $<x,y> \in R$,则必存在某个 $h>0$ 使 $<x,y> \in A_h \times A_h$,故必有 $<y,x> \in A_h \times A_h$,即 $<y,x> \in R$,所以 R 是对称的。

因此证得 R 是 X 上的相容关系。

从上述定理可以看到,给定集合 X 上的任意一个覆盖,必可在 X 上构造对应于此覆盖的一个相容关系,但是不同的覆盖却能构造相同的相容关系。

例 4.38 设 $X=\{1,2,3,4\}$,集合 $\{\{1,2,3\},\{3,4\}\}$ 和 $\{\{1,2\},\{2,3\},\{1,3\},\{3,4\}\}$ 都是 A 的覆盖,但它们可以产生相同的相容关系。

$R=\{<1,1>,<1,2>,<2,1>,<2,2>,<2,3>,<3,2>,<1,3>,<3,1>,<3,3>,<4,4>,<3,4>,<4,3>\}$

4.7 偏序关系

序关系反映了事物之间的次序特征。通过序关系可以对集合中元素进行排序。由于任意集合上的所有元素不一定都能够排序,一般是部分元素之间的排序,所有部分序或偏序的意义更大。

定义 4.25 设 R 是集合 P 上的二元关系,若 R 具有自反性、反对称性和传递性,则称 R 是 P 上的偏序关系(或称偏序),并用符号"$\leqslant$"表示。序偶 $<P,\leqslant>$ 则称为偏序集。

"$\leqslant$"不单纯是数之间的 $\leqslant$ 关系,而是代表更为普遍的关系(具有自反,反对称和传递性的关系);"$x\leqslant y$"读作:"x 小于等于 y"、"y 包含 x"、"x 在 y 的前面"等。

例 4.39 实数集上的小于等于关系是偏序关系;集合 $A\neq\emptyset,P(A)$ 上的包含关系 $\subseteq$ 是偏序关系;设 Z_+ 是正整数集合,$a,b\in Z_+$,若 a 整除 b,记为 $a|b$,则"整除关系 $|$"是 Z_+ 上的一个偏序关系。

例 4.40 $A=\{2,3,6,8\}$,验证 A 中的"$\leqslant$"(整除)和"$\geqslant$"(整倍数)是偏序关系。

证明:"$\leqslant$"(整除)$=\{<2,2>,<2,6>,<2,8>,<3,3>,<3,6>,<6,6>,<8,8>\}$

"$\geqslant$"(整倍数)$=\{<2,2>,<6,2>,<8,2>,<3,3>,<6,3>,<6,6>,<8,8>\}$

关系图如图 4.15 所示。

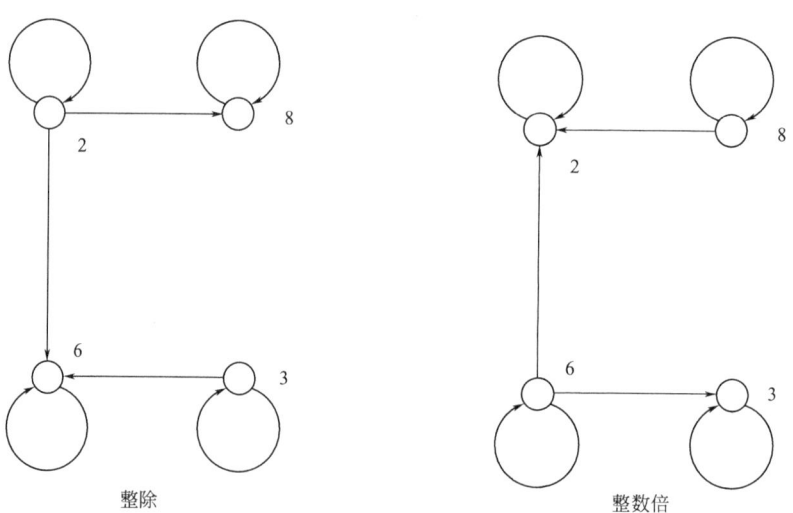

图 4.15 例 4.40 的关系图

显然,"$\leqslant$"(整除)和"$\geqslant$"(整倍数)具有自反、对称和传递性,因此都是偏序关系。

定义 4.26 在偏序集 $<P,\leqslant>$ 中,若有 $x,y\in P$ 且 $x\leqslant y$ 和 $x\neq y$,且不存在其他元素 z 能使 $x\leqslant z \wedge z\leqslant y$ 则称元素 y 盖住 x,称 $\mathrm{COV}(P)=\{<x,y>|x,y\in P,y$ 盖住 $x\}$ 盖住集(covering set)。

例 4.41 $A=\{1,2,3,4,6,12\}$，"$\leqslant$"为 A 上的整除关系，求 COV(A)。

解 COV(A)=$\{<1,2>,<1,3>,<2,4>,<2,6>,<3,6>,<4,12>,<6,12>\}$

对于给定偏序集$<P,\leqslant>$，它的盖住关系是唯一的，所以可用盖住的性质画出偏序集合图，或称哈斯图（Hasse diagram），其作图规则如下。

(1) 以结点表示 P 中的每个元素。

(2) 若$a\leqslant b$，则结点 a 画在结点 b 的下面；若不存在c，使得$a\leqslant c$ 且$c\leqslant b$，则在结点 a 与结点 b 之间连一线。

(3) 若 a,b 不满足$\leqslant$，则结点 a 与结点 b 之间不连线段，且放在同一层次。

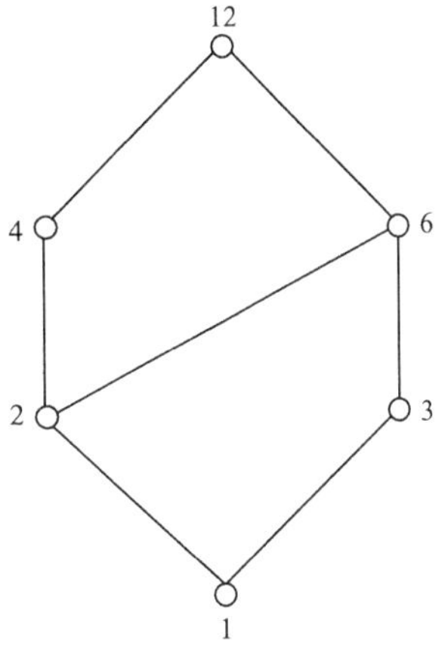

例 4.41 中偏序集对应的哈斯图为如图 4.16 所示。

图 4.16 哈斯图

例 4.42 (1) 设 $P_1=\{1,2,3,4\}$，"$\leqslant$"表示 P 中元素的"小于等于"关系，显然$<P_1,\leqslant>$是一个偏序集合。试画出偏序集$<P_1,\leqslant>$的哈斯图。

解 "$\leqslant$"=$\{<1,1>,<1,2>,<1,3>,<1,4>,<2,2>,<2,3>,<2,4>,<3,3>,<3,4>,<4,4>\}$

$$\text{COV}(P_1)=\{<1,2>,<2,3>,<3,4>\}$$

可得$<P_1,\leqslant>$的哈斯图如图 4.17 所示。

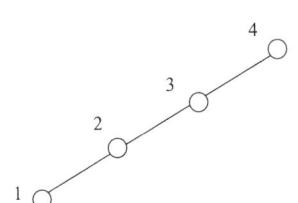

图 4.17 例 4.42 哈斯图

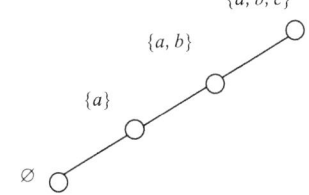

图 4.18 例 4.42 哈斯图

(2) 设 $P_2=\{\varnothing,\{a\},\{a,b\},\{a,b,c\}\}$，$<P_2,\subseteq>$是偏序集。试画出偏序集$<P_2,\subseteq>$的哈斯图。

解 "$\leqslant$"=$\{\{\varnothing,\varnothing\},\{\varnothing,\{a\}\},\{\varnothing,\{a,b\}\},\{\varnothing,\{a,b,c\}\},\{\{a\},\{a\}\},\{\{a\},\{a,b\}\},\{\{a\},\{a,b,c\}\},\{\{a,b\},\{a,b\}\},\{\{a,b\},\{a,b,c\}\},\{\{a,b,c\},\{a,b,c\}\}\}$

$$\text{COV}(P_2)=\{\{\varnothing,\{a\}\},\{\{a\},\{a,b\}\},\{\{a,b\},\{a,b,c\}\}\}$$

偏序集$<P_2,\subseteq>$的哈斯图如图 4.18 所示。

例 4.43 设 $X=\{2,3,6,12,24,36\}$，"$\leqslant$"定义为：$x\in X \wedge y\in X \wedge x$ 整除 y，求偏序集$<X,\leqslant>$的哈斯图。

解 "$\leqslant$"=$\{<2,2>,<2,6>,<2,12>,<2,24>,<2,36>,<3,3>,<3,6>,<3,12>,<3,24>,<3,36>,<6,6>,<6,12>,<6,24>,<6,36>,<12,12>,<12,24>,<12,36>,<24,24>,<36,36>\}$

$$\text{COV}(X)=\{<2,6>,<3,6>,<6,12>,<12,24>,<12,36>\}$$

偏序集 $<X, \leqslant>$ 的哈斯图如图 4.19 所示。

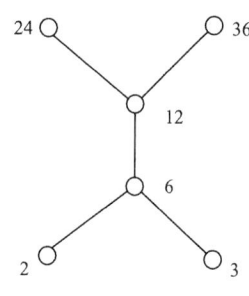

图 4.19 例 4.43 哈斯图

定义 4.27 设 "$\leqslant$" 是 A 中的偏序关系,若对任意的 $x,y \in A$,必有 $x \leqslant y$ 或 $y \leqslant x$ 成立,即 x 和 y 可比较,则称 $\leqslant$ 是 A 中的全序关系,也称简单序或线性序。与此相对应 $<A, \leqslant>$ 为全序集或线性续集。

定义 4.28 设 $<A, \leqslant>$ 是一个偏序集,P 是 A 的一个子集,若 "$\leqslant$" 是 P 中的全序关系,则称 P 为一条链。

由定义 4.27 和定义 4.28 可以看出,任何一个全序集都是一条链。

例 4.44 证明例 4.42(2)中 $<P_2, \subseteq>$ 是个全序集合。

证明:因为 $\emptyset \subseteq \{a\} \subseteq \{a,b\} \subseteq \{a,b,c\}$,所以 P_2 中任意两元素都有包含关系,得证。

从哈斯图中可以看到偏序集中各个元素处于不同层次的位置,下面我们讨论偏序集中具有一些特殊位置的元素。

定义 4.29 设 $<A, \leqslant>$ 是一个偏序集合,B 是 A 的子集,对于 B 中的一个元素 b,如果 B 中没有任何元素 x,满足 $b \neq x$ 且 $b \leqslant x$,则称 b 为 B 的极大元。同理,对于 $b \in B$,如果 B 中没有任何元素 x,满足 $b \neq x$ 且 $x \leqslant b$,则称 b 为 B 的极小元。

例 4.45 设 $A = \{2,3,5,7,14,15,21\}$,其偏序关系 $R = \{<2,14>, <3,15>, <3,21>, <5,15>, <7,14>, <7,21>, <2,2>, <3,3>, <5,5>, <7,7>, <14,14>, <15,15>, <21,21>\}$,求 $B = \{2,7,3,21,14\}$ 的极大元与极小元。

解 $COV(A) = \{<2,14>, <3,15>, <3,21>, <5,15>, <7,14>, <7,21>\}$
其哈斯图如图 4.20 所示。

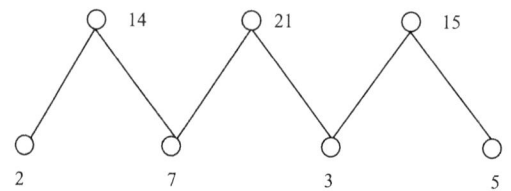

图 4.20 例 4.45 哈斯图

B 的极小元集合是 $\{2,3,7\}$,B 的极大元集合是 $\{14,21\}$。

从定义 4.29 可以知道,当 $B = A$ 时偏序集 $<A, \leqslant>$ 的极大元即是哈斯图中最顶层的元素,其极小元是哈斯图中最低层的元素。

定义 4.30 设 $<A, \leqslant>$ 是一个偏序集合,B 是 A 的子集,若有某个元素 $b \in B$,对于 B 中每个元素 x 有 $x \leqslant b$,则称 b 为 $<B, \leqslant>$ 的最大元。同理,若有某个元素 $b \in B$,对每个 $x \in B$ 有 $b \leqslant x$,则称 b 为 $<B, \leqslant>$ 的最小元。

例 4.46 设 $X = \{a,b\}, \rho(X) = \{\emptyset, \{a\}, \{b\}, \{a,b\}\}$,考虑偏序集 $<\rho(X), \subseteq>$,其哈斯图如图 4.21 所示。

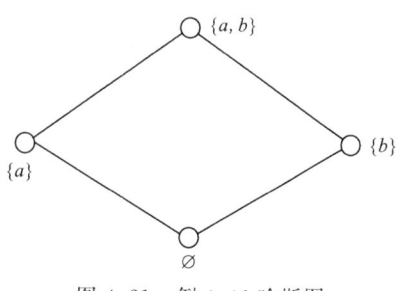

图 4.21 例 4.46 哈斯图

(1) 若 $B=\{\varnothing,\{a\}\}$,则 $\{a\}$ 是 B 的最大元,$\varnothing$ 是 B 的最小元。

(2) 若 $B=\{\{a\},\{b\}\}$,则 B 没有最大元和最小元,因为 $\{a\}$ 和 $\{b\}$ 是不可比较的。

定理 4.19 令 $<A,\leqslant>$ 为偏序集且 $B\subseteq A$,若 B 有最大(最小)元,则必是唯一的。

证明:假定 a 和 b 两者都是 B 的最大元素,则 $a\leqslant b$ 和 $b\leqslant a$,从 $\leqslant$ 的反对称性得到 $a=b$。B 的最小元情况与此类似。

定义 4.31 设 $<A,\leqslant>$ 是一个偏序集合,对于 $B\subseteq A$,如有 $a\in A$,且对 B 的任意元素 x,都满足 $x\leqslant a$,则称 a 为子集 B 的上界。同样地,对于 B 的任意元素 x,都满足 $a\leqslant x$,则称 a 为 B 的下界。

例如,给定偏序集 $<A,\leqslant>$ 的哈斯图如图 4.22 所示。h,i 分别是 $B=\{a,b,c,d,e,f,g\}$ 的上界。而 f,g 分别是 $B'=\{h,i,j,k\}$ 的下界。但 b,c,d,e 都不是 $\{h,i,f,g\}$ 的下界。

从本例可以看到上界和下界不是唯一的。

定义 4.32 设 $<A,\leqslant>$ 为偏序集且 $B\subseteq A$,a 为 B 的任一上界,若对 B 的所有上界 y 均有 $a\leqslant y$,则称 a 为 B 的最小上界(上确界),记作 LUB B。同样,若 b 为 B 的任一下界,若对 B 的所有下界 z,均有 $z\leqslant b$,则称 b 为 B 的最大下界(下确界),记作 GLB B。

例如在图 4.22 中,a 是 $\{f,h,j,i,g\}$ 的最大下界。

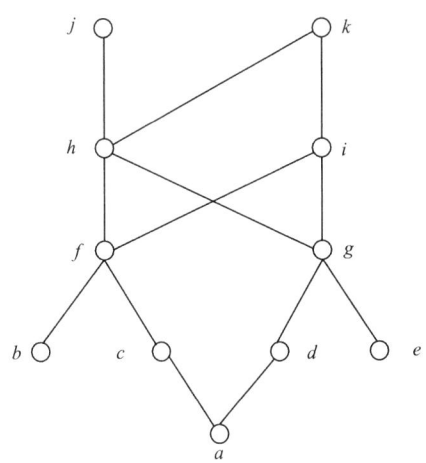

图 4.22 偏序集的哈斯图

习 题

1. 设集合 $A=\{1,2\}$ 和 $B=\{x,y\}$,求如下笛卡尔积。

(1) $A\times A$; (2) $A\times B$;

(3) $B\times A$; (4) $B\times B$;

(5) $A\times P(A)$; (6) $P(A)\times P(A)$。

2. 设集合 $A=\{1,2,3\}$,$B=\{1,3,5\}$ 和 $C=\{a,b\}$,求如下笛卡尔积。

(1) $(A\cap B)\times C$; (2) $(A\times C)\cap(B\times C)$;

(3) $(A\cup B)\times C$; (4) $(A\times C)\cup(B\times C)$。

3. 对于集合 A 和 B,证明

(1) $(A\cap B)\times C=(A\times C)\cap(B\times C)$;   (2) $(A\cup B)\times C=(A\times C)\cup(B\times C)$。

4. 对于集合 $A=\{1,2,3,4,6,8,12\}$,求

(1) A 上的小于等于关系;   (2) A 上的大于关系;

(3) A 上的全关系;   (4) A 上的恒等关系;

(5) A 上的不等于关系;   (6) A 上的整除关系。

5. 设 $A=\{a,b,c,d,e,f,g\}$,其中 a,b,c,d,e,f 和 g 分别表示 7 个人,且 a,b 和 c 都是 18 岁,d 和 e 都是 21 岁,f 和 g 都是 23 岁。试给出 A 上的同龄关系,并用关系矩阵和关系图表示。

6. 判断集合 $A=\{a,b,c\}$ 上的如下关系所具有的性质。

(1) $R_1=\{<a,a>,<b,b>,<c,c>,<a,b>,<b,c>,<a,c>\}$;

(2) $R_2=\{<a,a>,<c,c>,<a,b>,<b,a>\}$;

(3) $R_3=\{<a,b>,<a,c>,<b,c>\}$;

(4) $R_4=\{<a,a>,<b,b>,<c,c>,<a,b>,<b,a>\}$;

(5) $R_5=A\times A$;

(6) $R_6=\varnothing$。

7. 其中,$A=\{1,2,3,4\}$,$R=\{<1,2>,<2,2>,<2,3>,<3,4>\}$,$R$ 是 A 上的二元关系。

(1) 画出 R 的关系图;

(2) 求 R 的自反、对称、传递闭包。

8. 对于集合 $A=\{a,b,c\}$ 上的关系 $R=\{<a,b>,<b,c>,<c,a>\}$,求 $r(R)$,$s(R)$,$t(R)$,$rs(R)$,$rt(R)$,$st(R)$ 和 $srt(R)$,并给出所得的关系矩阵和关系图。

9. 设 R 是集合 A 上的关系,试证明或否定以下论断。

(1) 若 R 是自反的,则 $s(R)$,$t(R)$ 是自反的;

(2) 若 R 是反自反的,则 $s(R)$,$t(R)$ 是反自反的;

(3) 若 R 是对称的,则 $r(R)$,$t(R)$ 是对称的;

(4) 若 R 是反对称的,则 $r(R)$,$t(R)$ 是反对称的;

(5) 若 R 是传递的,则 $r(R)$,$s(R)$ 是传递的;

(6) 若 R 是对称的,则 $rt(R)$,$tr(R)$ 是对称的。

10. 对于人类集合上的如下关系,判定哪些是等价关系。

(1) $\{<x,y>|x$ 与 y 有相同的父母$\}$;

(2) $\{<x,y>|x$ 与 y 有相同的年龄$\}$;

(3) $\{<x,y>|x$ 与 y 是朋友$\}$;

(4) $\{<x,y>|x$ 与 y 都选修离散数学课程$\}$;

(5) $\{<x,y>|x$ 与 y 是老乡$\}$;

(6) $\{<x,y>|x$ 与 y 有相同的祖父$\}$。

11. 对于正整数集合上的关系 $R=\{<<a,b>,<c,d>>|a\cdot b=c\cdot d\}$,试证明 R 是等价关系。

12. 对于集合 $A=\{a,b,c,d,e,f,g\}$ 的划分 $S=\{\{a,c,e\},\{b,d\},\{f,g\}\}$,求划分 S

所对应的等价关系。

13. 已知集合 $A=\{1,2,3,4,5,6\}$，$B=\{2,3,5\}$，R 是 A 上的整除关系，求 R 的哈斯图，并求 B 的最大元、最小元、极大元、极小元、上界、上确界、下界、下确界。

14. 设 Z 是整数集，当 $x \cdot y \geqslant 0$ 时，$<x,y> \in R$，说明 R 是 A 上的相容关系，但不是 A 上的等价关系。

15. 对于集合 $A=\{a,b,c,d,e,f,g\}$ 上的覆盖 $C=\{\{a,b,c,d\},\{c,d,e\},\{d,e,f\},\{f,g\}\}$，求覆盖 C 所对应的相容关系。

16. 集合 $A=\{a,b,c,d,e\}$ 上的二元关系 R 为
$R=\{<a,a>,<a,b>,<a,c>,<a,d>,<a,e>,<b,b>,<b,c>,<b,e>,<c,c>,<c,d>,<c,e>,<d,d>,<d,e>,<e,e>\}$

(1) 写出 R 的关系矩阵；

(2) 判断 R 是不是偏序关系。

17. 设集合 $A=\{1,3,5,7,9,15\}$，A 上的一个划分 $S=\{\{1,15\},\{3,9\},\{5,7\}\}$，试求由 S 导出的 A 上的等价关系 R。

18. 设 $A=\{a,b\}$，$B=\{c\}$。求下列集合：

(1) $A \times \{0,1\} \times B$；   (2) $P(A) \times A$

19. 证明题

(1) 设 A 是集合，$R \subseteq A \times A$，则 R 是对称的当且仅当 $R=Rc$；

(2) 设 R 是 A 上的一个等价关系，若 $<a,b> \in R$，$<a,c> \in R$，则 $<b,c> \in R$；

(3) 证明 $(A-B) \cap (A-C) = A-(B \cup C)$；

(4) 设 R 是集合 X 上的二元关系，证明 R 是 X 上传递关系当且仅当 $R \circ R \subseteq R$。

20. 判断下列关系是否为偏序关系或全序关系。

(1) 自然数集 N 上的小于关系"$<$"；

(2) 自然数集 N 上的大于等于关系"$\geqslant$"；

(3) 整数集 Z 上的小于等于关系"$\leqslant$"；

(4) 幂集 $P(N)$ 上的真包含关系"$\subset$"；

(5) 幂集 $P(\{a\})$ 上的包含关系"$\subseteq$"；

(6) 幂集 $P(\varnothing)$ 上的包含关系"$\subseteq$"。

第 5 章 函数

在高等数学中,函数的定义域和值域通常都是在实数集上研究的,现在我们把函数的概念加以推广,把函数视为一种特殊的关系,其定义域和值域可以是一般的集合。本章介绍函数的概念、特殊函数、函数的复合与逆函数、集合的基数、可数集和不可数集等。

5.1 函数的概念

5.1.1 函数的基本概念

函数也称为映射,是一种特殊的二元关系。

定义 5.1 设 X 和 Y 是任意两个集合,f 是从 $X \rightarrow Y$ 的一种关系,若对于每一个 $x \in X$,都存在一个唯一的 $y \in Y$,使 $<x,y> \in f$,则称关系 f 为函数(映射),并记为:$f: X \rightarrow Y$。

其中:

(1) $f: X \rightarrow Y$ 中,若 $<x,y> \in f$,则称 x 为自变量,与 x 对应的 y 称作 f 作用下的像(值);也可用 $y=f(x)$ 表示 $<x,y> \in f$,y 称作函数 f 在 x 点处的值。

(2) X 中每一个元素均有定义,f 定义域 $dom_f = X$(有时也记为 D_f)。

(3) 对应于某一个 $x \in X$,其值 $f(x)$ 是唯一的,函数表示形式如下:

$<x,y> \in f \wedge <x,z> \in f(y=z)$

(4) f 值域(有时也记为 R_f),$ran_f \subseteq Y$,$R_f = \{y \mid y \in Y \wedge \exists x((x \in X) \wedge (y = f(x)))\}$ 集合 Y 称为 f 的共域。

根据定义可以看出,集合 X 到 Y 的关系称为映射有两个条件:

(1) X 中的每个元素都要有像(存在性条件);

(2) X 中的每个元素都只有一个像(唯一性条件)。

例 5.1 设集合 $X=\{a,b,c,d\}$ 到集合 $Y=\{1,2,3,4,5\}$ 的关系为

$R_1 = \{<a,1>,<b,1>,<c,1>,<d,1>\}$,

$R_2 = \{<a,1>,<b,1>,<b,3>,<c,3>,<d,1>\}$,

$R_3 = \{<a,1>,<b,1>,<d,1>\}$,

则 R_1 是很熟,R_2,R_3 不是,因为 R_2 不满足唯一性条件,X 中元素 B 有两个不同的像;R_3 不满足存在性条件,因为 X 中元素 c 没有像。

由上面的例子,可以总结出函数的如下几个特点:

(1) 定义域是集合 X,而不能是集合 X 的任意一个真子集;

(2) 对于定义域中的任意一个元素都有唯一的值和其对应,也就是说只能是多对一,而不能是一对多,称之为像点的单值性;

(3) 集合 X 到 Y 的函数 f 的值域 $f(A)$ 是集合 Y 的子集,即 $f(A)\subseteq Y$;

(4) 集合 X 到 Y 的函数 f 的基数等于其定义域的基数,即 $|f|=|A|$;

(5) $f(x)$ 表示一个函数值,而 f 是一个序偶的集合,因此 $f(x)\neq f$。

定义 5.2 若 $f:A\to B, g:C\to D$。如果 $A=C, B=D$,并且对所有的 $x\in A$ 或 C,都有 $f(x)=g(x)$,则称函数 f 与 g 相等,记为 $f=g$。

5.1.2 函数的构成

设 $|A|=m, |B|=n$,函数的定义域为 A,任一从 A 到 B 的函数 f 是由 A 中 m 个元素的取值所唯一确定的,对任意 $x\in A$,B 中 n 个元素中任一个可作为它的像,因而从集合 A 到集合 B 共有 $n\cdot n\cdots\cdot n=n^m$ 个不同的函数。

例 5.2 对 $A=\{1,2,3\}, B=\{a,b\}$。从 A 到 B 的不同函数共有 8 个:

$$f_1=\{<1,a>,<2,a>,<3,a>\}, f_2=\{<1,a>,<2,a>,<3,b>\}$$
$$f_3=\{<1,a>,<2,b>,<3,a>\}, f_4=\{<1,a>,<2,b>,<3,b>\}$$
$$f_5=\{<1,b>,<2,a>,<3,a>\}, f_6=\{<1,b>,<2,a>,<3,b>\}$$
$$f_7=\{<1,b>,<2,b>,<3,a>\}, f_8=\{<1,b>,<2,b>,<3,b>\}$$

于是从 A 到 B 的函数的全体构成的集合为 $\{f_1,f_2,\cdots,f_8\}$。

容易看出 $A\to B$ 的函数个数(n^m)远小于二元关系个数(2^{mn})。大家可以自己证明一下。

5.2 特殊函数

定义 5.3 设函数 $f:A\to B$。

(1) 若 $f(A)=B$,则称 f 是满射。或定义为每个元素都存在原像,即:对 $\forall y\in B$, $\exists x\in A$,使得 $f(x)=y$。

(2) 若对任意的 $x_1, x_2\in A$,且 $x_1\neq x_2$,必有 $f(x_1)\neq f(x_2)$,则称 f 是单射或一对一的映射(又叫内射或入射)。

(3) 若 f 是单射且是满射,则称 f 是双射或一一对应。

容易举出是单射而不是满射,是满射而不是单射,既是满射也是单射,既不是满射也不是单射的例子。

例 5.3 (1) $f:\{1,2\}\to\{0\}, f(1)=f(2)=0, f$ 是满射,不是单射。

(2) $f:\mathbb{N}\to\mathbb{N}, f(x)=2x, f$ 是单射,不是满射。

(3) $f:\mathbb{Z}\to\mathbb{Z}, f(x)=x+1$ 是单射也是满射,从而是双射。

(4) 设 $A=\{1,2,3\}, f$ 是 A 上的函数,定义为 $f(1)=f(2)=f(3)=1$,则 f 既不是单射,也不是满射。

例 5.4 对下列的集合 A 和 B,分别构造从 A 到 B 的双射函数:

(1) $A=R, B=R, R$ 是实数集;

(2) $A=R, B=R+=\{x|x>0, x\in R\}$;

(3) $A=[0,1), B=(\frac{1}{4}, \frac{1}{2}]$ 都是实数区间。

解 (1) 令 $f:R\to R, f(x)=x$；或 $f(x)=2x, f(x)=x+1$ 等均可。

(2) 令 $f:R\to R+, f(x)=e^x$。

(3) 令 $f:[0,1)\to(\frac{1}{4}, \frac{1}{2}], f(x)=\frac{1}{2}-\frac{x}{4}$。

5.3 函数的复合与逆函数

5.3.1 函数的复合

由关系的复合知道，若有关系 $R:A\to B, S:B\to C$，则复合关系 $R\circ S$ 是从 A 到 C 的关系。对于函数 $f:A\to B, g:B\to C$ 的复合，习惯上记为 $g\circ f$。

定理 5.1 设有函数 $f:A\to B, g:B\to C$，则复合关系 $g\circ f$ 是从 A 到 C 的函数，且有 $(g\circ f)(x)=g(f(x))$。

称 $g\circ f$ 是函数 f 和 g 的复合函数(或 f 与 g 的合成)。

证明：首先证明 $g\circ f$ 是从 A 到 C 的函数，即对任意的 $x\in A$，存在唯一的 $z\in C$，使得 $<x,z>\in g\circ f$。

因为 f 是函数，对任意 $x\in A$，存在 $y\in B$，使得 $<x,y>\in f$。对 $y\in B$，因为 g 是函数，存在 $z\in C$，使得 $<y,z>\in g$，根据关系复合的定义，有 $<x,z>\in g\circ f$。

若对某个 $x_0\in A$，存在 $z_1, z_2\in C, z_1\neq z_2$，使得 $<x_0,z_1>\in g\circ f, <x_0,z_2>\in g\circ f$，根据关系复合的定义，存在 $y_1, y_2\in B$，使得 $<x_0,y_1>\in f, <y_1,z_1>\in g$ 及 $<x_0,y_2>\in f, <y_2,z_2>\in g$，以为 g 是函数，$z_1\neq z_2$，所以 $y_1\neq y_2$，这与 f 是函数矛盾。

现在证明：$(g\circ f)(x)=g(f(x))$。对任意的 $x\in A$，因为 $<x,f(x)>\in f, <f(x), g(f(x))>\in g$，故 $<x, g(f(x))>\in g\circ f$，又因为 $g\circ f$ 是函数，故可写为 $(g\circ f)(x)=g(f(x))$。

例 5.5 设集合 $A=\{1,2,3\}$ 上的函数 $f=\{<1,2>,<2,3>,<3,1>\}$，集合 A 到集合 $B=\{1,2\}$ 的函数 $g=\{<1,2>,<2,1>,<3,2>\}$，则容易算出 A 到 B 的复合关系 $g\circ f=\{<1,1>,<2,2>,<3,2>\}$ 为 A 到 B 的函数。

例 5.6 设 $f:R\to R, f(a)=\begin{cases}a^2, a\geq 3\\ -2, a<3\end{cases}$。$g:R\to R, g(a)=a+2$。求 $g\circ f, f\circ g$。

解 $g\circ f(a)=g(f(a))=f(a)+2=\begin{cases}a^2+2, a\geq 3\\ 0, \quad a<3\end{cases}$；

$f\circ g(a)=f(g(a))=\begin{cases}(g(a))^2, g(a)\geq 3\\ -2, \quad g(a)<3\end{cases}=\begin{cases}(a+2)^2, a\geq 1\\ -2, \quad a<1\end{cases}$。

与关系的复合一样，函数的复合运算也不满足交换律，即：一般说来，有 $g\circ f\neq f\circ g$，但满足结合律，即 $(f\circ g)\circ h=f\circ(g\circ h)$。

关于函数的复合与函数的单射、满射、双射有下面的结论。

定理 5.2 设有函数 $f:A \to B, g:B \to C$。

(1) 若 f, g 是单射,则 $g \circ f$ 也是单射;

(2) 若 f, g 是满射,则 $g \circ f$ 也是满射;

(3) 若 f, g 是双射,则 $g \circ f$ 也是双射。

证明:(1) 因为对任意的 $a_1, a_2 \in A$,如果 $a_1 \neq a_2$,那么由 f 是单射可知,$f(a_1) \neq f(a_2)$,由 g 是单射可知,$g(f(a_1)) \neq g(f(a_2))$。所以,由 $a_1 \neq a_2$ 可得 $g(f(a_1)) \neq g(f(a_2))$,即 $g \circ f$ 是单射。

(2) 对任意的 $z \in C$,因为 g 是满射,故存在 $y \in B$,使得 $z = g(y)$。对 $y \in B$,因为 f 是满射,故存在 $x \in A$,使 $f(x) = y$。故对任意的 $z \in C$,存在 $x \in A$,使得 $z = g(y) = g(f(x)) = g \circ f(x)$,$g \circ f$ 是满射。

(3) 由(1),(2)可得证。

可以举例说明上面定理的逆命题不成立,但有如下定理。

定理 5.3 设有函数 $f:A \to B$,$g:B \to C$。

(1) 若 $g \circ f$ 是单射,则 f 是单射;

(2) 若 $g \circ f$ 是满射,则 g 是满射;

(3) 若 $g \circ f$ 是双射,则 f 是单射,g 是满射。

证明:(1) 设 $x_1, x_2 \in A$,使得 $f(x_1) = f(x_2)$,则

$$g \circ f(x_1) = g(f(x_1)) = g(f(x_2)) = g \circ f(x_2)。$$

因 $g \circ f$ 是单射,可得 $x_1 = x_2$,即由 $f(x_1) = f(x_2)$ 可得 $x_1 = x_2$,从而说明 f 是单射。

(2) 由于 $g \circ f$ 是满射,对任意 $c \in C$,存在 $a \in A$,使得

$$c = g \circ f(a) = g(f(a)),$$

取 $b = f(a) \in B$,有 $c = g(b)$,即对任意 $c \in C$,存在 $b \in B$,使得 $c = g(b)$,故 g 是满射。

(3) 由(1),(2)得证。

5.3.2 逆函数

任一关系都有它的逆关系,但对映射来说不对,例如,集合 $A = \{1, 2, 3, 4\}$ 到集合 $B = \{a, b, c\}$ 的关系 $f = \{1, a, 2, a, 3, b, 4, c\}$ 是映射,作为关系来说它的逆关系为 $\tilde{f} = \{1, a, 2, a, 3, b, 4, c\}$,但 $\tilde{f}$ 不是 B 到 A 的映射。

定义 5.4 设有函数 $f:A \to B$,若逆关系 $\tilde{f}:B \to A$ 是从 B 到 A 的函数,则称 f 可逆,$\tilde{f}$ 是 f 的逆函数,并记 $\tilde{f}$ 为 f^{-1}(也称为反函数)。

由定义可知:当函数 $f:A \to B$ 的逆函数 f^{-1} 存在,若 $f(x) = y$,则 $f^{-1}(y) = x$,且有下面结论成立。

$$f \circ f^{-1} = I_A, \quad f^{-1} \circ f = I_B。$$

由上面定义易知:

定理 5.4 函数 $f:A \to B$ 存在逆函数的充分必要条件是 f 是双射。

定理 5.5 设 $f:A \to B$,若存在 $g:B \to A$,使得 $g \circ f = I_A, f \circ g = I_B$,则

(1) f,g 都是可逆映射;

(2) $g=f^{-1},f=g^{-1}$。

该定理的证明参见后面定理 5.7 的证明。

定理 5.6 设 $f:A\to B, g:B\to C$ 均为可逆映射,则

(1) $f^{-1}\circ f=I_A, f\circ f^{-1}=I_B$;

(2) $(f^{-1})^{-1}=f$;

(3) $(g\circ f)^{-1}=f^{-1}\circ g^{-1}$。

证明:只证(1),其他请读者自证。

对任意的 $x\in A$,因为 f 是函数,则有 $<x,f(x)>\in f$,因 f 可逆,有 $<f(x),x>\in f^{-1}$。因为 f^{-1} 函数,则可写为 $f^{-1}(f(x))=x$。即对任意的 $x\in A$,有 $f^{-1}(f(x))=f^{-1}\circ f(x)=x=I_A(x)$,于是 $f^{-1}\circ f=I_A$。

对任意的 $y\in B$,类似可证 $f^{-1}(f(y))=y$,从而可得 $f^{-1}\circ f=I_B$。

定义 5.5 设 $f:A\to B, g:B\to A$,如果 $g\circ f=I_A$,则称 g 为 f 的右逆;如果 $f\circ g=I_B$,则称 g 为 f 的左逆。

定理 5.7 设 $f:A\to B, A\ne\varnothing$,则

(1) f 存在右逆,当且仅当 f 是单射;

(2) f 存在左逆,当且仅当 f 是满射;

(3) f 存在右逆又存在左逆,当且仅当 f 是双射;

(4) 若 f 是双射,则 f 的左逆等于右逆。

证明:(1) 先证必要性。设存在 $x_1,x_2\in A$,使得 $f(x_1)=f(x_2)$,设 g 为 f 的右逆,则 $x_1=g\circ f(x_1)=g(f(x_1))=g(f(x_2))=g\circ f(x_2)=x_2$,所以 f 是单射。

再证充分性。若 f 是单射,则 $f:A\to \text{Im}(f)$ 是双射,从而 f 的逆关系限制在 $\text{Im}(f)$ 上的双射,还是沿用 f^{-1} 记号,由 $A\ne\varnothing$,存在 $a\in A$,构造 $g:B\to A$ 为

$$g(y)=\begin{cases} f^{-1}(y), & y\in \text{Im}(f),\\ a, & y\in B-\text{Im}(f),\end{cases}$$

显然,g 是函数 $g:B\to A$。对任意 $x\in A$,因 $f(x)\in \text{Im}(f)$,有

$$g\circ f(x)=g(f(x))=f^{-1}(f(x))=x。$$

所以 $g\circ f=I_A$,g 为 f 的右逆。

(2) 先证必要性。设 f 的左逆为 $h:B\to A$,有 $f\circ h=I_B$,则对任意的 $y\in B$,取 $x\in A$、$x=h(y)$,则 $y=I_B(y)=f\circ h(y)=f(h(y))=f(x)$,故 f 是满射。

再证充分性。因为 f 是满射,对任意 $y\in B$,存在 $x\in A$,使得 $f(x)=y$,构造函数 $h:B\to A$,满足:对任意 $y\in B, h(y)=x$,其中 x 为某个确定的满足 $f(x)=y$ 的元素。则 $f\circ h(y)=f(h(y))=f(x)=y=I_B(y), \forall y\in B$。

所以 $f\circ h=I_B$,h 是 f 的左逆。

(3) 由(1),(2)得证。

(4) 设 f 的右逆为 $g:B\to A$,左逆为 $h:B\to A$,即 $g\circ f=I_A, f\circ h=I_B$,则

$$h=I_A\circ h=(g\circ f)\circ h=g\circ(f\circ h)=g\circ I_B=g,$$

故 $h=g$。

例 5.7 考虑如下定义的函数 $f:Z\to Z; f=\{<i,i^2>|i\in Z\}$ 是否存在逆函数。

解 f 的逆函数 $f^{-1}=\{<i^2,i>|i\in Z\}$，显然，$f^{-1}$ 不是从 Z 到 Z 的函数。这个例子说明，不能把逆函数直接定义为逆关系。

5.4 集合的基数、可数集和不可数集

5.4.1 集合的基数

集合的基数就是指集合中元素的个数，由此我们划分了有限数集和无限集。由于无限集无法用确切的个数来描述，因此如何描述无限集的基数和比较无限集之间的大小要在本节中进一步讨论。

定义 5.6 设 X、Y 为两个集合，如果存在从 X 到 Y 的双射函数，则称 X 和 Y 是等势的，记做 $X\approx Y$。

例 5.8 证明以下集合之间的等势。

(1) 设有集合 $0^+=\{x|x\in N, x$ 是奇数$\}$，证明：$0^+\approx N$。

(2) 设 R 为实数集合，证明：$(0,1)\approx R$。

证明：(1) 由于存在函数 $f:N\to 0^+$，且 $n\in N, f(n)=2n+1$，不难证明，f 是双射函数，因而，$0^+\approx N$ 成立

(2) 令 $f:(0,1)\to R$
$$f(x)=\text{tg}\Pi(2x-1)/2 \text{（其中 } x\in(0,1)\text{）}$$

显然，f 是双射函数，因而，$(0,1)\approx R$。

定理 5.8 设 X、Y、Z 为任意的集合，则

(1) $X\approx X$；

(2) 若 $X\approx Y$，则 $Y\approx X$；

(3) 若 $X\approx Y, Y\approx Z$，则 $X\approx Z$。

定义 5.7 如果有一个从集合$\{0,1,\cdots,n-1\}$到 X 的双射函数，即 X 与某个自然数 n 等势，则称集合 X 是有限的，否则称集合 X 是无限的。

定理 5.9 自然数集合 N 是无限的。

定义 5.8 设 X 为任意集合，称 card X 为集合 X 的基数，并做以下规定：

(1) 对于任意的集合 X 和 Y，规定 card $X=$ card Y，当且仅当 $X\approx Y$；

(2) 对于任意的有限集合 X，规定与 X 等势的那个唯一的自然数 n 为 X 的基数，记做
$$\text{card } X=n$$

(3) 对于自然数集合 N，规定
$$\text{card N}=\text{（读作阿列夫零）}$$

(4) 对于开区间$(0,1)$，规定
$$\text{card}(0,1)=\text{（读作阿列夫）}$$

例 5.9 证明区间$[0,1]$与$(0,1)$基数相同。

证明：显然只需证明$[0,1]\approx(0,1)$，

定义函数 $f:[0,1]\to(0,1)$，对于任意 $x\in[0,1]$，有

$$f(x) = \begin{cases} \dfrac{1}{4} & x = 0 \\ \dfrac{1}{2} & x = 1 \\ \dfrac{1}{2^{n+2}} & x = \dfrac{1}{2^n}, n \geqslant 1 \\ x & \text{其他} \end{cases}$$

可证 f 是双射函数,因而,$[0,1]$ 与 $(0,1)$ 基数相同。

5.4.2 可数集

定义 5.9 凡是与自然数集合 N 等势的集合,称为可数集合,其基数记为:$\overline{\overline{A}} = \overline{\overline{N}} = a$。

例如,
$$X = \{1, 4, 9, 16, \cdots, n^2, \cdots\}$$
$$Y = \{1, \dfrac{1}{2}, \dfrac{1}{3}, \dfrac{1}{4}, \cdots, \dfrac{1}{n}, \cdots\}$$
$$Z = \{x \mid x \in N, x \text{ 是素数}\}$$

均为可数集。

定理 5.10 集合 X 为可数集的充分必要条件是 X 的元素可以排列成一个序列的形式:

$X = \{X_1, X_2, \cdots, X_n, \cdots\}$ 的形式。

证明:如果 X 可以排列成上述序列的形式,那么将 X 的元素 X_n 与 n 对应,显然这是一个由 X 到自然数集 N 的双射,故 X 是可数集。

反之,若 X 是可数集,那么在 X 和 N 之间存在着一个双射 f,由 f 得到 N 的对应元素 X_n,即 X 可写为 $\{X_1, X_2, \cdots, X_n, \cdots\}$ 的形式。

定理 5.11 任一无限集必含有可数子集。

证明:设 X 是无限集合,现从 X 中任意取出一个元素,记为 x_1,因为 X 是无限的,显然,$X - \{x_1\}$ 还是无限集合,然后从 $X - \{x_1\}$ 中再取出一个元素,记为 x_2,而 $X - \{x_1, x_2\}$ 还是无限的,所以又可再取一元素 x_3,如此重复这一过程,就可得到 X 的可数子集。

定理 5.12 任意无限集,一定与它的某一真子集等势。

证明:设 X 为无限集合,根据定理 5.10,X 必含有可数子集 $A = \{a_1, a_2, \cdots, a_n, \cdots\}$,设 $B = X - A$,定义函数 $f : X \to X - \{a_1\}$,使得 $f(a_n) = a_{n+1}(n = 1, 2, 3, \cdots)$,而对于任意元素 $b \in B$,有 $f(b) = b$,显然 f 是双射函数,定理得证。

定理 5.13 可数集的任何无限子集是可数的。

证明:设 X 为可数集合,Y 为 X 的一无限子集。现将 X 中的元素排列成 $x_1, x_2, \cdots, x_n, \cdots$,从 x_1 开始,向后检查,依次将 Y 中的元素删去,这些元素就组成了一个新的序列 $x_{i1}, x_{i2}, \cdots, x_{in}, \cdots$,它与自然数一一对应,所以 Y 是可数的。

定理 5.14 可数个可数集的并集仍然是一可数集。

证明:设 $S_1, S_2, S_3, \cdots$ 是可数个可数集,分别表示为:
$$S_1 = \{a_{11}, a_{12}, \cdots, a_{1n}, \cdots\}$$
$$S_2 = \{a_{21}, a_{22}, \cdots, a_{2n}, \cdots\}$$

$$S_3 = \{a_{31}, a_{32}, \cdots, a_{3n}, \cdots\}$$
……

令 $S = S_1 \cup S_2 \cup S_3 \cup \cdots$,对 S 中的元素作以下排列：

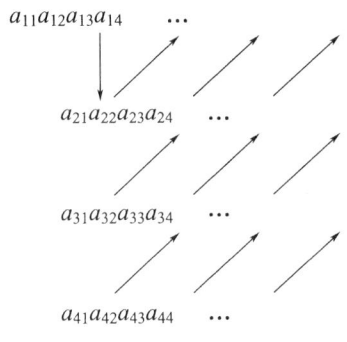

……

在上面元素的排列中,由左上端开始,其每一斜线上的每一元素的两足码之和都相同,依次为 $2,3,4,\cdots$,各斜线上元素的个数依次为 $1,2,3,4,\cdots$,故 A 的排列为：$a_{11}, a_{21}, a_{12}, a_{31}, a_{22}, a_{13}, \cdots$ 故 S 是可数的,定理得证。

5.4.3 不可数集

定理 5.15 开区间 $(0,1)$ 是不可数的。

定义 5.10 开区间 $(0,1)$ 称为不可数集合,凡是与 $(0,1)$ 等势的集合都是不可数集合,其记为：$\overline{\overline{A}} = \overline{\overline{(0,1)}} = c$。

证明：用反证法。若 $(0,1)$ 可数,设 $(0,1) = \{a_1, a_2, \cdots, a_n, \cdots\}$。

用十进制小数表示为：

$$a_1 = 0.a_{11}a_{12}\cdots a_{1n}\cdots,$$
$$a_2 = 0.a_{21}a_{22}\cdots a_{2n}\cdots,$$
$$\cdots\cdots\cdots\cdots\cdots\cdots$$
$$a_n = 0.a_{n1}a_{n2}\cdots a_{nn}\cdots,$$
$$\cdots\cdots\cdots\cdots\cdots\cdots$$

记 $b_n = \begin{cases} 1, a_{nn} \neq 1 \\ 2, a_{nn} = 1 \end{cases}(n \in \mathbf{N}), b = 0.b_1 b_2 \cdots b_n \cdots \in (0,1)$,

则对 $\forall n \in \mathbf{N}$,有 $b \neq a_n$。即 $b \notin \{a_1, a_2, a_3, \cdots, a_n, \cdots\}$,这与 $\forall b \in (0,1)$ 矛盾,故 $(0,1)$ 不可数。$(0,1)$ 是不可数无限集,记 $\overline{\overline{(0,1)}} = c$,则 $c > a$。

例 5.10 证明：$\overline{\overline{\mathbf{R}}} = c$。

证明：令 $f:(0,1) \to \mathbf{R} = (-\infty, +\infty), X \to f(x) = \tan\left(\pi X - \frac{\pi}{2}\right)$。

则 f 是定义在 $(0,1)$ 内,值域为 $(-\infty, +\infty)$ 的严格单调函数,从而 f 是 $(0,1)$ 到 $\mathbf{R}$ 的一一对应,故 $\overline{\overline{\mathbf{R}}} = c$。

例 5.11 证明：(1) $\overline{\overline{(a,b)}} = \overline{\overline{[a,b]}} = \overline{\overline{[a,b)}} = \overline{\overline{(a,b]}} = c$。

(2) 对 $\forall k, b \in \mathbf{R}, L = \{(x,y) | y = kx + b, x \in (c,d)\} \sim (0,1)$。

证明:(1)令 $f:(0,1)\to(a,b), x\to f(x)=a+(b-a)x$。

则 f 是 $(0,1)$ 到 (a,b) 的一一对应,故 $\overline{\overline{(a,b)}}=c$。

又 $(a,b)\subset[a,b]\subset(-\infty,+\infty)$,所以 $c=\overline{\overline{(a,b)}}\leqslant\overline{\overline{[a,b]}}\leqslant\overline{\overline{(-\infty,+\infty)}}=c$。即 $\overline{\overline{[a,b]}}=c$。

同理可证 $\overline{\overline{(a,b]}}=c,\overline{\overline{[a,b)}}=c$。

(2) 令 $f:(c,d)\to L, x\to f(x)=(x,kx+b)$。

则 f 是 (c,d) 到 L 的一一对应,故 $\overline{\overline{L}}=\overline{\overline{(c,d)}}=c$。

此例说明平面上任一线段、直线都是 c 势集。

习　　题

1. 判断下列关系哪些是函数。

① $\{<x,|x|>|x\in R\}$;

② $\{<|x|,x>|x\in R\}$;

③ $\{<x,y>|x\in R, y\in R, |x|=y\}$;

④ $\{<x,y>|x\in Z, y\in Z, y$ 整除 $x\}$;

⑤ $\{<x,y>|x\in Z, y\in Z, x=y+1\}$;

⑥ $\{<x,y>|x\in N, y\in N, x=y+1\}$。

2. 对于集合 $A=\{a,b,c,d\}, B=\{1,2,3\}$ 和 $C=\{a,b,d\}$,计算如下函数 $f:A\to B$ 和 $g:B\to C$ 的复合函数 $g\circ f$。

① $f=\{<a,1>,<b,2>,<c,1>,<d,3>\}, g=\{<1,a>,<2,b>,<3,d>\}$;

② $f=\{<a,2>,<b,3>,<c,1>,<d,3>\}, g=\{<1,a>,<2,a>,<3,a>\}$;

③ $f=\{<a,3>,<b,1>,<c,2>,<d,3>\}, g=\{<1,b>,<2,b>,<3,b>\}$;

④ $f=\{<a,2>,<b,1>,<c,3>,<d,3>\}, g=\{<1,d>,<2,b>,<3,a>\}$。

3. 对于下列集合 A 和 B,构造一个 A 到 B 的双射函数。

① $A=N, B=N-\{0\}$;

② $A=P(\{1,2,3\}), B=\{0,1\}^3$;

③ $A=[0,1], B=[1/4,1/2]$。

4. 设满射函数 $f:A\to A$ 满足 $f\circ f=f$,证明 $f=I_A$。

5. 对于函数 $f:Z\times Z\to Z\times Z, f(<x,y>)=<x+y,x-y>$,证明 f 是单射函数、满射函数。

6. 对于函数 $f:Z\times Z\to Z\times Z, f(<x,y>)=<x+2,x-y>$,求逆函数 f^{-1}。

7. 对于函数 $f:Z\times Z\to Z\times Z, f(<x,y>)=<x-y,x-3>$,求复合函数 $f^{-1}\circ f$ 和 $f\circ f$。

8. 设 A 是一可数集,则 A 的所有有限子集作成的集合亦必可数。

9. 证明:$[0,1]$ 上的全体无理数所成的集合的基数为 c。

10. 若集 A 中每个元素由互相独立的可数个指标所决定,即 $A=\{a_{x_1 x_2 x_3\cdots}\}$,而每个 x_i 取自一个基数为 c 的集,则 A 的基数也是 c。

第6章 代数结构

本章将引入代数系统的概念,并根据二元运算的不同性质,研究群、环、域等代数系统。

6.1 代数系统的概念

在计算机科学中,常用代数系统来描述机器可计算函数,研究运算的复杂性,分析程序设计语言的语义等。在介绍代数系统以前,首先介绍一个非空集合上运算的概念。例如将实数集合 R 上的每一个数 a 映射成它的相反数 $-a$,这个映射可以称为实数集合 R 上的一元运算;而在实数集合 R 上将任意两个实数进行加法和减法都是集合 R 上的二元运算。上述例子有个共同的特征,那就是运算后的结果都在原来的集合中,我们称具有这种特征的运算是封闭的。当然也有很多运算不封闭的例子,如自然数集合上的减法运算,非零整数集合上的除法运算等。

定义 6.1 设 Z 是一个集合,f 是一个函数,$f:Z^n \to Z$,则称 f 为 Z 中的 n 元运算,整数 n 称为运算的阶。若 $n=1$,则称 $f:Z \to Z$ 为一元运算;若 $n=2$,则 $f:Z^2 \to Z$ 为二元运算。

本章主要讨论一元运算和二元运算。

例 6.1 (1) 在整数 I 和实数 R 中,+、−、× 均为二元运算,而对 ÷ 而言就不是二元运算。

(2) 在集合 Z 的幂集中,∩、∪ 均为二元运算,而 ~ 是一元运算。

(3) 命题公式中,∨、∧ 均为二元运算,而 ¬ 为一元运算。

(4) 双射函数中,函数的复合运算是二元运算。

二元运算常用符号:+、−、∗、∘、△ 等。

定义 6.2 一个非空集合 A,连同若干个定义在该集合上的运算 $f_1, f_2, \cdots, f_k$ 所组成的系统就称为一个代数系统,记作 $<A, f_1, f_2, \cdots, f_k>$。

例 6.2 (1) $<I,+>$,$<I,+,*>$ 都是代数系统。

(2) 如果对集合 S,由 S 的幂集 $\rho(S)$ 以及该幂集上的运算 ∪、∩、~ 组成一个代数系统 $<\rho(S),\cup,\cap,\sim>$。

(3) 又如整数集 Z 以及 Z 上的普通加法 + 组成一个代数系统 $<Z,+>$。

6.2 运算及其性质

在前面介绍的代数系统中,已经涉及运算的一些性质。这一节,我们重点介绍二元运算的几个性质。

6.2.1 运算的性质

定义 6.3 设 * 是定义在集合 S 上的二元运算,如果对于 $x,y \in S$,都有 $x*y=y*x$,则称二元运算 * 是可交换的或称运算 * 满足交换律(commutative law)。

例 6.3 (1) 实数集合 R 中的普通的加法和乘法运算满足交换律,而 R 中的减法运算就不满足交换律。

(2) Z 是一个集合,在 $\rho(z)$ 中,$\cup$、$\cap$、$\otimes$ 均满足交换律。

(3) 设 Q 是有理数集合,$\triangle$ 是 Q 上的二元运算,对任意的 $a,b \in Q$,定义 $a \triangle b = a+b-a \times b$,运算 $\triangle$ 也满足交换律。

定义 6.4 设 * 是定义在集合 S 上的二元运算,如果对于 $x、y、z \in S$ 都有 $(x*y)*z = x*(y*z)$,则称二元运算 * 是可以结合的或称运算 * 满足结合律(associative law)。

例 6.4 (1) 实数集合 R 中的普通的加法和乘法运算满足结合律。

(2) Z 是一个集合,在 $\rho(z)$ 中,$\cup$、$\cap$ 均满足结合律。

(3) 设 A 是一个非空集合,* 是 A 上的二元运算,对于任意的 $a,b \in A$ 有 $a*b = b$,可以证明该运算满足结合律。

定义 6.5 设 $\triangle$ 和 * 是定义在集合 S 上的两个二元运算,如果对于 x,y,z,S,都有

$$x \triangle (y*z) = (x \triangle y) * (x \triangle z)$$
$$(y*z) \triangle x = (y \triangle x) * (z \triangle x)$$

则称运算 $\triangle$ 对运算 * 是可分配的,也称 $\triangle$ 对运算 * 满足分配律(distributive law)。

例 6.5 (1) Z,Q,R 分别为整数、有理数、实数集,在这三个集合上分别定义普通加法+与乘法运算×,可以验证×对+是可分配的,反之则不然。

(2) Z 是一个集合,$\rho(z)$ 是 Z 的幂集,在 $\rho(z)$ 中,$\cup$ 对 $\cap$ 可分配,$\cap$ 对 $\cup$ 可分配,交 $\cap$ 对对称差 $\otimes$ 也是可分配的。

定义 6.6 设 $\triangle$ 和 * 是集合 S 上的两个可交换的二元运算,如果对任意 $x,y \in S$ 的都有

$$x*(x \triangle y) = x$$
$$x \triangle (x*y) = x$$

则称运算 $\triangle$ 和 * 满足吸收律(absorptive law)。

例 6.6 Z 是一个集合,$\rho(z)$ 是 Z 的幂集,$\cup$ 和 $\cap$,$\cap$ 对 $\cup$ 均是可吸收的。

定义 6.7 设 * 是 S 上的二元运算,若对任一 $x \in S$ 有 $x*x = x$,则称满足幂等律。

讨论定义:

(1) S 上每一个元素均满足 $x*x = x$,称在 S 上满足幂等律。

(2) 若在 S 上存在元素 $x \in S$ 有 $x*x = x$,称 x 为 S 上的幂等元。

(3) 由此定义,若 x 是幂等元素,则有 $x*x = x$ 和 $x^n = x$ 成立。

例 6.7 (1) 设 Z 是整数集,在 Z 上定义两个二元运算 $\circ$ 和 $\triangle$,$x \circ y = \max(x,y)$,$x \triangle y = \min(x,y)$,这两个运算都满足幂等律。

(2) Z 是一个集合,$\rho(z)$ 是 Z 的幂集,$\cup$ 和 $\cap$ 都满足幂等律。

定义 6.8 设 * 是 S 上的二元运算,对任一 $x \in S$,则 $x^1 = x, x^2 = x*x, \cdots, x^n = x^{n-1}*x$

定理 6.1 设 * 是 S 上的二元运算,且 $x \in S$,对 $\forall m,n \in I+$ 有

(1) $x^m * x^n = x^{m+n}$

(2) $(x^m)^n = x^{m+n}$

证明

(1) $x^m * x^n = (x^m * x) * x * \cdots * x = (x^{m+1} * x) * x \cdots * x = \cdots = x^{m+n}$

(2) $(x^m)^n = x^m * \cdots * x^m = x^{m+m} * * x^m \cdots * x^m = \cdots = x^{m+n}$

6.2.2 特殊元素

下面定义特殊元素:幺元、零元和逆元。

定义 6.9 设 * 是集合 Z 中的二元运算。

(1) 若有一元素 $e_l \in Z$,对任一 $x \in Z$ 有 $e_l * x = x$,则称 e_l 为 Z 中对于 * 的左幺元(左单位元素)。

(2) 若有一元素 $e_r \in Z$,对任一 $x \in Z$ 有 $x * e_r = x$,则称 e_r 为 Z 中对于 * 的右幺元(右单元元素)。

定理 6.2 若 e_l 和 e_r 分别是 Z 中对于 * 的左幺元和右幺元,则对于每一个 $x \in Z$,可有 $e_l = e_r = e$ 和 $e * x = x * e = x$,则称 e 为 Z 中关于运算 * 的幺元,且 $e \in Z$ 是唯一的。

证明:因为 e_l 和 e_r 分别是对 * 的左、右幺元,则有 $e_l * e_r = e_r = e_l$,所以有 $e_l = e_r = e$ 成立。

幺元 e 是唯一的。用反证法:假设有二个不同的幺元 e_1 和 e_2,则有 $e_1 * e_2 = e_2 = e_1$,这和假设相矛盾。若存在幺元的话,一定是唯一的。

例 6.8 (1) 在实数集合 R 中,对 + 而言,$e=0$;对 × 而言,$e=1$。

(2) 在 $\rho(A)$ 中,对 $\cap$ 而言,$e=A$(全集合);对 $\cup$ 而言,$e=\varnothing$(空集)。

(3) 双射函数中,对复合运算而言,$e=I_x$(恒等函数)。

(4) 命题逻辑中,对 $\vee$ 而言,$e=F$(永假式);对 $\wedge$ 而言,$e=T$(永真式)。

定义 6.10 设 * 是对集合 Z 中的二元运算。

(1) 若有一元素 $\theta_l \in Z$,且对每一个 $x \in Z$ 有
$\theta_l * x = \theta_l$,则称 θ_l 为 Z 中对于 * 的左零元;

(2) 若有一元素 $\theta_r \in Z$,且对每一个 $x \in Z$ 有
$x * \theta_r = \theta_r$,则称 θ_r 为 Z 中对于 * 的右零元。

定理 6.3 若 θ_l 和 θ_r 分别是 Z 中对于 * 的左零元和右零元,于是对所有的 $x \in Z$,可有 $\theta_l = \theta_r = \theta$,能使 $\theta * x = x * \theta = \theta$。在此情况下,$\theta \in Z$ 是唯一的,并称 θ 是 Z 中对 * 的零元。

证明:证明方法同幺元。

例 6.9 (1) 在实数集合 R 中,对 × 而言,$\theta_L = \theta_r = 0$;

(2) 在 $\rho(A)$ 中,对 $\cap$ 而言,$\theta = \varnothing$;对 $\cup$ 而言,$\theta = A$;

(3) {命题逻辑}中,对 $\vee$ 而言,$\theta = T$;对 $\wedge$ 而言,$\theta = F$。

定义 6.11 设 * 是 Z 中的二元运算,且 Z 中含幺元 e,令 $x \in Z$。

(1) 若存在一 $x_l \in Z$,能使 $x_l * x = e$,则称 x_L 是 x 的左逆元,并且称 x 是左可逆的。

(2) 若存在一 $x_r \in Z$,能使 $x * x_r = e$,则称 x_r 是 x 的右逆元,并且称 x 是右可逆的。

(3) 若元素 x 既是左可逆的,又是右可逆的,则称 x 是可逆的,且 x 的逆元用 x^{-1} 表示。

定理 6.4 设 Z 是集合,并含有幺元 e。$*$ 是定义在 Z 上的一个二元运算,并且是可结合的。若 $x \in Z$ 是可逆的,则它的左逆元等于右逆元,且逆元是唯一的。

证明:(1) 先证左逆元=右逆元。

设 x_L 和 x_r 分别是 $x \in Z$ 的左逆元和右逆元,因为 x 是可逆的和 $*$ 是可结合的(条件给出),所以 $x_l * x = x * x_r = e$。

因为 $x_l * x * x_r = (x_l * x) * x_r = e * x_r = x_r$;$x_l * x * x_r = x_l * (x * x_r) = x_l * e = x_l$,所以 $x_r = x_l$。

(2) 证明逆元是唯一的(若有的话)。

假设 x_1^{-1} 和 x_2^{-1} 均是 x 的二个不同的逆元,则 $x_1^{-1} = x_1^{-1} * e = x_1^{-1} * (x * x_2^{-1}) = (x_1^{-1} * x) * x_2^{-1} = e * x_2^{-1} = x_2^{-1}$,这和假设相矛盾。

所以 x 若存在逆元的话一定是唯一的。

推论 6.1 $(x^{-1})^{-1} = x, e^{-1} = e$

证明:因为 $x^{-1} * x = (x^{-1})^{-1} * (x^{-1}) = x * x^{-1} = e$ 所以有 $(x^{-1})^{-1} = x$,而 $e^{-1} * e = e = e * e$,所以有 $e^{-1} = e$。

例 6.10 (1) 在实数集合 R 中,对"+"运算,对任一 $x \in R$ 有 $x^{-1} = -x, x + (-x) = 0, (-x)$ 为加法逆元;对"×"运算,对任一 $x \in R$ 有 $x^{-1} = 1/x (x \neq 0), 1/x$ 为乘法逆元。

(2) 在函数的合成运算中,每一个双射函数都是可逆的,f^{-1}(f 的逆关系)即是 f 的逆元。

定义 6.12 设 $*$ 是 Z 集合中的二元运算,且 $a \in Z$ 和 $x, y \in Z$,若对每一 x, y 有 $(a * x = a * y) \lor (x * a = y * a) \Rightarrow (x = y)$,则称 a 是可约的(或称可消去的)

定理 6.5 设 $*$ 是 Z 集合中的二元运算,且 $*$ 是可结合的,若元素 $a \in Z$,且对于 $*$ 是可逆的,则 a 也是可约的。(反之不一定,即可约的不一定是可逆的。)

证明:设任一 $x, y \in Z$,且有 $a * x = a * y$,下面证明,在 $*$ 可结合和 a 对 $*$ 是可逆的条件下,a 是可约的。因为 $*$ 是可结合的和 $a \in Z$ 对 $*$ 是可逆的(条件给出)所以 $a^{-1} * (a * x) = (a^{-1} * a) * x = e * x = x$,而 $a^{-1} * (a * y) = (a^{-1} * a) * y = e * y = y$,即 $x = y$。由定义可知 a 是可约的。

例 6.11 (1) I 为整数集合,对"×"运算,运算是可结合的。任何非零元素均是可约的,但除 1 和 (-1) 以外其他元素均没有逆元。$1^{-1} = 1, (-1)^{-1} = (-1)$。

(2) $Z = \{0, 1, 2, 3, 4\}$,定义 Z 中二个运算为:对任一 $x, y \in Z$ 有:$x +_5 y = (x + y) \bmod 5, x *_5 y = (x * y) \bmod 5$,见表 6.1、表 6.2。

表 6.1 运算表

$+_5$	0	1	2	3	4
0	0	1	2	3	4
1	1	2	3	4	0
2	2	3	4	0	1
3	3	4	0	1	2
4	4	0	1	2	3

表 6.2 运算表

$*_5$	0	1	2	3	4
0	0	0	0	0	0
1	0	1	2	3	4
2	0	2	4	1	3
3	0	3	1	4	2
4	0	4	3	2	1

$e_{+_5} = 0, 0^{-1} = 0, 1^{-1} = 4, 2^{-1} = 3, 3^{-1} = 2, 4^{-1} = 1$。

$e_{*_5} = 1, \theta_{*_5} = 1, 1^{-1} = 1, 2^{-1} = 3, 3^{-1} = 2, 4^{-1} = 4, 0$ 没有逆元。

例 6.12 对于代数系统 $<N_k,+_k>$,其中 k 是正整数,$N_k=\{0,1,\cdots,k-1\}$,$+_k$ 是定义在 N_k 上的模 k 加法运算,定义如下:对任意的 $x,y\in N_k$,

$$x+y_k=\begin{cases}x+y & \text{若 }x+y<k\\ x+y-k & \text{若 }x+y\geqslant k\end{cases}$$

试问是否每个元素都有逆元?

容易验证,$+_k$ 是一个可结合的二元运算,N_k 中关于运算 $+_k$ 的幺元是 0,N_k 中每个元素都有唯一的逆元,即 0 的逆元是 0,每个非零元 x 的逆元是 $k-x$。

若 $<S,\circ>$ 是代数系统,其中 $\circ$ 是有限非空集合 S 上的二元运算,那么该运算的部分性质可以从运算表直接看出,例如:

(1) 当且仅当运算表中每个元素都属于 S 中,运算 $\circ$ 具有封闭性。

(2) 当且仅当运算表关于主对角线对称时,运算 $\circ$ 具有可交换性。

(3) 当且仅当运算表的主对角线上的元素与它所在行(列)的表头相同时,运算 $\circ$ 具有幂等性。

(4) S 关于运算 $\circ$ 有幺元 e,当且仅当表头 e 所在的列或行与表头元素相同。

(5) S 关于运算 $\circ$ 有零元 θ,当且仅当表头 θ 所在的列或 θ 所在的行都是 θ。

(6) 设 S 关于运算 $\circ$ 有幺元,当且仅当位于 a 所在的行与 b 所在的列交叉点上的元素以及 b 所在的行与 a 所在的列交叉点上的元素都是幺元时,a 与 b 互逆元。

代数系统 $<S,\circ>$ 中一个元素是否有左逆元或右逆元也可从运算表中观察出来,但运算是否满足结合律在运算表上一般不易直接观察出来。

6.3 半群和含幺半群

半群及含幺半群是特殊的代数系统,在计算机科学领域中,如形式语言、自动机理论等方面,它们已得到了卓有成效的应用。

6.3.1 半群和子半群

定义 6.13 设 $<S,*>$ 是一个代数系统,$*$ 是 S 上的一个二元运算,如果运算 $*$ 是可结合的,即对任意的 $x,y,z\in S$,都有 $(x*y)*z=x*(y*z)$,则称代数系统 $<S,*>$ 为半群(semigroup)。

例 6.13 设 $S=\{a,b,c\}$,S 上的一个二元运算 $\circ$ 的定义如表 6.3 所示,验证 $<S,\circ>$ 是半群。

表 6.3 运算表

$\circ$	a	b	c
a	a	b	c
b	a	b	c
c	a	b	c

由表 6.3 可知,运算 $\circ$ 在 S 上是封闭的,所以 $<S,\circ>$ 是代数系统,且 a,b,c 都是左幺元,从而对任意的 $x,y,z\in S$ 都有 $x\circ(y\circ z)=x\circ z=z=y\circ z=(x\circ y)\circ z$,因此,运算 $\circ$ 是可结合的,所以 $<S,\circ>$ 是半群。

定义 6.14 设 $\langle S, * \rangle$ 是半群，B 是 S 的非空子集，且二元运算 $*$ 在 B 上是封闭的，即对任意的 $a, b \in B$ 有 $a * b \in B$。那么，$\langle B, * \rangle$ 也是半群。通常称 $\langle B, * \rangle$ 是 $\langle S, * \rangle$ 的子半群（sub-semigroup）。

例 6.14 $\langle N, + \rangle, \langle N, \times \rangle, \langle I, + \rangle, \langle I, \times \rangle$ 均为半群，$\langle N, + \rangle$ 是 $\langle I, + \rangle$ 的子半群，$\langle N, \times \rangle$ 是 $\langle I, \times \rangle$ 的子半群。

定义 6.15 半群 $\langle S, \circ \rangle$ 中的任一元素 a 的方幂 a^n 定义为：
$a^1 = a, a^{n+1} = a^n \circ a$（$n$ 是大于等于 1 的整数）

可以证明，对于任意的 $a \in S$ 和任意正整数 m, n 都有
$$a^m \circ a^n = a^{m+n}$$
$$(a^m)^n = a^{mn}$$

若 $a^2 = a$，则称 a 为幂等元素（idempotent element）。

定理 6.6 设 $\langle S, * \rangle$ 是半群，若 S 是一有限集，则 S 中有幂等元。

证明：因为 $\langle S, * \rangle$ 是半群，对于任意 $y \in S$ 由运算 $*$ 的封闭性可知，$y^2 = y * y \in S$，$y^3 = y^2 * y = y * y^2 \in S, \cdots$，因为 S 是有限集，所以必定存在正整数 i, j 使得 $j > i$ 且 $y^i = y^j$。记 $m = j - i$，则有 $y^i = y^m * y^i$；

从而对任意 $n > i, y^n = y^i * y^{n-i} = y^m * y^i * y^{n-i} = y^m * y^n$，因为 $m \geq 1$，所以总可以找到 $k > 1$，使得 $km \geq i$。对于 S 中的元素 y^{km}，就有 $y^{km} = y^m * y^{km} = y^m * y^{km} = y^{2m} * y^{km} = y^{2m} * (y^m * y^{km}) = \cdots = y^{km} * y^{km}$。

所以 $a = y^{km}$ 是 S 中的幂等元。

定义 6.16 若半群 $\langle S, \circ \rangle$ 的运算 $\circ$ 满足交换律，则称 $\langle S, \circ \rangle$ 是一个可交换半群。

例 6.15 （1） $\langle N, + \rangle, \langle N, \times \rangle, \langle I, + \rangle, \langle I, \times \rangle$ 均为可交换半群。

（2） A 是任一集合，$P(A)$ 是 A 的幂集，$\langle P(A), \cup \rangle, \langle P(A), \cap \rangle$ 都是可交换半群。

6.3.2 含幺半群

定义 6.17 含有幺元的半群称为含幺半群或独异点（monoid）。

$\langle N, + \rangle, \langle N, \times \rangle$ 均为含幺半群，幺元分别为 $0, 1$。

定理 6.7 设 S 是至少有两个元的有限集，且 $\langle S, * \rangle$ 是一个含幺半群，则在关于运算 $*$ 的运算表中任何两行或两列都是不相同的。

证明：设 S 中的关于运算 $*$ 的幺元是 e，因为对于任意 $a, b \in S$ 且 $a \neq b$，总有 $e * a = a \neq b = e * b, a * e = a \neq b = b * e$。

所以在运算 $*$ 表中不可能有两行和两列是相同的。

例 6.16 设 Z 是整数集合，m 是任意正整数，Z_m 是由模 m 的同余类组成的集合，在 Z_m 上分别定义两个二元运算 $+_m$ 和 $\times_m$ 如下：

对任意的 $[i], [j] \in Z_m, [i] +_m [j] = [(i+j) (\mathrm{mod}\, m)]$
$$[i] \times_m [j] = [(i+j) (\mathrm{mod}\, m)]$$

试证明 $m > 1$ 时，在这两个二元运算的运算表中任何两行或两列都不相同。

证明：考察非空集合 Z_m 上二元运算 $+_m$ 和 $\times_m$，

（1）由运算 $+_m$ 和 $\times_m$ 的定义易得，运算 $+_m$ 和 $\times_m$ 在 Z_m 上都是封闭的且都是可结合的，所以，$\langle Z_m, +_m \rangle, \langle Z_m, \times_m \rangle$ 都是半群。

(2) 因$[0]+_m[i]=[i]=[i]+_m[0]$,所以$[0]$是$<Z_m,+_m>$中的幺元;因为$[1]\times_m[i]=[i]=[i]\times_m[1]$,所以$[1]$是$<Z_m,\times_m>$中的幺元。

由上知,代数系统$<Z_m,+_m>$,$<Z_m,\times_m>$都是含幺半群。从而由定理 6.7 知,Z_m 中的两个运算$+_m$,$\times_m$的运算表的任何两行或两列都是不相同的。

下面表 6.4 和表 6.5 分别给出 $m=4$ 时,"$+_4$"和"$\times_4$"的运算表,在这两个运算表中没有两行或两列时相同的。

表 6.4 $+_4$ 运算表

$+_4$	[0]	[1]	[2]	[3]
[0]	[0]	[1]	[2]	[3]
[1]	[1]	[2]	[3]	[0]
[2]	[2]	[3]	[0]	[1]
[3]	[3]	[0]	[1]	[2]

表 6.5 $\times_4$ 运算表

$\times_4$	[0]	[1]	[2]	[3]
[0]	[0]	[0]	[0]	[0]
[1]	[0]	[1]	[2]	[3]
[2]	[0]	[2]	[0]	[2]
[3]	[0]	[3]	[2]	[1]

定义 6.18 设$<S,\circ>$是含幺半群,$<M,\circ>$是其子半群,且$<S,\circ>$的幺元 $e_s \in M$,则$\langle M,\circ\rangle$称为$\langle S,\circ\rangle$的子含幺半群(submonoid)。

由定义可得,子含幺半群也是含幺半群。

例 6.17 半群$\langle\{0,1\},*\rangle$是$\langle\{\lambda,0,1\},*\rangle$的子半群,而不是子含幺半群。$*$运算由运算表定义如表 6.6、表 6.7。

表 6.6 $\{0,1\}$运算表

*	0	1
0	0	0
1	0	1

表 6.7 $\{\lambda,0,1\}$运算表

*	λ	0	1
λ	λ	0	1
0	0	0	0
1	1	0	1

由运算表可见:$\langle\{0,1\},*\rangle$中幺元为 1,而在$\langle\{\lambda,0,1\},*\rangle$中幺元为$\lambda$。

6.4 群与子群

群的理论在数学和包括计算机科学在内的其他学科的许多分支中发挥了重要的作用,本节主要介绍群与子群的一些基本知识。

6.4.1 群

定义 6.19 设$\langle G,\circ\rangle$是一个代数系统,其中 G 是非空集合,$\circ$是 G 上的一个二元运算,如果

(1) 运算$\circ$是封闭的。

(2) 运算$\circ$是可结合的。

(3) $\langle G,\circ\rangle$中有幺元 e。

(4) 对每个元素 $a \in G$,G 中存在 a 的逆元 a^{-1}。

则称⟨G,∘⟩是一个群(Group)或简称 G 是群。

⟨I,+⟩,⟨Z_2,+2⟩,⟨Z_3,+3⟩等均为群,(其中 Z_2={0,1},Z_3={0,1,2}),而⟨N,+⟩,⟨I,×⟩只是含幺半群而不是群。

例 6.18 设 M={0°,60°,120°,240°,300°,180°}表示平面上几何图形顺时针旋转的六种位置,定义一个二元运算 *,见表6.8。对 M 中任一元素 a,b 有 a*b=图形旋转($a+b$)的角度,并规定当旋转到360°时即为0°,试验证,⟨M,*⟩是一个群。

表 6.8 运算表

*	0°	60°	120°	180°	240°	300°
0°	0°	60°	120°	180°	240°	300°
60°	60°	120°	180°	240°	300°	0°
120°	120°	180°	240°	300°	0°	60°
180°	180°	240°	300°	0°	60°	120°
240°	240°	300°	0°	60°	120°	180°
300°	300°	0°	60°	120°	180°	240°

(1) 运算是封闭的。
(2) * 是可结合的。
(3) 幺元为0°。
(4) 每一个元素均有逆元。

$(0°)^{-1}=0°$ $(60°)^{-1}=300°$,
$(120°)^{-1}=240°$ $(180°)^{-1}=180°$,
$(240°)^{-1}=120°$ $(300°)^{-1}=60°$

⟨M,*⟩是一个群。

定义 6.20 设⟨G,∘⟩是一个群,如果 G 是有限集,则称⟨G,∘⟩是有限群(finite group),G 中的元素个数称为 G 的阶(order)记为|G|,如果 G 是无限集,则称⟨G,∘⟩为无限群(infinite group),也称 G 的阶为无限。

⟨I,+⟩为无限群,上例中⟨M,*⟩为有限群,群的阶为|M|=6。

至此,可以概括地说,半群是一个具有结合运算的代数系统;独异点是具有幺元的半群;群是每个元素都有逆元的独异点。

由群的定义可知:
(1) 群具有半群和含幺半群所具有的所有性质。
(2) 由于群中存在幺元,所以在群的运算表中一定没有相同的行(和列)。
(3) 在群中,每一个元素均存在逆元,所以群相对半群和含幺半群来说有一些特殊的性质。

6.4.2 群的性质

定理 6.8 设⟨S,∘⟩群,对于任意的 $x,y \in S$,有
(1) $(x^{-1})^{-1}=x$
(2) $(x \circ y)^{-1}=y^{-1} \circ x^{-1}$

证明:(1) 因 x^{-1} 是 x 的逆元,所以 $x^{-1} \circ x = x \circ x^{-1} = e$,从而由逆元的定义及唯一性

得 $(x^{-1})^{-1}=x$。

(2) 因为 $(x \circ y) \circ (y^{-1} \circ x^{-1}) = x \circ (y \circ y^{-1}) \circ x^{-1}$
$$= x \circ e \circ x^{-1} = x \circ x^{-1} = e$$

定理 6.9 在群 $\langle G, \circ \rangle$ 中消去律是成立的,即对 $a, b, c \in G$,

(1) 若 $a \circ b = a \circ c$,则 $b = c$

(2) 若 $b \circ a = c \circ a$,则 $b = c$

证明:(1) 因为 $\langle G, \circ \rangle$ 是群,$a \in G$,所以,存在 a 的逆元 $a^{-1} \in G$,用 a^{-1} 从左边乘 $a \circ b = a \circ c$ 两边,可得

$a^{-1} \circ (a \circ b) = a^{-1} \circ (a \circ c)$

$(a^{-1} \circ a) \circ b = (a^{-1} \circ a) \circ c$

$e \circ b = e \circ c$

所以 $b = c$。

(2)的证明与(1)类似。

定理 6.10 设 $\langle G, \circ \rangle$ 是一个群,则对任意的 $a, b \in G$ 有

(1) 存在唯一的元素 $x \in G$,使 $a \circ x = b$。

(2) 存在唯一的元素 $y \in G$,使 $y \circ a = b$。

证明:(1) 因为 $a \circ (a^{-1} \circ b) = (a \circ a^{-1}) \circ b = e \circ b = b$,所以至少有一个 $x = a^{-1} \circ b \in G$ 是满足 $a \circ x = b$。若 x' 是 G 中另一个满足方程 $a \circ x = b$ 的元素,则 $a \circ x' = a \circ x$。由定理6.9知 $x' = x = a^{-1} \circ b$。因此,$x = a^{-1} \circ b$ 是 G 中唯一满足 $a \circ x = b$ 的元素。

(2) 与(1)同理可证。

定理 6.11 $\langle G, \circ \rangle$ 是群,$a \in G$,则 e 是 G 中唯一的幂等元。

证明:因为 $e \circ e = e$,所以 e 是 G 的幂等元。

现设 $a \in G, a \neq e$,若 $a^2 = a \circ a = a$,则

$a = e \circ a = (a^{-1} \circ a) \circ a = a^{-1} \circ (a \circ a) = a^{-1} \circ a = e$ 与 $a \neq e$ 矛盾。

定理 6.12 一个群 $\langle G, * \rangle$ 中一定不存在零元。

证明:因为零元不存在逆元。

由定理 6.9 知,有限群的运算表中,没有两行(或两列)是相同的。为进一步考察群的运算表的性质,下面引进置换的概念。

定义 6.21 设 S 是一个非空集合,从 S 到 S 的一个双射称为 S 的一个置换(permutation)。

例如,对集合 $S = \{S_1, S_2, S_3, S_4, S_5\}$,$\sigma$ 是 S 到 S 的一个映射使得 $\sigma(S_1) = S_2, \sigma(S_2) = S_4, \sigma(S_3) = S_1, \sigma(S_4) = S_3, \sigma(S_5) = S_5$,则 σ 是 S 到 S 的一个双射从而是 S 的一个置换。也可用下表表示 σ,

$$\begin{pmatrix} S_1 & S_2 & S_3 & S_4 & S_5 \\ S_2 & S_4 & S_1 & S_3 & S_5 \end{pmatrix}$$

定理 6.13 有限群 $\langle G, \circ \rangle$ 的运算表中的每一行或每一列都是由 G 中的元素的一个置换。

证明:设有限群 $G = \{a_1, a_2, \cdots, a_n\}$,由 G 的运算表的构造知,表中的第 i 行元素为 $a_i \circ a_1, a_i \circ a_2, \cdots, a_i \circ a_n$,且集合 $G_i = \{a_i \circ a_1, a_i \circ a_2, \cdots, a_i \circ a_n\}$ 是 G 的子集,因为 G 中消去律成立,所以当 $k \neq l$ 时,$a_i \circ a_k \neq a_i \circ a_l$,从而 $G_i = G$。

作 G 到 G 的映射 $\sigma_i : \sigma_i(a_k) = a_i \circ a_k, k=1,2,\cdots,n$。则 σ_i 是 G 的一个置换,所以 $\langle G, \circ \rangle$ 的运算表中的第 i 行可由 G 的元素通过置换 σ_i 得到。对列的情形类似可证。

6.4.3 子群

定义 6.22 设 $\langle G, \circ \rangle$ 是一个群,S 是 G 的非空子集,如果 $\langle S, \circ \rangle$ 也构成群,则称 $\langle S, \circ \rangle$ 是 $\langle G, \circ \rangle$ 的子群(subgroup)。

(1) e 是 $\langle G, * \rangle$ 的幺元,且 $e \in S$(保持幺元)。

(2) 对任一 $a \in S$ 一定有 $a^{-1} \in S$(保持逆元)。

(3) 对任一 $a, b \in S$ 一定有 $a * b \in S$(运算的封闭性)。

讨论定义:

(1) 任一群 $\langle G, * \rangle$ 至少可找到二个子群,即 $\langle \{e\}, * \rangle$ 和 $\langle G, * \rangle$,称此二子群为平凡子群。

(2) 除了平凡子群以外的子群称为 $\langle G, * \rangle$ 的真子群。

例 6.19 $\langle Z, + \rangle$ 是整数加群,$Z_E = \{x \mid x = 2n, n \in Z\}$,证明 $\langle Z_E, + \rangle$ 是 $\langle Z, + \rangle$ 的一个子群。

证明:因为 $0 \in Z_E$,所以 $Z_E \neq \varnothing$;

(1) 对于任意的 $x, y \in Z_E$,可设 $x = 2n_1, y = 2n_2, n_1, n_2 \in Z_E, x + y = 2n_1 + 2n_2 = 2(n_1 + n_2), n_1 + n_2 \in Z$,所以,$x + y \in Z_E$ 即 + 在 Z_E 上是封闭的。

(2) 运算 + 在 Z_E 上可结合,从而在 Z_E 上可结合。

(3) $\langle Z, + \rangle$ 的幺元 0,在 Z_E 中也是 $\langle Z_E, + \rangle$ 的幺元。

(4) 对与任意 $x \in Z_E$,有 $x = 2n, n \in Z$,而 $-x = -2n = 2(-n), -n \in Z$。

所以,$-x \in Z_E$ 使 $-x + x = x + (-x) = 0, -x$ 是 x 在 Z_E 中的逆元,所以 $\langle Z_E, + \rangle$ 是群,从而是 $\langle Z, + \rangle$ 的子群。

定义 6.23 设 $\langle S, * \rangle$ 是群 $\langle G, * \rangle$ 的真子群,若不再有一个真子群 $\langle T, * \rangle$,其中 $S \subset T$,则称 $\langle S, * \rangle$ 是 $\langle G, * \rangle$ 的极大子群。

例 6.20 $\langle I, + \rangle$ 是一个群,设 $S = \{x \mid x$ 是 6 的倍数$\}$,$T = \{y \mid y$ 是 3 的倍数$\}$,则 $\langle S, + \rangle$,$\langle T, + \rangle$ 是 $\langle I, + \rangle$ 的真子群。

因为 $S \subseteq T$,所以 $\langle S, + \rangle$ 不是 $\langle I, + \rangle$ 的极大子群。

例 6.21 $\langle I, + \rangle$ 是一个群,设 $S = \{x \mid x$ 是 6 的倍数$\}$,$T = \{y \mid y$ 是 3 的倍数$\}$,则 $\langle S, + \rangle$,$\langle T, + \rangle$ 是 $\langle I, + \rangle$ 的真子群。

因为 $S \subset T$,所以 $\langle S, + \rangle$ 不是 $\langle I, + \rangle$ 的极大子群。

6.4.4 子群的判定定理

定理 6.14 设 $\langle G, * \rangle$ 是一个群,B 是 G 的非空子集,如果 B 是一个有限集,那么,只要运算 * 在 B 上是封闭的,则 $\langle B, * \rangle$ 必定是 $\langle G, * \rangle$ 的子群。

证明:设 $b \in B$,已知 * 在 B 上封闭,则 $b * b \in B$,即 $b^2 \in B$,$b^2 * b \in B$,即:$b^3 \in B$,于是 $b, b^2, b^3 \cdots$ 均在 B 中。

由于 B 是有限集,所以必存在正整数 i 和 j,$i < j$,使得:$b^i = b^j$,即:$b^i = b^i * b^{j-i}$,由此可说 b^{j-i} 是 $\langle G, * \rangle$ 中的幺元,且这个幺元也在子集 B 中。

如果 $j-i>1$，那么由 $b^{j-i}=b*b^{j-i-1}$ 可知 b^{j-i-1} 是 b 的逆元，且 $b^{j-i-1}\in B$；

如果 $j-i=1$，那么由 $b^i=b^i*b$ 可知 b 就是幺元，且以自身为逆元。

因此，$\langle B,*\rangle$ 是 $\langle G,*\rangle$ 的一个子群。

例 6.22 设 $G_4=\{p=\langle p_1,p_2,p_3,p_4\rangle\mid p_i\in\{0,1\}\}$，$\oplus$ 是 G_4 上的二元运算，定义为，对任意 $X=\langle x_1,x_2,x_3,x_4\rangle, Y=\langle y_1,y_2,y_3,y_4\rangle\in G_4$，$X\oplus Y=\langle x_1\bar{\vee}y_1, x_2\bar{\vee}y_2, x_3\bar{\vee}y_3, x_4\bar{\vee}y_4\rangle$，

其中 $\bar{\vee}$ 的运算表如表 6.9 所示。

表 6.9 运算表

$\bar{\vee}$	0	1
0	0	1
1	1	0

证 $\langle\{\langle 0,0,0,0\rangle,\langle 1,1,1,1\rangle\},\oplus\rangle$ 是群 $\langle G_4,\oplus\rangle$ 的子群。

证明：G_4 的子集中只有两个元素，从运算表中可以看出，此运算在该集合中是封闭的。根据定理 6.14 可知，结论成立。

定理 6.15 设 $\langle G,*\rangle$ 是一个群，S 是 G 的非空子集，如果对于 S 中的任意元素 a 和 b 有 $a*b^{-1}\in S$，则 $\langle S,*\rangle$ 是 $\langle G,*\rangle$ 的子群。

证明：(1) 先证 G 中的幺元 e 也是 S 中的幺元。任取 $a\in S, a*a^{-1}\in S$，而 $a*a^{-1}=e, \therefore e\in S$。

(2) 再证每个元素都有逆元。又 $e*a^{-1}\in S$，即 $a^{-1}\in S$。

最后说明 $*$ 对 S 是封闭的。

$a,b\in S$，因 $b^{-1}\in S, \therefore (b^{-1})^{-1}\in S, a*b=a*(b^{-1})^{-1}\in S$，而 $(b^{-1})^{-1}=b$ 所以 $a*b\in S$

因此，$\langle S,*\rangle$ 是 $\langle G,*\rangle$ 的子群。

例 6.23 设 $\langle G,\circ\rangle$ 是群，$C=\{a\mid a\in G$ 且对任意的 $x\in G$ 有 $a\circ x=x\circ a\}$，求证 $\langle C,\circ\rangle$ 是 $\langle G,\circ\rangle$ 的一个子群。

证明：设 e 是群 $\langle G,\circ\rangle$ 的幺元，则 $e\in C$，又对任意的 $a,b\in C$ 和任意的 $x\in G$，有 $a\circ x=x\circ a, b\circ x=x\circ b$，所以 $b^{-1}\circ b\circ x\circ b^{-1}=b^{-1}\circ x\circ b\circ b^{-1}, x\circ b^{-1}=b^{-1}\circ x$。

从而 $(a\circ b^{-1})\circ x=a\circ(b^{-1}\circ x)=a\circ(x\circ b^{-1})=(a\circ x)\circ b^{-1}=x\circ(a\circ b^{-1})$。故 $a\circ b^{-1}\in C$。所以，$\langle G,\circ\rangle$ 是群 $\langle G,\circ\rangle$ 的子群。

例 6.24 设 $\langle H,\circ\rangle$ 和 $\langle K,\circ\rangle$ 都是群 $\langle G,\circ\rangle$ 的子群，试证 $\langle H\cap K,\circ\rangle$ 也是 $\langle G,\circ\rangle$ 的子群。

证明：设 e 是群 $\langle G,\circ\rangle$ 的幺元，则因 H,K 都是 G 的子群，所以 $e\in H, e\in K$，从而 $e\in H\cap K$。对任意的 $a,b\in H\cap K$，有 $a,b\in H$ 且 $a,b\in K$，由 H,K 都是 G 的子群，得 $a\circ b^{-1}\in H$ 且 $a\circ b^{-1}\in K$，所以 $a\circ b^{-1}\in H\cap K$，故 $\langle H\cap K,\circ\rangle$ 是群 $\langle G,\circ\rangle$ 的子群。

6.5 交换群与循环群

这一节讨论两种具体的群，这两种群本身在理论上和应用上都是非常重要的。

6.5.1 交换群

定义 6.24 如果群$\langle G, \circ \rangle$中的运算$\circ$是可交换的,则称该群为交换群(commutative group),或称为阿贝尔(Abel)群。

例如,$\langle Z, + \rangle, \langle Q, + \rangle, \langle R, + \rangle, \langle R/\{0\}, \times \rangle$都是交换群。

例 6.25 试证 离散函数代数系统$\langle F, \circ \rangle$是阿贝尔群。

$Z = \{1,2,3,4\}, F = \{f^0, f^1, f^2, f^3\}$

$$f^1 = \begin{pmatrix} 1234 \\ 2341 \end{pmatrix} \quad f^2 = \begin{pmatrix} 1234 \\ 3412 \end{pmatrix} \quad f^3 = \begin{pmatrix} 1234 \\ 4123 \end{pmatrix} \quad f^0 = \begin{pmatrix} 1234 \\ 1234 \end{pmatrix}$$

从下面的运算表 6.10 可以看出

(1) 运算是封闭的。　　　　(2) "$\circ$"可结合。

(3) 幺元f^0。　　　　　　(4) 每一个元素均可逆。

(5) 以主对角线为对称。所以$\langle F, \circ \rangle$为阿贝尔群。

表 6.10　运算表

$\circ$	f^0	f^1	f^2	f^3
f^0	f^0	f^1	f^2	f^3
f^1	f^1	f^2	f^3	f^0
f^2	f^2	f^3	f^0	f^1
f^3	f^3	f^0	f^1	f^2

定理 6.16 设$\langle G, * \rangle$是一个群,$\langle G, * \rangle$是阿贝尔群的充分必要条件是对任一$a, b \in G$有$(a*b)*(a*b) = (a*a)*(b*b)$。

证明:(1) 充分性。

对任一$a, b \in G$,有$(a*b)*(a*b) = (a*a)*(b*b)$成立,因为$*$是可结合的,且是可消去的,所以$a*(a*b)*b = (a*a)*(b*b) = (a*b)*(a*b) = a*(b*a)*b$,得$a*b = b*a$,故$\langle G, * \rangle$是阿贝尔群。

(2) 必要性。

因为阿贝尔群满足交换律,对任一$a, b \in G$有$a*b = b*a$,所以$(a*a)*(b*b) = a*(a*b)*b = a*(b*a)*b = (a*b)*(a*b)$

推论 6.2 在阿贝尔群中,对任一$a, b \in G$有
$$(a*b)^{-1} = b^{-1}*a^{-1} = a^{-1}*b^{-1}$$

这个证明留做练习。

6.5.2 循环群

定义 6.25 设$\langle G, \circ \rangle$是群,若G中存在一个元素a,使得G中任意元素都是a的幂,即对任意的$b \in G$都有整数n使$b = a^n$,则称$\langle G, \circ \rangle$为循环群(cyclic group),元素a称为循环群G的生成元(generator)。

例 6.26 在例 6.18 中 60°就是群$\langle \{0°, 60°, 120°, 240°, 300°, 180°\}, * \rangle$的生成元,所以

该群为循环群。

例 6.27 I 为整数集合，$m \in I$。"模 m 同余关系"是一个等价关系。设 $m=4$，N_4 表示"模 4 同余"所产生的等价类的集合，$N_4 = \{[0],[1],[2],[3]\}$。定义运算 $+_4$：$[i]+_4[j]=[(i+j)(\bmod 4)](i,j=0,1,2,3)$，则：$\langle N_4,+_4\rangle$ 是群。

由运算表 6.11 可见：

(1) 由 $[0]$ 可生成 $\langle\{[0]\},+_4\rangle$。

(2) 由 $[1]$ 或 $[3]$ 可生成 $\langle\{[0],[1],[2],[3]\},+_4\rangle$。

(3) 由 $[2]$ 可生成 $\langle\{[0],[2]\},+_4\rangle$。

此群是循环群，生成元是 $[1]$，$[3]$。

从此例中可以看出：一个循环群的生成元可以不是唯一的。

表 6.11 运算表

$+_4$	$[0]$	$[1]$	$[2]$	$[3]$
$[0]$	$[0]$	$[1]$	$[2]$	$[3]$
$[1]$	$[1]$	$[2]$	$[3]$	$[0]$
$[2]$	$[2]$	$[3]$	$[0]$	$[1]$
$[3]$	$[3]$	$[0]$	$[1]$	$[2]$

定义 6.26 设 $\langle G,*\rangle$ 是由 g 生成的循环群，若存在一个正整数 m，使 $g^m=e$ 成立，则整数中最小的 m 称为生成元 g 的周期，若不存在这样的 m，则称周期为无穷大。

定理 6.17 任何一个循环群都是交换群。

证明：设 $\langle G,\circ\rangle$ 是一个循环群，a 是它的一个生成元，那么，对任意 $x,y\in G$，必有 $r,s\in Z$ 使得 $x=a^r$，$y=a^s$，所以 $x\circ y=a^r\circ a^s=a^{r+s}=a^{s+r}=a^s\circ a^r=y\circ x$ 因此，$\langle G,\circ\rangle$ 是一个交换群。

对于有限循环群，有下面的结论。

定理 6.18 设 $\langle G,\circ\rangle$ 是一个由元素 a 生成的循环群且是有限群，如果 G 的阶是 n，即 $|G|=n$，则 $a^n=e$ 且 $G=\{a,a^2,a^3,\cdots,a^{n-1},a^n=e\}$ 其中 e 是 $\langle G,\circ\rangle$ 的幺元，n 是使 $a^n=e$ 的最小正整数(称 n 为元素 a 的阶)。

证明：因为 G 是有限群，$a \in G$，所以，存在正整数 s 使 $a^s=e$，假设对某个正整数 m，$m<n$ 使 $a^m=e$，那么，由于 $\langle G,\circ\rangle$ 是一个 a 生成的循环群，所以 G 中任何元素都能写成 $a^k(k\in Z)$ 的形式。又 $k=mg+r$，其中 $g,r\in Z$ 且 $0\leqslant r\leqslant m-1$。这样就有 $a^k=a^{mg+r}=a(a^m)^g\circ a^r=a^r$，所以 G 中每个元素都能写成 $a^r(o\leqslant r\leqslant m-1)$ 的形式，这样 G 中最多有 m 个不同的元素，与 $m<n$ 且 $|G|=n$ 矛盾，所以 $a^m=e$，$(o<m<n)$，是不可能的。

下面证明 $a,a^2,a^3,\cdots,a^n$ 是互不相同的，用反证法，若 $a^i=a^j$ 其中 $1\leqslant i<j\leqslant n$，就有 $a^{j-i}=e$ 且 $0<j-i<n$ 上面已经证明这是不可能的。所以，$a,a^2,a^3,\cdots,a^n$ 是互不相同的，又 $|G|=n$，所以，$G=\{a,a^2,a^3,\cdots,a^n\}$，因为，$e\in G$，$a^m\neq e(1\leqslant m<n)$，所以 $a^n=e$。

6.6　陪集与拉格朗日定理

本节研究利用子群来对群进行划分(分解)，从而研究群的一些性质。

6.6.1 陪集

定义 6.27 设 $\langle G, \circ \rangle$ 是一个群, $A, B \in \rho(G)$, 且 $A \neq \varnothing, B \neq \varnothing$, 记
$AB = \{a \circ b \mid a \in A, b \in B\}, A^{-1} = \{a^{-1} \mid a \in A\}$ 分别为 A, B 的积和 A 的逆。

定义 6.28 设 $\langle H, \circ \rangle$ 是群 $\langle G, \circ \rangle$ 的子群, $a \in G$, 则集合 $aH = \{a \circ h \mid h \in H\}$ 称为由 a 确定的 H 在 G 中的左陪集(left coset), 简称为 H 的左陪集; $Ha = \{h \circ a \mid h \in H\}$ 称为由 a 确定的 H 在 G 中的右陪集, 简称为 H 的右陪集。

下面我们只对左陪集进行讨论。

定理 6.19 设 $\langle H, \circ \rangle$ 是群 $\langle G, \circ \rangle$ 的子群, $a, b \in G$ 如果 $b^{-1} \circ a \in H$, 则称 a 与 b 有二元关系 R_L (模 H 左同余)。即 $aR_Lb \Leftrightarrow$ 存在 $h \in H$ 使 $a = bh$。

则 (1) R_L 是 G 上的一个等价关系;

(2) 对任意 $a \in G$, $[a] = aH$, 其中 $[a] = \{x \mid x \in G, 且 xR_La\}$ 是 a 所在的等价类;

(3) $|aH| = |H|$。

证明:(1) 设 $a, b, c \in G$, 因为 G 的幺元 $e \in H$, 使 $a = a \circ e$, 所以 aR_Lb, R_L 是自反的; 若 aR_Lb, 则有 $h \in H$ 使 $a = b \circ h$, 从而 $b = a \circ h^{-1}$, 所以 bR_La, R_L 是对称的; 若 aR_Lb 且 bR_La, 于是 $a = b \circ h_1, b = c \circ h_2$, 从而有 $h_1 \circ h_2 \in H$ 使 $a = c \circ h_1 \circ h_2$, 因而 aR_Lc, R_L 是传递的。所以 R_L 是 G 上的等价关系。

(2) 由于 $x \in [a] \Leftrightarrow xR_La \Leftrightarrow \exists h \in H$ 使 $x = a \circ h \Leftrightarrow x \in aH$, 所以 $[a] = aH$。

(3) 容易验证映射 $f : aH \to H, a \circ h = h$ 是一个双射, 故 $|aH| = |H|$。

定理 6.20 设 $\langle H, \circ \rangle$ 是群 $\langle G, \circ \rangle$ 的子群, 则

(1) $G = \bigcup\limits_{a \in G} aH$;

(2) 对任意 aH, bH, 或者 $aH \cap bH = \varnothing$, 或者 $aH = bH$;

(3) $aH = bH \Leftrightarrow a^{-1} \circ b \in H$, 特别 $eH = H$, $aH = H$ 当且仅当 $a \in H$。

证明: 由于 $[a] = aH$ 是 G 的等价类, 由等价类的性质知, $G = \bigcup\limits_{a \in G} [a] = \bigcup\limits_{a \in G} aH$, 得(1)。

若 $aH \cap bH \neq \varnothing$, 则有 $aH = bH$, 得(2)。

最后, $aH = bH \Rightarrow a \circ e = b \circ h \Rightarrow a^{-1} \circ b = h^{-1} \in H$。

反之, $a^{-1} \circ b = h \in H \Rightarrow b = a \circ h \in aH \Rightarrow aH \cap bH \neq \varnothing \Rightarrow aH = bH$, 得(3)。

群 G 表成子群 H 的互不相同的左陪集的并, 叫做 G 关于子群 H 的左陪集分解。

例 6.28 设 $G = S_3 = \{\sigma_e, \sigma_1, \sigma_2, \sigma_3, \sigma_4, \sigma_5\}$, 其中

$\sigma_e = \begin{pmatrix} 1 & 2 & 3 \\ 1 & 2 & 3 \end{pmatrix}, \sigma_1 = \begin{pmatrix} 1 & 2 & 3 \\ 2 & 1 & 3 \end{pmatrix}, \sigma_2 = \begin{pmatrix} 1 & 2 & 3 \\ 3 & 2 & 1 \end{pmatrix}, \sigma_3 = \begin{pmatrix} 1 & 2 & 3 \\ 1 & 3 & 2 \end{pmatrix}, \sigma_4 = \begin{pmatrix} 1 & 2 & 3 \\ 2 & 3 & 1 \end{pmatrix}$,

$\sigma_5 = \begin{pmatrix} 1 & 2 & 3 \\ 3 & 1 & 2 \end{pmatrix}, H = \{\sigma_e, \sigma_1\}$, 写出 G 关于 H 的左陪集分解。

解 $\sigma_e H = H, \sigma_2 H = \{\sigma_2, \sigma_4\}, \sigma_3 H = \{\sigma_3, \sigma_5\}$, 因此, $G = H \cup \sigma_2 H \cup \sigma_3 H$。

例 6.29 设 $G = \mathbf{Q} - \{0\}$, $\cdot$ 是普通乘法, $H = \{1, -1\}$, 则 $\langle H, \cdot \rangle$ 是 $\langle G, \cdot \rangle$ 的子群, 求 G 关于 H 的左陪集分解。

解 因为 $aH = bH \Leftrightarrow a^{-1} \cdot b \in H \Leftrightarrow |a^{-1} \cdot b| = 1 \Leftrightarrow |a| = |b|$, 故 $G = \bigcup\limits_{a \in \mathbf{Q}^+} aH, aH = \{a, -a\}$, $\mathbf{Q}^+$ 表示正有理数集。

定义 6.29 设 $\langle H, \circ\rangle$ 是群 $\langle G, \circ\rangle$ 的子群，H 在 G 中全体左(右)陪集组成的集合的基数称为 H 在 G 中的指数(Index)。记作 $[G:H]$。

例如，在例 6.28 中 $[G:H]=3$，在例 6.29 中 $[G:H]$ 为无限。我们主要讨论 $[G:H]$ 为有限的情形。有限群的阶有以下重要的结果。

6.6.2 拉格朗日定理

定理 6.21 (拉格朗日 Lagrange 定理) 设 $\langle G, \circ\rangle$ 是有限群，$\langle H, \circ\rangle$ 是 $\langle G, \circ\rangle$ 的子群，则 $|G|=[G:H]\cdot|H|$。

证明：因 G 有限，H 在 G 中左陪集的个数必有限，于是 G 有左陪集分解为 $G=a_1 H\cup a_2 H\cup\cdots\cup a_k H, k=[G:H]$。由定理 6.20 知，$|a_i H|=|H|$，因此 $|G|=\sum_{i=1}^{k}|a_i H|=k|H|=[G:H]|H|$。

推论 6.3 任何质数阶群不可能有非平凡子群。

这是因为，如果有非平凡子群，那么该子群的阶 m 必定是原来群的阶 p 的一个因子且 $m\neq 1, m\neq p$，这与原来群的阶 p 是质数相矛盾。

推论 6.4 设 $\langle G, \circ\rangle$ 是 n 阶有限群，那么对于任意的 $a\in G$，a 的阶必是 n 的因子且必有 $a^n=e$，这里 e 是群 $\langle G, \circ\rangle$ 的幺元。如果 n 为质数，则 $\langle G, \circ\rangle$ 必是循环群。

这是因为，由 G 中的任意元素 a 生成的循环群 $H=\{a^i|i\in Z\}$ 是 G 的子群。如果 H 的阶是 m，那么由定理 6.18 可知 $a^m=e$ 且 a 的阶等于 m，由拉格朗日定理可知，$n=mk$，$k\in Z$，因此，a 的阶 m 是 n 的因子，且有 $a^n=a^{mk}=(a^m)^k=e^k=e$。因为质数阶的群只有平凡子群，所以，质数阶的群必定是循环群。

例 6.30 设 $k=\{e,a,b,c\}$，在 k 上定义二元运算 $*$ 如表 6.12 所示。

表 6.12 二元运算 $*$

$*$	e	a	b	c
e	e	a	b	c
a	a	e	c	b
b	b	c	e	a
c	c	b	a	e

证明 $\langle k, *\rangle$ 是一个群，但是不是一个循环群。

证明：由表 6.12 知，运算 $*$ 是封闭的和可以结合的。幺元是 e，每个元素的逆元是自身，所以，$\langle k, *\rangle$ 是群。因为 e 是一阶元，a,b,c 都是二阶元，故 $\langle k, *\rangle$ 不是循环群。$\langle k, *\rangle$ 常称 Klein 四元群。

例 6.31 任何一个四阶群只可能是四阶循环群或者是 Klein 四元群。

证明：设四阶群为 $\langle\{e,a,b,c\}, \circ\rangle$ 其中 e 是幺元。当四阶群中有一个四阶元素时，它就是循环群。

当四阶群中不含有四阶元素时，由推论 1 可知 a,b,c 的阶都是 2，由群中消去律成立可得 $a\circ b=c=b\circ a, b\circ c=a=c\circ b, a\circ c=b=c\circ a$。

因此，这个群是 Klein 四元群。

6.7 同态与同构

这一节将讨论代数系统的同态与同构。代数系统的同态与同构就是在两个代数系统之间存在着一种特殊的映射——保持运算的映射,它是研究两个代数系统之间关系的强有力的工具。

定义 6.30 设 $\langle X, \circ \rangle$ 和 $\langle Y, * \rangle$ 是两个代数系统,$\circ$ 和 $*$ 分别是 X 和 Y 上的二元运算,设 f 是从 X 到 Y 的一个映射,使得对任意的 $x, y \in X$ 都有 $f(x \circ y) = f(x) * f(y)$,则称 f 为由 $\langle X, \circ \rangle$ 到 $\langle Y, * \rangle$ 的一个同态映射(Homomorphism),称 $\langle X, \circ \rangle$ 与 $\langle Y, * \rangle$ 同态,记作 $X \sim Y$。把 $\langle f(X), * \rangle$ 称为 $\langle X, \circ \rangle$ 的一个同态像。其中 $f(X) = \{a \mid a = f(x), x \in X\} \subseteq Y$。

在这个定义中,如果 $\langle Y, * \rangle$ 就是 $\langle X, \circ \rangle$,则 f 是 X 到自身的映射。当上述条件仍然满足时,我们就称 f 是 $\langle X, \circ \rangle$ 上的一个自同态映射(Endomorphism)。

讨论定义:

(1) $f: A \quad B$ 为同态函数,它不单是自变量和象点的对应,还有自变量的运算和象点运算之间的对应。

(2) 对同态讲,二个代数系统的基数可以不相等,只要满足函数的条件就行。

(3) 上述定义可以推广到多个 n 元运算的同一类型的代数系统中去。

(4) 一个代数系统到另一个代数系统可能存在多于一个同态。

例 6.32 给定二代数系统 $F = \{I, +\}$,I 为整数,"+" 为一般加;$G = \{N_m, +_m\}$,其中,$N_m = \{0, 1, 2 \cdots m-1\}$,"$+_m$" 为模 m 加法并定义成:

$x_1 +_m x_2 = (x_1 + x_2) \bmod m$。

对任一 $i \in I$ 和 $m \in I_+$,定义 $F \to G$ 的一个函数:

$f: I \to N_m$ 且有 $f(i) = i \pmod m$,(其中 $i \in I, f(i) \in N_m$),$f(i_1 + i_2) = (i_1 + i_2) \bmod m = (i_1 \bmod m) +_m (i_2 \bmod m)$(其中 $i_1 \in I, i_2 \in I$);

$i_1 \bmod m \in N_m, i_2 \bmod m \in N_m$。则 f 是一同态函数:自变量和象点的对应,并保持运算的对应。

例 6.33 设 $f: R \to R$ 定义为对任意 $x \in R, f(x) = 2^x$。

$g: R \to R$ 定义为对任意 $x \in R, g(x) = 3^x$。

f, g 都是从 $\langle R, + \rangle$ 到 $\langle R, \times \rangle$ 的同态映射。

定义 6.31 设 f 是由 $\langle X, \circ \rangle$ 到 $\langle Y, * \rangle$ 的一个同态映射,

(1) 如果 f 是从 X 到 Y 的一个满射,则 f 称为满同态(Epimorphism)。

(2) 如果 f 是从 X 到 Y 的一个单射,则 f 称为单同态(Monomorphism)。

(3) 如果 f 是从 X 到 Y 的一个双射,则 f 称为同构映射(Isomorphism),并称 $\langle X, \circ \rangle$ 和 $\langle Y, * \rangle$ 是同构的(Isomorphic)。

(4) 若 g 是 $\langle A, \circ \rangle$ 到 $\langle A, \circ \rangle$ 的同构映射,则称 g 为自同构映射(Automorphism)。

定理 6.22 设 G 是一些只有一个二元运算的代数系统的非空集合,则 G 中代数系统之间的同构关系是等价关系。

证明:因为任何一个代数系统 $\langle X, \circ \rangle$ 可以通过恒等映射与它自身同构,即自反性成立。

关于对称性,设$\langle X,\circ\rangle\cong\langle Y,*\rangle$且有对应的同构映射$f$,因为$f$的逆映射是由$\langle Y,*\rangle$到$\langle X,\circ\rangle$的同构映射,所以$\langle Y,*\rangle\cong\langle X,\circ\rangle$。

最后,如果f是由$\langle X,\circ\rangle$到$\langle Y,*\rangle$的同构映射,g是由$\langle Y,*\rangle$到$\langle U,\Delta\rangle$的同构映射,那么$g\circ f$就是$\langle X,\circ\rangle$到$\langle U,\Delta\rangle$的同构映射。因此,同构关系是等价关系。

例 6.34 设$f:Q\to R$定义为对任意$x\in Q,f(x)=2x$,那么f是$\langle Q,+\rangle$到$\langle R,+\rangle$的单同态。

例 6.35 设$f:Z\to Z_n$定义为对任意的$x\in Z,f(x)=x\pmod{n}$,那么,f是从$\langle Z,+\rangle$到$\langle Z_n,+_n\rangle$的一个同态满射。

例 6.36 设n是确定的正整数,集合$H_n=\{x\mid x=kn,k\in Z\}$,定义映射$f:Z\to H_n$为对任意的$k\in Z,f(k)=kn$。那么,$f$是$\langle Z,+\rangle$到$\langle H_n,+\rangle$的一个同构映射。

例 6.37 给定两个群$\langle Z_4,+_4\rangle$和$\langle G,\times\rangle$,其中$G=\{1,-1,i,-i\}$且$i^2=-1$,它们的运算表如表 6.13 所示。

表 6.13 运算表

$+_4$	[0]	[1]	[2]	[3]
[0]	[0]	[1]	[2]	[3]
[1]	[1]	[2]	[3]	[0]
[2]	[2]	[3]	[0]	[1]
[3]	[3]	[0]	[1]	[2]

$\times$	1	-1	i	$-i$
1	1	-1	i	$-i$
-1	-1	1	$-i$	i
i	i	$-i$	-1	1
$-i$	$-i$	i	1	-1

试证$\langle Z_4,+_4\rangle\cong\langle G,\times\rangle$。

证明:构造函数$f\in Z_4\to G$如下:
$f([0])=1,f([1])=i,f([2])=-1,f([3])=-i$,可验证$f$是双射且群同态,因此$f$是从$\langle Z_4,+_4\rangle$到$\langle G,\times\rangle$的群同构映射,故群$\langle Z_4,+_4\rangle\cong\langle G,\times\rangle$。

同构是个很重要的概念,从上例可以看到形式上不同的代数系统,如果它们同构的话,那么,就可以抽象地把它们看作是本质上相同的代数系统,所不同的只是所用的符号不同。另外由定理 6.22 可知,同构是一个等价关系,从而可用同构对代数系统进行分类研究。若二个代数系统同构,则此二个代数系统具有完全相同的性质,所以对于同构的代数系统,只要研究其中一个代数系统,其他的代数系统的问题也就解决了,给我们研究问题带来了方便。

定理 6.23 设f是代数系统$\langle X,\circ\rangle$和$\langle Y,*\rangle$的满同态,
(1) 若$\circ$可交换,则$*$可交换;
(2) 若$\circ$可结合,则$*$可结合;
(3) 若代数系统$\langle X,\circ\rangle$有幺元e,则$e'=f(e)$是$\langle Y,*\rangle$的幺元。

证明:(1) 因为f是$\langle X,\circ\rangle$到$\langle Y,*\rangle$的满同态,所以对任意的$x,y\in Y$,存在$a,b\in X$,使$f(a)=x,f(b)=y$从而由$\circ$的可交换性得
$$x*y=f(a)*f(b)=f(a\circ b)=f(b\circ a)=f(b)*f(a)=y*x$$
所以$*$可交换。

(2) 由条件,对任意$x,y,z\in Y$,存在$a,b,c\in X$,使$f(a)=x,f(b)=y,f(c)=z$,从而由$\circ$可结合得

$$x*(y*z)=f(a)*(f(b)*f(c))=f(a)*f(b\circ c)=f(a\circ(b\circ c))$$
$$=f(a\circ b)*f(c)=(f(a)*f(b))*f(c)=(x*y)*z$$

所以 $*$ 是可结合的。

(3) 因为 e 是代数系统 $\langle X,\circ\rangle$ 的幺元,f 是 $\langle X,\circ\rangle$ 到 $\langle Y,*\rangle$ 的满同态,所以 $e'=f(e)\in Y$,且对任意的 $x\in Y$,都存在 $a\in X$ 使 $f(a)=x$,从而

$$x*e'=f(a)*f(e)=f(a\circ e)=f(a)=x=f(e\circ a)=f(e)*f(a)=e'*x$$

所以 e' 是 $\langle Y,*\rangle$ 的幺元。

定理 6.24 设 f 是从代数系统 $\langle X,\circ\rangle$ 到代数系统 $\langle Y,*\rangle$ 的同态映射。

(1) 如果 $\langle X,\circ\rangle$ 是半群,则 $\langle f(X),*\rangle$ 是半群。

(2) 如果 $\langle X,\circ\rangle$ 是含幺半群,则 $\langle f(X),*\rangle$ 是含幺半群。

(3) 如果 $\langle X,\circ\rangle$ 是群,则 $\langle f(X),*\rangle$ 是群。

证明:(1) 因为 $\langle X,\circ\rangle$ 是半群,$\langle Y,*\rangle$ 是代数系统,f 是由 $\langle X,\circ\rangle$ 到 $\langle Y,*\rangle$ 的同态映射,所以 $f(X)\subseteq Y$。

对任意的 $x,y\in f(X)$,必存在 $a,b\in X$ 使得 $f(a)=x$,$f(b)=y$。因为 $c=a\circ b\in Z$,所以 $x*y=f(a)*f(b)=f(a\circ b)=f(c)\in f(X)$

$*$ 作 $f(X)$ 上的二元运算是封闭的。f 作为 $\langle X,\circ\rangle$ 到 $\langle f(X),*\rangle$ 的同态映射是满同态,因为 $\circ$ 是可结合的,由定理 6.23 知 $f(X)$ 上的运算 $*$ 是可结合的,故 $\langle f(X),*\rangle$ 是半群。

(2) 因 $\langle X,\circ\rangle$ 是含幺半群,所以 $\langle X,\circ\rangle$ 是半群且含有幺元 e,f 是 $\langle X,\circ\rangle$ 到 $\langle Y,*\rangle$ 的同态映射,由(1)知 $\langle f(X),*\rangle$ 是半群,由定理 6.23 知 $e'=f(e)$ 是 $\langle f(X),*\rangle$ 的幺元,所以 $\langle f(X),*\rangle$ 是含幺半群。

(3) 设 $\langle X,\circ\rangle$ 是群,则由(2)知 $\langle f(X),*\rangle$ 是含幺半群。又对任意 $x\in X$,必有 $a\in X$ 使 $f(a)=x$ 因为 $\langle X,\circ\rangle$ 是群,所以 a 在 X 中有逆元 a^{-1},且 $f(a^{-1})\in f(X)$,$f(a)*f(a^{-1})=f(a\circ a^{-1})=f(e)=e'$

$$f(a^{-1})*f(a)=f(a^{-1}\circ a)=f(e)=e'$$

所以,$f(a^{-1})f(a)$ 的逆元,即 $f(a^{-1})=(f(a))^{-1}$。

因此,$\langle f(X),*\rangle$ 是群。

推论 6.5 设 f 是从代数系统 $\langle X,\circ\rangle$ 到代数系统 $\langle Y,*\rangle$ 的同态满射。

(1) 如果 $\langle X,\circ\rangle$ 是群,则 $\langle Y,*\rangle$ 是群。

(2) 如果 $\langle X,\circ\rangle$ 是群,$\langle H,\circ\rangle$ 是 $\langle X,\circ\rangle$ 的子群,则 $\langle f(H),*\rangle$ 是群 $\langle Y,*\rangle$ 的子群。

定理 6.25 设 f 是从群 $\langle X,\circ\rangle$ 到群 $\langle Y,*\rangle$ 的同态映射,$\langle S,*\rangle$ 是 $\langle Y,*\rangle$ 的子群,记 $H=f^{-1}(S)=\{a|a\in X\ 且\ f(a)\in S\}$ 则 $\langle H,\circ\rangle$ 是 $\langle X,\circ\rangle$ 的子群。

证明:因为 $\langle S,*\rangle$ 是 $\langle Y,*\rangle$ 的子群,所以群 $\langle Y,*\rangle$ 的幺元 $e'\in S$,又若 e 是 $\langle X,\circ\rangle$ 的幺元,则 $f(e)=e'$,所以 $e\in H$,$H\neq\varnothing$。对任意 $a,b\in H$,有 $a\circ b^{-1}\in X$ 且 $x=f(a)\in S$,$y=f(b)\in S$,因为 $\langle S,*\rangle$ 是 $\langle Y,*\rangle$ 子群,所以 $x*y^{-1}\in S$。从而 $f(a\circ b^{-1})=f(a)*f(b^{-1})=f(a)*(f(b))^{-1}=x*y^{-1}\in S$,所以 $a\circ b^{-1}\in H$,$\langle H,\circ\rangle$ 是 $\langle X,\circ\rangle$ 的子群。

定义 6.32 设 f 是由到群 $\langle X,\circ\rangle$ 到 $\langle Y,*\rangle$ 的同态映射,e' 是 Y 中的幺元。记 $\ker(f)=\{a|a\in X\ 且\ f(a)=e'\}$,称 $\ker(f)$ 称为同态映射 f 的核,简称 f 的同态核(kernel)。

若 f 是由群 $\langle X,\circ\rangle$ 到群 $\langle Y,*\rangle$ 的同态映射,e' 是 Y 的幺元,$S=\{e'\}$,则 $\langle S,*\rangle$ 是 $\langle Y,$

∗⟩的子群,且 $\ker(f)=f^{-1}(S)$,所以定理 6.25 可得推论 6.6。

推论 6.6 设 f 是由群 $\langle X,\circ\rangle$ 到群 $\langle Y,\ast\rangle$ 的同态映射,则 f 的同态核 $\ker(f)$ 是 X 的子群。

在一般的集合上,我们定义了元素间的等价关系,下面我们在含有二元运算的代数系统中引入同余关系,并进一步讨论同态和同余关系的对应。

定义 6.33 设 $\langle A,\circ\rangle$ 是一个代数系统,$\circ$ 是 A 上的一个二元运算,R 是 A 上的一个等价关系。如果当 $\langle x_1,x_2\rangle,\langle y_1,y_2\rangle\in R$ 时,都有 $\langle x_1\circ y_1,x_2\circ y_2\rangle\in R$,则称 R 为 A 上关于 $\circ$ 的同余关系(Congruence relation)。由这个同余关系将 A 划分成的等价类称为同余类(Congruence Class)。

例 6.38 恒等关系是任何一个具有一个二元运算的代数系统上的同余关系。

例 6.39 设代数系统 $\langle Z,+\rangle$ 上的关系 E 为:$xEy\Leftrightarrow x\equiv y(\mod m)$,$x,y\in X$ 则 E 是 Z 上的等价关系,现证 E 是 $\langle Z,+\rangle$ 上的同余关系。

若 aEb,cEd 则 $a\equiv b(\mod m),c\equiv d(\mod m)$ 即存在 $k_1,k_2\in Z$ 使

$a-b=k_1m,c=d=k_2m$,所以 $(a+c)-(b+d)=(a-b)+(c-d)=(k_1+k_2)m$,从而 $(a+c)\equiv(b+d)(\mod m)$,即 $(a+c)E(b+d)$。

还可以证明 E 也是 $\langle Z,\bullet\rangle$ 和 $\langle Z,-\rangle$ 上的同余关系。

例 6.40 设 $A=\{a,b,c,d\}$,在 A 上定义关系 $R=\{\langle a,a\rangle,\langle a,b\rangle,\langle b,a\rangle,\langle b,b\rangle,\langle c,c\rangle,\langle c,d\rangle,\langle d,c\rangle,\langle d,d\rangle\}$ 则 R 是 A 上的等价关系。$\ast$ 由表 6.14 所定义,它是 A 上的二元运算。$\langle A,\ast\rangle$ 是两个代数系统。

表 6.14 运算表

$\ast$	a	b	c	d
a	a	a	d	c
b	b	a	d	a
c	c	b	a	b
d	c	d	b	a

容易验证,R 是 A 上等价关系,等价类为 $\{a,b\}$ 和 $\{c,d\}$。由于对 $\langle a,b\rangle,\langle c,d\rangle\in R$ 有 $\langle a\ast c,b\ast d\rangle=\langle d,a\rangle\notin R$。所以 R 不是 A 上关于运算 $\ast$ 的同余关系。

由上例可知,在 A 上定义的等价关系 R,不一定是 A 上的同余关系,这是因为同余关系必须与定义在 A 上的二元运算密切相关。

定义 6.34 设 E 是代数系统 $\langle X,\circ\rangle$ 上的同余关系,在商集 X/E 上定义运算 $\ast$ 如下:$[x_1]\ast[x_2]=[x_1\circ x_2]$,称 $\langle X/E,\ast\rangle$ 为 $\langle X,\circ\rangle$ 的商代数(Quotient Algebra)。

这里需要说明对于商集 X/E 中任意两个元素 $[x_1],[x_2]$ 运算结果 $[x_1]\ast[x_2]$ 在 X/E 是唯一确定的,即如果 $[x_1]=[y_1]$ 和 $[x_2]=[y_2]$ 时,有 $[x_1]\ast[y_1]=[x_2]\ast[y_2]$。

事实上,由于 E 是同余关系,故有 $(x_1\circ x_2)E(y_1\circ y_2)$,从而 $[x_1\circ x_2]=[y_1\circ y_2]$ 由运算 $\ast$ 的定义,得 $[x_1]\ast[x_2]=[y_1]\ast[y_2]$。

6.8 环与域

前面几节,我们已初步研究了具有一个二元运算的代数系统——半群、含幺半群、群。

现在，我们将讨论具有两个二元运算的代数系统。对于给定的两个具有二元的代数系统 $\langle S,\triangle\rangle$ 和 $\langle S,*\rangle$，容易将它们组合成一个具有两个二元运算的代数系统 $\langle S,\triangle,*\rangle$，我们感兴趣的是两个二元运算 $\triangle$ 和 $*$ 之间有联系的代数系统 $\langle S,\triangle,*\rangle$。通常我们把第一个运算 $\triangle$ 叫"加法"，把第二个运算 $*$ 称为"乘法"。

定义 6.35 设 X 是非空集合，$\langle S,\triangle,*\rangle$ 是代数系统，$\triangle,*$ 都是二元运算，如果

(1) $\langle S,\triangle\rangle$ 是交换群。

(2) $\langle S,*\rangle$ 是半群。

(3) 运算 $*$ 对于运算 $\triangle$ 是可分配的。

则称 $\langle S,\triangle,*\rangle$ 是环（Ring）。

例 6.41 全体整数 Z，全体有理数 Q，全体实数 R，全体复数 C 关于数的加法和乘法都分别构成环。

例 6.42 x 的整系数多项式的全体 $Z[x]$，即 $Z[x]=\{f(x)=a_nx^n+a_{n-1}x^{n-1}+\cdots+a_1x+a_0|a_n,a_{n-1},\cdots,a_0\in Z,n$ 是非负整数$\}$ 且关于通常多项式的加法与乘法构成环。同样 x 的有理系数多项式集 $Q[x]$；实系数多项式集 $R[x]$；复系数多项式集 $C[x]$ 关于通常多项式的加法和乘法都分别构成环。

整数集 Z 上的 n 阶方阵全体 $M(n,Z)$ 关于矩阵的加法和乘法也构成环。一般环中叫做加法的运算常用 $+$ 表示，叫做乘法的运算常用 $\cdot$ 表示。

定理 6.26 设 $\langle S,+,\cdot\rangle$ 是一个环，则对任意的 $x,y,z\in S$，有

(1) $x\cdot\theta=\theta\cdot x=\theta$

(2) $x\cdot(-y)=(-x)\cdot y=-(x\cdot y)$

(3) $(-x)\cdot(-y)=xy$

(4) $x\cdot(y-z)=x\cdot y-x\cdot z$

(5) $(y-z)\cdot x=y\cdot x-z\cdot x$

其中：θ 是加法幺元，$-x$ 是 x 的加法逆元，并记 $x+(-y)=x-y$。

证明：(1) 因为 $x\cdot\theta=x\cdot(\theta+\theta)=x\cdot\theta+x\cdot\theta$，$\langle S,+\rangle$ 是群，所以由加法消去律得：$x\cdot\theta=\theta$ 同理可证 $\theta\cdot x=\theta$。

(2) 因为 $(-x)\cdot y+x\cdot y=(-x+x)\cdot y=\theta\cdot y=\theta$。类似地有 $x\cdot y+(-x)\cdot y=\theta$。所以 $(-x)\cdot y$ 是 $x\cdot y$ 的逆元，即 $(-x)\cdot y=-(x\cdot y)$。

(3) 因为 $x\cdot(-y)+(-x)\cdot(-y)=[x+(-x)]\cdot(-y)=\theta\cdot(-y)=\theta$，$x\cdot(-y)+x\cdot y=x\cdot[(-y)+y]=x\cdot\theta=\theta$，所以 $(-x)\cdot(-y)=x\cdot y$。

(4) $x\cdot(y-z)=x\cdot[y+(-z)]=x\cdot y+x\cdot(-z)=x\cdot y+(-x\cdot z)=x\cdot y-x\cdot z$。

(5) $(y-z)\cdot x=[y+(-z)]\cdot x=y\cdot x+(-z\cdot)x=y\cdot x+(-z\cdot x)=y\cdot x-z\cdot x$。

我们还可以根据环中乘法的性质来定义一些常见的特殊环。

定义 6.36 $\langle X,\triangle,*\rangle$ 是环（Ring）。环 $\langle X,\triangle,*\rangle$ 中若运算 $*$ 是可交换的，则称环 $\langle X,\triangle,*\rangle$ 为交换环（Commutative Ring）。

例 6.43 全体整数 Z，全体有理数 Q，全体实数 R，全体复数 C 关于数的加法和乘法分别都是交换环。

定义 6.37 设$\langle S,+,\cdot\rangle$是环。如$\langle S,\cdot\rangle$含有幺元,则称$\langle S,+,\cdot\rangle$是含幺环(Ring With Unity)。

例 6.44 设A是集合,$P(A)$是它的幂集,如果在$P(A)$上定义二元运算$+$和$\cdot$如下,对于任意的$X,Y\in P(A)$,$X+Y=\{x\mid x\in P(A)$且$x\in X\cup Y$且$x\notin X\cap Y\}$,$X\cdot Y=X\cap Y$。

容易证明$\langle P(A),+,\cdot\rangle$是环,因为集合运算$\cap$是可交换的,$\langle P(A),\cdot\rangle$有幺元$A$,所以环$\langle P(A),+,\cdot\rangle$是含有幺元的交换环。

定义 6.38 设$\langle X,+,\cdot\rangle$是环,若$x,y\in X$,$x\neq\theta$,$y\neq\theta$而$x\cdot y=\theta$,则称x为X的一个左零因子,y为X的一个右零因子,环X的左零因子和右零因子都称为环X的零因子(Zero divisor)。

在某些同余类环中有零因子,如$\langle Z_6,+_6,\times_6\rangle$中,$[2]$和$[3]$就是它的零因子。当$n\geqslant 2$时,矩阵环$M(n,Z)$有零因子,如在矩阵环$M(2,Z)$中,取$x=\begin{pmatrix}1&0\\1&0\end{pmatrix}$,$y=\begin{pmatrix}0&0\\1&1\end{pmatrix}$,则$x\neq 0$,$y\neq 0$,但$x\cdot y=\begin{pmatrix}1&0\\1&0\end{pmatrix}\cdot\begin{pmatrix}0&0\\1&1\end{pmatrix}=\begin{pmatrix}0&0\\0&0\end{pmatrix}=\theta$,所以$x,y$是$M(2,Z)$的零因子。

习 题

1. 设N^+是正整数集,问下面定义的二元运算$*$在集合上是否封闭?
(1) $x*y=x+y$ (2) $x*y=x-y$ (3) $x*y=\max(x,y)$ (4) $x*y=\min(x,y)$
(5) $x*y=$偶数n的个数,其中n满足$x\leqslant n\leqslant y$。

2. 设代数系统$\langle A,\circ\rangle$,其中$A=\{a,b,c\}$,$\circ$是A上的一个二元运算。对于由以下几个表所确定的运算,试分别讨论它们的交换性、幂等性以及在A中关于$\circ$是否有幺元。如果有幺元,那么A中的每个元素是否有逆元。

(1)

∘	a	b	c
a	a	b	c
b	b	b	c
c	c	c	b

(2)

∘	a	b	c
a	a	b	c
b	b	a	c
c	c	c	c

(3)

∘	a	b	c
a	b	a	c
b	b	a	c
c	c	c	c

3. 设$V=\langle A,*\rangle$为代数系统,其中$A=\{0,1,2,3,4\}$ $\forall a,b\in A$,$a*b=(ab)\bmod 5$。
(1) 列出$*$的运算表。
(2) $*$是否有零元和幺元和所有可逆元素的逆元。

4. 设$A=\{x\mid x\in R\wedge x\neq 0,1\}$。在$A$上定义6个函数如下:
$f_1(x)=x$,$f_2(x)=\dfrac{1}{2}$,$f_3(x)=1-x$,$f_4(x)=\dfrac{1}{1-x}$,$f_5(x)=\dfrac{x-1}{x}$,$f_6(x)=\dfrac{x}{x-1}$。
$V=\langle S,\circ\rangle$,其中$S=\{f_1,f_2,\cdots,f_6\}$,$\circ$为函数的复合。
(1) 给出V的运算表。

(2) 说明 V 的幺元和所有可逆元素的逆元。

5. 定义在正整数集 N^+ 上的两个二元运算为：$a,b \in N^+$，$a \circ b = a^b$，$a * b = a \cdot b$，试证明 $\circ$ 对 $*$ 不可分配的。

6. S 是所有形如 $\begin{pmatrix} a_{11} & a_{12} \\ 0 & 0 \end{pmatrix}$ 的矩阵的集合，a_{11}，a_{12} 都是实数。$*$ 表示矩阵的乘法，$\langle S, * \rangle$ 是半群吗？是含幺半群吗？

7. R^+ 是正实数的集合，定义运$\circ$为 $a \circ b = \dfrac{a+b}{1+ab}$，代数系统$\langle R^+, \circ \rangle$是半群吗？是含幺元半群吗？

8. 设$\langle R, * \rangle$是代数系统，$*$是实数集 R 上的二元运算，使得对于 R 中的任意元素 a，b，都有 $a * b = a + b + ab$，证明 0 是幺元且$\langle R, * \rangle$是含幺半群。

9. 设$\langle S, \circ \rangle$是半群，$a \in S$，在 S 上定义一个二元运算 Δ，使得对于 S 中的任意元素 x 和 y，都有 $x \Delta y = x \circ a \circ y$，证明二元运算 Δ 是可结合的。

10. 设是半群，而且对 A 中的元素 a 和 b，如果 $a \neq b$ 必有 $a * b \neq b * a$，试证明：
(1) 对于 A 中每个元素 a，有 $a * a = a$；
(2) 对于 A 中任何元素 a 和 b，有 $a * b * a = a$；
(3) 对于 A 中任何元素 a,b,c 有 $a * b * c = a * c$。

11. $\langle R, * \rangle$是可换半群，证明，若 a,b 都是 S 中的幂等元，则 $a * b$ 也是幂等元。

12. 设 R 是实数集，$G = R \times R$，G 上的二元运算"$+$"定义为：
$(x_1, y_1) + (x_2, y_2) = (x_1 + x_2, y_1 + y_2)$，证明$\langle G, + \rangle$是一个群。

13. 设$\langle G, \circ \rangle$是个群，$x, y \in G$，证明：$(x^{-1} \circ y \circ x)^k = x^{-1} \circ y \circ x$ 当且仅当 $y^k = y$。

14. 设$\langle G, \circ \rangle$是群，r 是 G 一个元素，f 是 G 到自身的一个映射，使对于任意的 $x \in G$，$f(x) = r^{-1} \circ x \circ r$，证明 f 是群 G 到自身的一个同构映射。

15. 设$\langle G, * \rangle$是含幺半群，幺元是 e，若对 G 中任一元 x，都有 $x * x = e$，证明$\langle G, * \rangle$是一个交换群。

16. 证明任何阶数分别是 1，2，3，4 的群都是交换群。并举一个 6 阶群，它不是交换群的例子。

17. 证明循环群的子群必定是个循环群。

18. 求左陪集。
(1) 整数加法群$\langle Z, + \rangle$关于子群$\langle H, + \rangle$的左陪集，其中 H 是给定的正整数 n 的所有倍数的集合。
(2) 群$\langle Z_6, + \rangle$关于子群$\langle \{[0],[2],[4]\}, + \rangle$的左陪集。

19. 设 $G = \{f \mid f: x \to ax + b$，其中 $a, b \in R, a \neq 0, x \in R\}$，二元运算$\circ$是映射的复合。
(1) 证明$\langle G, \circ \rangle$是群。
(2) 若 S 和 T 分别是由 G 中 $a = 1$ 和 $b = 0$ 的所有映射构成的集合，
证明$\langle S, \circ \rangle$和$\langle T, \circ \rangle$都是$\langle G, \circ \rangle$的子群。
(3) 写出 S 和 T 在 G 中所有的左陪集。

20. 设$\langle H, \circ \rangle$是群，$\langle G, \circ \rangle$的子群，如果 $A = \{x \mid x \in G, x \circ H \circ x^{-1} = H\}$，证明$\langle A, \circ \rangle$是$\langle G, \circ \rangle$的子群。

21. 设 p 是质数，m 是正整数，p^m 阶群中一定包含一个 p 阶子群。

22. 设 aH 和 bH 是 H 在群 G 中的两个左陪集，证明：或者 $aH=bH$ 或者 $aH \cap bH = bH = \varnothing$。

23. 证明，如果 f 是 $\langle A_1, \circ \rangle$ 到 $\langle A_2, * \rangle$ 的同态映射，g 是 $<A_2, *>$ 到 $<A_3, \Delta>$ 的同态映射，则 $g \circ f$ 是 $\langle A_1, \circ \rangle$ 到 $\langle A_3, \Delta \rangle$ 的同态映射。

24. 证明循环群的同态象是循环群。

25. 设 $\langle A, +, \cdot \rangle$ 是一个代数系统，其中 $+$、$\cdot$ 为普通的加法和乘法运算，A 为下列集合：

(1) $A = \{x \mid x = 3n, n \in Z\}$。

(2) $A = \{x \mid x = 2n+1, n \in Z\}$。

(3) $A = \{x \mid x \geqslant 0$ 且 $x \in Z\}$。

(4) $A = \{x \mid x = a + b\sqrt[4]{3}, a, b \in R\}$。

(5) $A = \{x \mid x = a + b\sqrt{2}, a, b \in R\}$。

问 $\langle A, +, \cdot \rangle$ 是否是环？

26. 试证 $\langle Z, *, \circ \rangle$ 是有幺元的交换环，其中，运算 $*$ 和 $\circ$ 分别定义为：对任意 $a, b \in Z$，$a * b = a + b - 1$，$a \circ b = a + b - a \cdot b$。

27. 设 $\langle R, +, \cdot \rangle$ 是一个环，证明：如果 $a, b \in R$ 则

$(a+b)^2 = a^2 + a \cdot b + b \cdot a + b^2$ 其中 $x^2 = x \cdot x$。

28. 设 $\langle A, +, \cdot \rangle$ 是一个环，并且对任意的 $a \in A$，都有 $a \cdot a = a$，证明：

(1) 对于任意的 $a \in A$，都有 $a + a = \theta$，其中 θ 是加法幺元。

(2) $\langle A, +, \cdot \rangle$ 是交换的。

第 7 章 格和布尔代数

格与布尔代数是一种与群、环、域不同的代数系统。在计算机设计与理论等领域中都有重要的应用。我们在这里只介绍格的一些基本知识以及几个具有特别性质的格——分配格、有补格,在此基础上再介绍布尔代数。

7.1 格的概念

在前面的章节中,我们已经介绍了偏序和偏序集的概念,偏序集就是由一个集合 X 以及 X 上的一个偏序关系"$\leqslant$"所组成的一个序偶——$\langle X, \leqslant \rangle$。

图 7.1 所示的那些偏序集都有这样一个共同的特性,那就是这些偏序集中,任何两个元素都有最小上界和最大下界。这就是我们将要讨论的被称作格的偏序集。

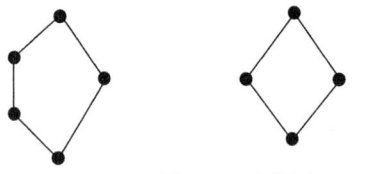

图 7.1 哈斯图

7.1.1 格

定义 7.1 设 $\langle X, \leqslant \rangle$ 是一个偏序集,如果 X 中任意两个元素有最小上界和最大下界,则称 $\langle X, \leqslant \rangle$ 为格(lattice)。

例 7.1 S 是一个集合,$P(S)$ 是 S 的幂集,则 $\langle P(S), \subseteq \rangle$ 是一个格。因为对于任何的 $A, B \subseteq S$,A、B 的最小上界为 $A \cup B$,A、B 的最大下界为 $A \cap B$。

例 7.2 设 N^+ 是所有正整数集合,在 N^+ 上定义一个二元关系 | (整除),$x, y \in N^+$,$x \mid y$ 当且尽当 x 整除 y。故 $\langle N^+, \mid \rangle$ 是偏序集。由于该偏序集中任意两个元素的最小公倍数、最大公约数分别是这两个元素的最小上界和最大下界,因此 $\langle N^+, \mid \rangle$ 是格。

定义 7.2 设 $\langle X, \leqslant \rangle$ 是一个格,如果在 X 上定义两个二元运算 $\vee$ 和 $\wedge$,使得对于任意的 $x, y \in X$,$x \vee y$ 等于 x 和 y 的最小上界,$x \wedge y$ 等于 x 和 y 的最大下界。则称 $\langle X, \vee, \wedge \rangle$ 为由格 $\langle X, \leqslant \rangle$ 所诱导的代数系统。二元运算 $\vee$ 和 $\wedge$ 分别称为并运算和交运算。

例 7.3 对给定的集合 S,由例 7.1 知,$\langle P(S), \subseteq \rangle$ 是一个格,现设 $S = \{x, y\}$,则 $P(S) = \{\varnothing, \{x\}, \{y\}, \{x, y\}\}$,格 $\langle P(S), \subseteq \rangle$ 如图 7.2 所示。而由格 $\langle P(S), \subseteq \rangle$ 所诱导的代数系统 $\langle P(S), \vee, \wedge \rangle$,其中运算 $\vee$ 是集合的并,运算 $\wedge$ 是集合的交。

例 7.4 设 D_{36} 是 36 的全部正因子的集合,$D_{36}=\{1,2,3,4,6,9,12,18,36,\}$,"|"表示数的整除关系,则 $\langle D_{36},|\rangle$ 是格,如图 7.3 所示对 $m,n\in D_{36}$,$m\vee n$ 是 m,n 的最小公倍数,$m\wedge n$ 是 m,n 的最大公约数。

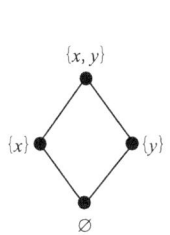

图 7.2 哈斯图

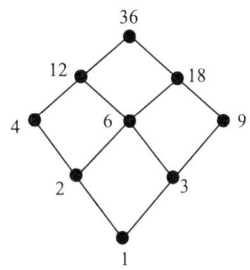

图 7.3 哈斯图

定义 7.3 设 $\langle X,\leqslant\rangle$ 是一格,由 $\langle X,\leqslant\rangle$ 诱导的代数系统为 $\langle X,\vee,\wedge\rangle$ 设 $Y\subseteq Z$ 且 $Y\subseteq\varnothing$,如果 Y 关于 X 中的运算 $\vee$ 和 $\wedge$ 都是封闭的,则称 $\langle Y,\leqslant\rangle$ 和 $\langle X,\leqslant\rangle$ 的子格(Sublattice)。

容易证明,若 $\langle Y,\leqslant\rangle$ 是格 $\langle X,\leqslant\rangle$ 的子格,则 $\langle Y,\leqslant\rangle$ 也是格。

例 7.5 例 7.2 给出了一个具体的格 $\langle N^{+},|\rangle$,由它诱导的代数系统为 $\langle N^{+},\vee,\wedge\rangle$,其中,对 $x,y\in N^{+}$,$x\vee y$ 是 x,y 的最小公倍数,$x\wedge y$ 是 x,y 的最大公因数。例 7.4 中的 D_{36} 关于 N^{+} 中的运算 $\vee$ 和 $\wedge$ 都是封闭的,所以 $\langle D_{36},|\rangle$ 是格 $\langle N^{+},|\rangle$ 的子格。另外若 E^{+} 表示全体正偶数集,则任何两个偶数的最大公因数和最小公倍数都是偶数,所以 E^{+} 关于 N^{+} 的运算 $\vee$ 和 $\wedge$ 封闭,因此,$\langle E^{+},|\rangle$ 也是 $\langle N^{+},|\rangle$ 的子格。

例 7.6 设 $\langle L,\leqslant\rangle$ 是格,其中 $L=\{a,b,c,d,e,f,g,h\}$,如图 7.4 所示。取
$$L_1=\{a,b,d,f\}$$
$$L_2=\{c,e,g,h\}$$
$$L_3=\{a,b,c,d,e,g,h\}$$

从图 7.4 可以看出,$\langle L_1,\leqslant\rangle$ 和 $\langle L_2,\leqslant\rangle$ 都是 $\langle L,\leqslant\rangle$ 的子格,而偏序集 $\langle L_3,\leqslant\rangle$ 虽然是格,但它不是 $\langle L,\leqslant\rangle$ 的子格,这是因为在格 $\langle L,\leqslant\rangle$ 诱导的代数系统 $\langle L,\vee,\wedge\rangle$ 中,$b\wedge d=f\notin L_3$。

在讨论格以及格诱导的代数系统的一些性质之前,先介绍对偶的概念和对偶原理。

设 $\langle X,\leqslant\rangle$ 是一个偏序集,在 X 上定义一个二元关系 $\leqslant_R$,使得对于 X 中的两个元素 x,y 有关系 $x\leqslant_R y$ 当且仅当 $y\leqslant x$,可以证明这样定义在 X 上的关系 $\leqslant_R$ 是一偏序关系,从而 $\langle X,\leqslant_R\rangle$ 也是一个偏序集。我们把偏序集 $\langle X,\leqslant\rangle$ 和 $\langle X,\leqslant_R\rangle$ 称为是彼此对偶的(互为对偶的),它们所对应的哈斯图是互为颠倒的。例如,例 7.6 中偏序集 $\langle L,\leqslant\rangle$ 的哈斯图如图 7.4 所示,$\langle L,\leqslant\rangle$ 的对偶 $\langle L,\leqslant_R\rangle$ 的哈斯图如图 7.5 所示,它恰是图 7.4 的颠倒。

我们可以证明,若 $\langle Z,\leqslant\rangle$ 是一个格,则 $\langle Z,\leqslant_R\rangle$ 也是一个格。我们把二元关系 $\leqslant_R$ 称为二元关系 $\leqslant$ 的逆关系,为简单起见,用记号 $\geqslant$ 表示 $\leqslant_R$。

对格 $\langle X,\leqslant\rangle$,由 $\langle XZ,\geqslant\rangle$ 的定义知,由格 $\langle X,\leqslant\rangle$ 所诱导的代数系统的并(交)运算正好是由格 $\langle X,\geqslant\rangle$ 所诱导的代数系统的交(并)运算,从而有如下表述的格的对偶原理:

设 P 是对任意格都为真的命题,如果在命题 P 中把 $\leqslant$ 换成 $\geqslant$,$\vee$ 换成 $\wedge$,$\wedge$ 换成 $\vee$,就得到另一命题 P',我们把 P' 称为 P 的对偶命题,则 P' 对任意格也是真的命题。

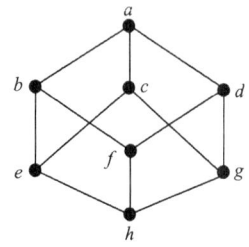

图 7.4 哈斯图

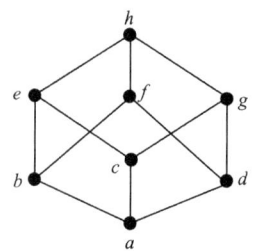

图 7.5 哈斯图

7.1.2 格的基本性质

定理 7.1 在一个格 $\langle L, \leqslant \rangle$ 中，对 L 中任意元 a,b,c,d 都有

(1) $a \leqslant a \vee b, b \leqslant a \vee b$

$a \wedge b \leqslant a, a \wedge b \leqslant b$；

(2) 若 $a \leqslant b$ 且 $c \leqslant d$，则

$a \vee c \leqslant b \vee d$

$a \wedge c \leqslant b \wedge d$

证明：(1) 因为 a 和 b 的并是 a 和 b 的一个上界，所以 $a \leqslant a \vee b$ 且 $b \leqslant a \vee b$，由对偶原理，即得 $a \wedge b \leqslant a$ 且 $a \wedge b \leqslant b$。

(2) 因为 $b \leqslant b \vee d, d \leqslant b \vee d$，所以，由传递性可得 $a \leqslant b \vee d, c \leqslant b \vee d$，这就表明 $b \vee d$ 是 a 和 c 的一个上界，而 $a \vee c$ 是 a 和 c 的最小上界，所以，必有 $a \vee c \leqslant b \vee d$。类似地可以证明 $a \wedge c \leqslant b \wedge d$。

推论 7.1 在一格 $\langle L, \leqslant \rangle$ 中，对于 $a,b,c \in L$ 若 $a \leqslant b$ 则

$a \vee c \leqslant b \vee c, a \wedge c \leqslant b \wedge c$

证明：定理 7.1 的(2)中取 $d=c$ 即得。

定理 7.2 设 $\langle L, \leqslant \rangle$ 是一个格，由格 $\langle L, \leqslant \rangle$ 所诱导的代数系统为 $\langle L, \vee, \wedge \rangle$，则对 L 中的任意元素 a,b,c 有

(1) 幂等律 $a \vee a = a$

$a \wedge a = a$

(2) 交换律 $a \vee b = b \vee a$

$a \wedge b = b \wedge a$

(3) 结合律 $a \vee (b \vee c) = (a \vee b) \vee c$

$a \wedge (b \wedge c) = (a \wedge b) \wedge c$

(4) 吸收律 $a \vee (a \wedge b) = a$

$a \wedge (a \vee b) = a$

证明：(1) 由定理 7.1 可得 $a \leqslant a \vee a$，由自反性可得 $a \leqslant a$，由此可得 $a \vee a \leqslant a$，因此 $a \vee a = a$。利用对偶原理，即得 $a \wedge a = a$。

(2) 格中任意两个元素 a,b 的最小上界(最大下界)当然等于 b,a 的最小上界(最大下界)，所以 $a \vee b = b \vee a (a \wedge b = b \wedge a)$。

(3) 由定理 7.1 中的(1)知 $a\leqslant a\vee(b\vee c),b\leqslant b\vee c\leqslant a\vee(b\vee c)$。

由定理 7.1 中(2)知 $a\vee b\leqslant a\vee(b\vee c)$。

又因 $c\leqslant b\vee c\leqslant a\vee(b\vee c)$,所以,$(a\vee b)\vee c\leqslant a\vee(b\vee c)$。

类似地可以证明 $a\vee(b\vee c)\leqslant a\vee(b\vee c)$。因此 $a\vee(b\vee c)=(a\vee b)\vee c$。利用对偶原理,即得:$a\wedge(b\wedge c)=(a\wedge b)\wedge c$。

(4) 由定理 7.1 $a\leqslant a\vee(a\wedge b)$,又因为 $a\leqslant a$ 和 $a\wedge b\leqslant a$,所以 $a\vee(a\wedge b)\leqslant a$,因此 $a\vee(a\wedge b)=a$。利用对偶原理,即得:$a\wedge(a\vee b)=a$。

定理 7.3 若 $\langle L,\leqslant\rangle$ 是一个格,则对 L 中的任意 a,b,c 都有

$$a\vee(b\wedge c)\leqslant(a\vee b)\wedge(a\vee c) \tag{1}$$

$$(a\wedge b)\vee(a\wedge c)\leqslant a\wedge(b\vee c) \tag{2}$$

证明:由定理 7.1 知 $a\leqslant a\vee b$ 和 $a\leqslant a\vee c$,由定理 7.2 和等幂性可得

$$a=a\wedge a\leqslant(a\vee b)\wedge(a\vee c) \tag{3}$$

又因为 $b\vee c\leqslant b\leqslant a\vee b$ 且 $b\wedge c\leqslant c\leqslant a\vee c$

所以 $b\wedge c=(b\wedge c)\wedge(b\wedge c)\leqslant(a\vee b)\wedge(a\vee c) \tag{4}$

由定理 7.1(1)(2)及定理 7.2 得

$$a\vee(b\wedge c)\leqslant(a\vee b)\wedge(a\vee c)$$

利用对偶原理,即得

$$(a\wedge b)\vee(a\wedge c)\leqslant a\wedge(b\vee c)$$

定理 7.3 中的(1),(2)两式称为分配不等式。

定理 7.4 设 $\langle L,\leqslant\rangle$ 是一个格,那么,对于 L 中任意元 a,b 有

$$a\leqslant b\Leftrightarrow a\wedge b=a\Leftrightarrow a\vee b=b$$

证明:先证 $a\leqslant b\Leftrightarrow a\wedge b=a$

若 $a\leqslant b$,则 $a\leqslant a$,所以 $a\leqslant a\wedge b$,但根据 $a\wedge b$ 的定义应有 $a\wedge b\leqslant a$,由反对称性得,$a\wedge b=a$ 这就证明了 $a\leqslant b\Rightarrow a\wedge b=a$。

反之,若 $a\wedge b=a$,则 $a=a\wedge b\leqslant b$,这就证明了,$a\wedge b=a\Rightarrow a\leqslant b$ 因此 $a\leqslant b\Leftrightarrow a\wedge b=a$。

用同样的方法,可以证明 $a\leqslant b\Leftrightarrow a\vee b=b$,

因而 $a\leqslant b\Leftrightarrow a\wedge b=a\Leftrightarrow a\vee b=b$。

定理 7.5 设 $\langle L,\leqslant\rangle$ 是格,则 L 中的任意元 a,b,c 有

$a\leqslant c\Leftrightarrow a\vee(b\wedge c)\leqslant(a\vee b)\wedge c$

证明:由定理 7.4 知 $a\leqslant c\Leftrightarrow a\vee c=c$,由定理 7.3 知 $a\vee(b\wedge c)\leqslant(a\vee b)\wedge(a\vee c)$,用 c 代替上式中的 $a\vee c$,即 $a\vee(b\wedge c)\leqslant(a\vee b)\wedge c$ 所以 $a\leqslant c\Rightarrow a\vee(b\wedge c)\leqslant(a\vee b)\wedge c$,另外,若 $a\vee(b\wedge c)\leqslant(a\vee b)\wedge c$,则由运算 $\vee,\wedge$ 的定义知:$a\leqslant a\vee(b\wedge c)\leqslant(a\vee b)\wedge c\leqslant c$ 即有:$a\leqslant c$,所以 $a\leqslant c\Leftrightarrow a\vee(b\wedge c)\leqslant(a\vee b)\wedge c$

推论 7.2 在一个格 $\langle L,\leqslant\rangle$ 中,对 L 中任意 a,b,c,必有:

$(a\wedge b)\vee(a\wedge c)\leqslant a\wedge(b\vee(a\wedge c))$ 和 $a\vee(b\wedge(a\vee c))\leqslant(a\vee b)\wedge(a\vee c)$

证明:利用定理 7.5 和 $a\wedge c\leqslant a$ 及 $a\leqslant a\vee c$,便可分别获证。

由定理 7.2 知,若 $\langle X,\vee,\wedge\rangle$ 是格 $\langle X,\leqslant\rangle$ 诱导的代数系统,则 X 上的"$\vee$"和"$\wedge$"两种运算都满足交换律、结合律和吸收律。下面我们将说明,若代数 $\langle L,\vee,\wedge\rangle$ 的两种运算都满足交换律、结合律和吸收律,那么可以在 L 上定义一个偏序,使得 L 中任何两个元素

关于这个偏序都有最小上界和最大下界,也就是说,偏序集$\langle L,\leqslant\rangle$是格,而且$\langle L,\leqslant\rangle$诱导的代数系统恰是$\langle L,\wedge,\vee\rangle$。

引理 7.1 设$\langle L,\wedge,\vee\rangle$是一个代数系统,若$\vee,\wedge$都是二元运算且满足吸收律,则$\vee$和$\wedge$都满足幂等律。

证明:因为运算$\vee$和$\wedge$满足吸收律,即对L中任意元素a,b有

$$a\vee(a\wedge b)=a \tag{1}$$
$$a\wedge(a\vee b)=a \tag{2}$$

将(1)式中的b取为$a\vee b$,便得$a\vee(a\wedge(a\vee b))=a$
再由(2),即得$a\vee a=a$,同理可证$a\wedge a=a$。

定理 7.6 设$\langle L,\vee,\wedge\rangle$是一个代数系统,其中$\vee$和$\wedge$都是二元运算且满足交换律、结合律和吸收律,则存在偏序关系,使$\langle L,\leqslant\rangle$是格且这个所诱导的代数系统就是$\langle L,\vee,\wedge\rangle$。

证明:设在L定义二元关系$\leqslant$为:对于任意$a,b\in L,a\leqslant b$,当且仅当$a\wedge b=a$。

下面分三步证明定理成立

先证L上的二元关系$\leqslant$是一个偏序关系。

由引理7.1可知$\wedge$满足幂等律,即对任一$a\in L$有$a\wedge a=a$,所以$a\leqslant a$,故$\leqslant$是自反的。

对任意$a,b\in L$,若$a\leqslant b$且$b\leqslant a$,由$\leqslant$的定义知$a=a\wedge b$且$b=b\wedge a$。

因为$\wedge$满足交换律,所以$a=b$,故$\leqslant$是反对称的。对任意的$a,b,c\in L$,若$a\leqslant b$且$b\leqslant c$,则$a=a\wedge b$且$b=b\wedge c$。

因为$a\wedge c=(a\wedge b)\wedge c=a\wedge(b\wedge c)=a\wedge b=a$。所以,$a\leqslant c$,故$\leqslant$是传递的。因此,$\leqslant$是偏序关系。

再证对任意$a,b\in L,a\wedge b$是a和b的最大下界。由于$(a\wedge b)\wedge a=(a\wedge a)\wedge b=a\wedge b,(a\wedge b)\wedge b=a\wedge(b\wedge b)=a\wedge b$。

所以,$a\wedge b\leqslant a,a\wedge b\leqslant b$,即$a\wedge b$是$a$和$b$的下界。

设c是a和b的任一下界,即$c\leqslant a,c\leqslant b$,则有$c\wedge a=c,c\wedge b=c$,
而$c\wedge(a\wedge b)=(c\wedge a)\wedge b=c\wedge b=c$,所以,$c\leqslant a\wedge b$。故$a\wedge b$是$a$和$b$的最大下界。

最后,根据交换性和吸收性,对L中的任意a,b,若$a\wedge b=a$则
$(a\wedge b)\vee b=a\vee b$,即$b=a\vee b$。

反之,若$a\vee b=b$,则$a\wedge(a\vee b)=a\wedge b$,即$a=a\wedge b$。因此$a\wedge b=a\Leftrightarrow a\vee b=b$。

由此可知,L上的偏序关系即为:对任意的$a,b\in L,a\leqslant b$,当且仅当$a\vee b=b$,从而可用与上面类似的方法证明$a\vee b$是a和b的最小上界。

因此,$\langle L,\leqslant\rangle$是一个格,且这个格所诱导的代数系统就是$\langle L,\vee,\wedge\rangle$。

7.2 分配格

由上节知,在格中分配不等式成立,即若$\langle L,\leqslant\rangle$是格,则对任意元素$a,b,c\in L$必有$a\vee(b\wedge c)\leqslant(a\vee b)\wedge(a\vee c),(a\wedge b)\vee(a\wedge c)\leqslant a\wedge(b\vee c)$成立。但上述两式中的符号

≤一般不能改为等号,即格$\langle L,\leqslant\rangle$所诱导的代数系统$\langle L,\vee,\wedge\rangle$中,运算∨对∧和∧对∨都不一定适合分配律。图 7.6 给出的两个格就是如此。

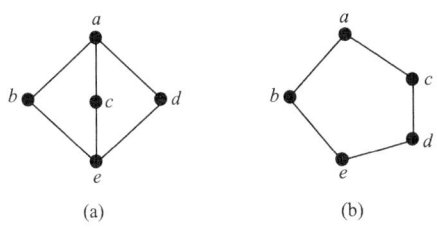

图 7.6　五元格图

7.2.1　分配格

定义 7.4　$\langle L,\vee,\wedge\rangle$是由格$\langle L,\leqslant\rangle$所诱导的代数系统,若对任意的$a,b,c\in L$都有$a\wedge(b\vee c)=(a\wedge b)\vee(a\wedge c)$,$a\vee(b\wedge c)=(a\vee b)\wedge(a\vee c)$,则称$\langle L,\leqslant\rangle$分配格。

例 7.7　设S是一个集合,则$\langle P(S),\cup,\cap\rangle$是由格$\langle P(S),\subseteq\rangle$所诱导的代数系统。由集合的并对交和交对并都适合分配律知,格$\langle P(S),\subseteq\rangle$是分配格(distribute lattice)。

例 7.8　如图 7.6 所示的两个格都不是分配格。

这是因为图 7.6(a)中,$b\vee(c\wedge d)=b\vee e=b$,而$(b\vee c)\wedge(b\vee d)=a\wedge a=a$,所以$b\vee(c\wedge d)\neq(b\vee c)\wedge(b\vee d)$。

在图 7.6(b)中,$c\wedge(b\vee d)=c\wedge a=c$,而$(c\wedge d)\vee(c\wedge d)=e\vee d=d$ 所以$c\wedge(b\vee d)\neq(c\wedge b)\vee(c\wedge d)$。

应该注意的是,在分配格的定义中,必须是对任意的$a,b,c\in L$都要满足分配律。因此,决不能因验证格中的某些元素满足分配等式就断定这个格是分配格。图 7.6(b)所示的格虽不是分配格,但也有

$d\wedge(b\vee c)=d\wedge a=d=e\vee d=(d\wedge b)\vee(d\wedge c)$

$b\wedge(c\vee d)=b\wedge c=e=e\vee e=(b\wedge c)\vee(b\wedge d)$

图 7.6 给出的两个具有 5 个元素的不是分配格的格是很重要的,因为我们可以证明如下的结论,一个格是分配格的充要条件是该格中没有任何子格与给出的两个 5 元素中的任何一个同构。证明略。

例 7.9　在如图 7.7 所示的格中,记$L=\{a,b,c,d,e,f\}$,$L_1=\{a,b,c,d,f\}$则$\langle L_1,\leqslant\rangle$是$\langle L,\leqslant\rangle$的子格,且子格$\langle L_1,\leqslant\rangle$与图 7.6 (1)所示的格同构,所以格$\langle L,\leqslant\rangle$不是分配格。

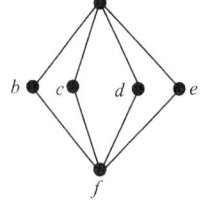

图 7.7　哈斯图

定理 7.7　每个链是分配格。

证明:$\langle L,\leqslant\rangle$是一个链,则$\langle L,\leqslant\rangle$是格。对于任意的$a,b,c\in L$,只要讨论以下两种可能的情形:

(1) $a\leqslant b$ 或 $a\leqslant c$;　　　(2) $b\leqslant a$ 且 $c\leqslant a$。

对于情形(1):当$a\leqslant b$或$a\leqslant c$时,有$a\wedge(b\vee c)=a$和$(a\wedge b)\vee(a\wedge c)=a$。

对于情形(2):为$b\leqslant a$且$c\leqslant a$,所以有$b\vee c\leqslant a$,因而$a\wedge(b\vee c)=a\vee c$,又由$b\leqslant a$且$c\leqslant a$可得$(a\wedge b)\vee(a\wedge c)=b\vee c$

故 $a \wedge (b \vee c) = (a \wedge b) \vee (a \wedge c)$ 总成立。

因此，$\langle L, \leqslant \rangle$ 是一个分配格。

定理 7.8 设 $\langle L, \leqslant \rangle$ 是一个分配格，那么对于任意的 $a, b, c \in L$ 如果有 $a \wedge b = a \wedge c$ 且 $a \vee b = a \vee c$ 成立，则必有 $b = c$。

证明：因为 $(a \wedge b) \vee c = (a \wedge c) \vee c = c$，

$(a \wedge b) \vee c = (a \vee c) \wedge (b \vee c) = (a \vee b) \wedge (b \vee c) = b \vee (a \wedge c) = b \vee (a \wedge b) = b$

所以 $b = c$。

在分配格的定义中，两个分配等式是等价的。

定理 7.9 设 $\langle L, \vee, \wedge \rangle$ 是格 $\langle L, \leqslant \rangle$ 所诱导的代数系统，则下面两条等价

(1) 当 $a, b, c \in L$ 时，$a \wedge (b \vee c) = (a \vee b) \wedge (a \vee c)$；

(2) 对任意的 $a, b, c \in L$ 有 $a \vee (b \wedge c) = (a \vee b) \wedge (a \vee c)$。

证明：(1)⇒(2)

假设命题(1)为真，则对任意的 $a, b, c \in L$ 有

$(a \vee b) \wedge (a \vee c) = ((a \vee b) \wedge a) \vee ((a \vee b) \wedge c) = a \vee ((a \vee b) \wedge c)$
$\qquad = a \vee ((a \wedge c) \vee (b \wedge c)) = a \vee ((a \wedge c)) \vee (b \wedge c) = a \vee (b \wedge c)$

所以，命题(2)为真。

(2)⇒(1)，同理可证。

7.2.2 模格

定义 7.5 设 $\langle L, \leqslant \rangle$ 是一个格，由它诱导的代数系统为 $\langle L, \vee, \wedge \rangle$，如果对于任意的 $a, b, c \in L$，当 $b \leqslant a$ 时，有 $a \wedge (b \vee c) = b \vee (a \wedge c)$。

则称 $\langle L, \leqslant \rangle$ 是模格(modular lattice)。

定理 7.10 分配格是模格。

证明：设 $\langle L, \leqslant \rangle$ 是一个分配格，对于 L 中的任意元素 a, b, c，如果 $b \leqslant a$，则 $a \wedge b = b$。因此，$a \wedge (b \vee c) = (a \vee b) \vee (a \wedge c) = b \wedge (a \wedge c)$。

所以，$\langle L, \leqslant \rangle$ 是模格。

定理 7.11 格 $\langle L, \leqslant \rangle$ 是模格的充分必要条件为：对 L 中任意元素 a, b，当 $b \leqslant a$，而且对于 L 中的某个 c 有 $a \wedge c = b \wedge c, a \vee c = b \vee c$ 时，则 $a = b$。

证明：设 $\langle L, \leqslant \rangle$ 为模格。

设 a, b, c 为 L 中的元素且 $b \leqslant a, a \vee c = b \vee c, a \wedge c = b \wedge c$，

那么 $a = a \wedge (a \vee c) = a \wedge (b \vee c) = b \vee (a \wedge c) = b \vee (b \wedge c) = b$。

反之，假设 $\langle L, \leqslant \rangle$ 是一个满足定理中所述条件的格，并设 $a, b, c \in L$ 且 $b \leqslant a$。

因为 $a \wedge b = b \quad (a \wedge b) \vee (a \wedge c) \leqslant a \wedge (b \vee c)$，所以 $b \vee (a \wedge c) \leqslant a \wedge (b \vee c)$，

又因为 $(a \wedge (b \vee c)) \wedge c = a \wedge ((b \vee c) \wedge c) = a \wedge c$，

由 $a \wedge c = (a \wedge c) \wedge c \leqslant (b \vee (a \wedge c)) \wedge c \leqslant a \wedge c$，

又得 $(b \vee (a \wedge c)) \wedge c = a \wedge c$，所以 $(a \wedge (b \vee c)) \wedge c = (b \vee (a \wedge c)) \wedge c$。

类似可证得 $(b \vee (a \wedge c)) \vee c = b \vee c, (a \wedge (b \vee c)) \wedge c = b \vee c$。

从而有 $(b \vee (a \wedge c)) \vee c = (a \wedge (b \vee c)) \vee c$，根据定理的假设条件可得 $a \wedge (b \vee c) = b \vee (a \wedge c)$。故 $\langle L, \leqslant \rangle$ 是模格。

7.3 有补格

在介绍有补格之前,先介绍有界格。

7.3.1 有界格

定义 7.6 设 $\langle L,\leqslant\rangle$ 是一个格,如果存在元素 $a\in L$ 对于任意的 $x\in L$ 都有 $x\leqslant a$,则称 a 为格 $\langle L,\leqslant\rangle$ 的全上界(totally upper bound)。记格的全上界为 1。

定理 7.12 一个格 $\langle L,\leqslant\rangle$,若有全上界,则是唯一的。

证明:若 a,b 都是格 $\langle L,\leqslant\rangle$ 的全上界,因为 a 是全上界,$b\in L$,所以 $b\leqslant a$。同样地,因为 b 是全上界,$a\in L$,所以 $a\leqslant b$。由反对称性得,$a=b$,故格 $\langle L,\leqslant\rangle$ 若有全上界,则是唯一的。

定义 7.7 设 $\langle L,\leqslant\rangle$ 是一个格,如果存在元素 $b\in L$,对于任意的 $x\in L$,都有 $b\leqslant x$,则称 b 为格 $\langle L,\leqslant\rangle$ 的全下界(totally lower bound)。记格的全下界为 0。

定理 7.13 一个格 $\langle L,\leqslant\rangle$,若有全下界,则是唯一的。

证明:与定理 7.12 类似可证。

定义 7.8 若格 $\langle L,\leqslant\rangle$ 有全上界和全下界,则称格 $\langle L,\leqslant\rangle$ 为有界格(bounded lattice)。

例 7.10 如图 7.8 所示的格是有界格,全上界是 a,全下界是 h。

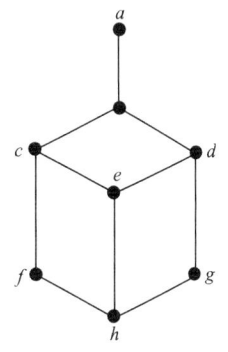

图 7.8 有界格

例 7.11 设 S 是一个非空集合,则格 $\langle \mathscr{P}(S),\subseteq\rangle$ 是一个有界格,全上界是 S,全下界是空集 $\varnothing$。

例 7.12 设 R 是实数集,$\leqslant$ 是小于或等于关系,则 $\langle R,\leqslant\rangle$ 是格,但不是有界格;若集合 $A=\{x\mid x\in R \text{ 且 } 0<x<1\}$,则 $\langle A,\leqslant\rangle$ 也是格,但不是有界格。

定理 7.14 设 $\langle L,\leqslant\rangle$ 是一个有界格,则对任意的 $a\in A$,必有 $a\vee 1=1, a\wedge 1=a, a\vee 0=a, a\wedge 0=0$。

证明:因为 $a\vee 1\in L$ 且 1 全上界,所以 $a\vee 1\leqslant 1$,又因为 $1\leqslant a\vee 1$,因此,$a\vee 1=1$。因为 $a\leqslant a, a\leqslant 1$,所以 $a\leqslant a\wedge 1$,又因为 $a\wedge 1\leqslant a$,因此,$a\wedge 1=a$。
$a\vee 0=a$ 和 $a\wedge 0=0$ 可以类似地进行证明。

设 $\langle L,\vee,\wedge\rangle$ 是有界格 $\langle L,\leqslant\rangle$ 诱导的代数系统,则对任意的 $a\in L$ 有 $a\vee 0=0\vee a=a$,且 $a\wedge 1=1\wedge a=a$,所以 0 和 1 分别是关于运算 $\vee$ 和 $\wedge$ 的幺元。另外,类似可得 0 和 1 分别是关于运算 $\wedge$ 和 $\vee$ 的零元。

7.3.2 有补格

定义 7.9 设 $\langle L,\leqslant\rangle$ 是有界格,a,b 是 L 中的两个元,若 $a\vee b=1, a\wedge b=0$,则称 a 是 b 的补元或 b 是 a 的补元,或称 a 和 b 互为补元。

一般来说,有界格中的元素不一定有补元,一个元素有补元也不必是唯一的。

例如，图 7.9 所示的格中，a 没有补元，b 有两个补元，它们是 d 和 c。

在图 7.10 所示的格中，每个元素有且仅有一个补元，其中 a 和 a'，b 和 b'，c 和 c'，0 和 1 是四对互补的元素。

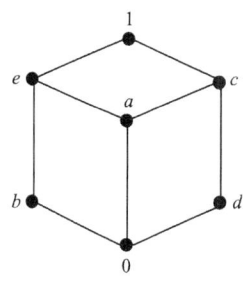

图 7.9 哈斯图

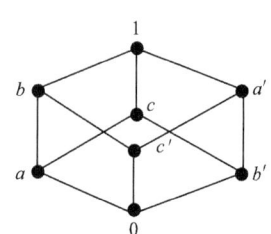

图 7.10 哈斯图

显然，在有界格中，0 是 1 的唯一补元，1 是 0 的唯一补元。

定义 7.10 在一个有界格中，如果每个元素都至少有一个补元素，则称此格为有补格 (complemented lattice)。

例 7.13 图 7.11 所示的格是有补格，其中 a 和 b，a 和 d，c 和 b，c 和 d 是四对互补的元素，图 7.12 所示的格也是有补格，其中 a,b,c,d 四个元素中任意两个都是互补元。

图 7.9 所示的格不是有补格。

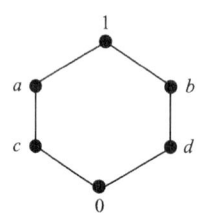

图 7.11 有补格

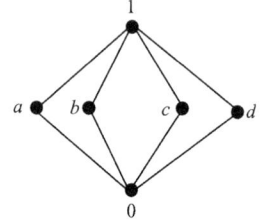

图 7.12 有补格

定理 7.15 设 $\langle L, \leqslant \rangle$ 是有界格且是分配格，$a \in L$，若 a 在 L 中有补元，则必是唯一的。

证明：若 b 和 c 都是 a 在 L 中的补元，则有 $a \vee b = 1, a \wedge b = 0, a \vee c = 1, a \wedge c = 0$。由定理 7.8 知 $b = c$ 所以 a 的补元唯一。

7.4 布尔代数

有补分配格中每一个元素有且仅有一个补元，于是，若 $\langle L, \leqslant \rangle$ 是有补分配格，$\langle L, \vee, \wedge \rangle$ 是它诱导的代数系统，则可在 L 中定义一种"补"的一元运算"—"，对 L 中的任意一个

元素 $a,\bar{a}$ 表示 a 的补元。这样由有补分配格 $\langle L,\leqslant\rangle$ 诱导的代数系统也记为 $\langle L,\vee,\wedge,^-\rangle$ 或 $\langle L,\vee,\wedge,^-,0,1\rangle$，其中 0,1 分别是最小元和最大元。

定义 7.11 有补分配格称为布尔格。

布尔格 $\langle L,\vee,\wedge\rangle$ 诱导的代数系统，记为 $\langle L,\vee,\wedge,^-\rangle$ 或 $\langle L,\vee,\wedge,^-,0,1\rangle$，其中 0,1 分别是最小元和最大元，称此代数系统为布尔代数。当 L 有限时，称为有限布尔代数。以下我们讨论有限布尔代数的性质。

定理 7.16 设 $\langle L,\vee,\wedge,^-,0,1\rangle$ 是有补分配格 $\langle L,\leqslant\rangle$ 诱导的代数系统，则对 $a,b\in L$ 有 $\overline{(\bar{a})}=a, \overline{a\vee b}=\bar{a}\wedge\bar{b}, \overline{a\wedge b}=\bar{a}\vee\bar{b}$。

证明：由补元的定义可知，a 和 $\bar{a}$ 是互补的，就是说 $\bar{a}$ 的补元是 a，所以 $\overline{(\bar{a})}=a$，由

$(a\vee b)\vee(\bar{a}\wedge\bar{b})=((a\vee b)\vee\bar{a})\wedge((a\vee b)\vee\bar{b})$
$\qquad = (b\vee(a\vee\bar{a}))\wedge(a\vee(b\vee\bar{b}))=(b\vee 1)\wedge(a\vee 1)=1\wedge 1=1$

和

$(a\vee b)\wedge(\bar{a}\wedge\bar{b})=(a\wedge(\bar{a}\wedge\bar{b}))\vee(b\wedge(\bar{a}\wedge\bar{b}))=((a\wedge\bar{a})\wedge\bar{b})\vee((b\wedge\bar{b})\wedge\bar{a})$
$\qquad =(0\wedge\bar{b})\vee(0\wedge\bar{a})=0\vee 0=0$

可知 $a\vee b$ 的补元为 $\bar{a}\wedge\bar{b}$，因为有补分配格中任一元素的补元是唯一的，所以 $\overline{a\vee b}=\bar{a}\wedge\bar{b}$。同理可证 $\overline{a\wedge b}=\bar{a}\vee\bar{b}$。

定义 7.12 设 $\langle A,\vee,\wedge,^-\rangle$ 和 $\langle B,\vee,\wedge,^-\rangle$ 是两个布尔代数，如果存在着 A 到 B 的双射 f，对于任意的 $a,b\in A$，都有

$$f(a\wedge b)=f(a)\vee f(b)$$
$$f(a\wedge b)=f(a)\wedge f(b)$$
$$f(\bar{a})=\overline{f(a)}$$

则称 f 是 $\langle A,\vee,\wedge,^-\rangle$ 到 $\langle B,\vee,\wedge,^-\rangle$ 的同构映射，并称 $\langle A,\vee,\wedge,^-\rangle$ 和 $\langle B,\vee,\wedge,^-\rangle$ 同构。

对于有限布尔代数，我们将证明以下的结论：对于每一个正整数 n，必存在含有 2^n 个元素的布尔代数；反之，任一有限布尔代数，它的元素个数必为 2 的某次幂。元素个数相同的布尔代数都是同构的。

为证明这些结论，先介绍一些有关的概念。

定义 7.13 设 $\langle B,\vee,\wedge,0,1\rangle$ 是布尔代数，若 $a\in B$，a 覆盖着 B 的最小元 0，则称 a 是 B 的原子(atom)。也就是说，原子是 B 的非零元。且对任何 $x\in B$，若 $0\leqslant x\leqslant a$，则 $x=0$ 或 $x=a$。

定理 7.17 设 $\langle B,\vee,\wedge,0,1\rangle$ 是有限布尔格 $\langle B,\leqslant\rangle$ 诱导的布尔代数，则对 B 中任何非零元素 b（即不等于全下界 0 的元素）至少存在一个原子 a 使得 $a\leqslant b$。

证明：如果 b 本身就是一个原子，那么，由 $b\leqslant b$ 就得证。

如果 b 不是原子，那么必存在 $b_1\in B$，使得 $0<b_1<b$，如果 b_1 是原子，那么，定理得证。否则，必存在 $b_2\in B$，使得 $0<b_2<b_1<b$，由于 $\langle B,\leqslant\rangle$ 是一个有下界的有限布尔格，所以通过有限的步骤总可以找到一个原子 $b_i\in B$，使得 $0<b_i<\cdots<b_2<b_1<b$，它是 $\langle B,\leqslant\rangle$ 中的一个链，其中 b_i 是原子，且 $b_i<b$。

例 7.14 图 7.4 所示的格是布尔格，它的全下界和全上界分别是 h 和 a，在它诱导的

布尔代数中，e,f,g 都是原子，对于元素 b 满足条件的原子有 e 和 f 两个。

引理 7.2 对于布尔代数 B 中的元素 a 和 b 有，$a \leq b$ 的充分必要条件是 $a \wedge \bar{b} = 0$。

证明：若 $a \leq b$，则 $a \wedge b = a$，$a \wedge \bar{b} = (a \wedge b) \wedge \bar{b} = a \wedge (b \wedge \bar{b}) = a \wedge 0 = 0$。反之，若 $a \wedge \bar{b} = 0$，则 $a = a \wedge 1 = a \wedge \overline{(a \wedge \bar{b})} = a \wedge (\bar{a} \vee b) = (a \wedge \bar{a}) \vee (a \wedge b) = a \wedge b$，

由此推出，$a \leq b$。

引理 7.3 设 B 是一有限布尔代数，b 是 B 中任一非零元，$a_1, a_2, \cdots, a_k$ 是 A 中满足 $a_j \leq b$ 的所有原子 $(j = 1, 2, \cdots, k)$，则 $b = a_1 \vee a_2 \vee \cdots \vee a_k$。

证明：因为 b 是 B 中的非零元，所以 B 中有原子 a 是 $a \leq b$，设 $a_1, a_2, \cdots, a_k$ 是 B 中满足 $a_j \leq b$ 的所有原子，记 $c = a_1 \vee a_2 \vee \cdots \vee a_k$，因为 $a_j \leq b (j = 1, 2, \cdots, k)$，所以 $c \leq b$。

进一步证明 $b \leq c$，由引理 7.1 知，只要证 $b \wedge \bar{c} = 0$ 即可。为此，我们用反证法。

设 $b \wedge \bar{c} \neq 0$，于是必有一个原子 e，使得 $e \leq b \wedge \bar{c}$，又 $b \wedge \bar{c} \leq b$ 和 $b \wedge \bar{c} \leq \bar{c}$，所以，由传递性可得 $e \leq b$ 和 $e \leq \bar{c}$。

因为 e 是原子，且满足 $e \leq b$，所以 e 必是原子 $a_1, a_2, \cdots, a_k$ 中的一个，因此 $e \leq a_1 \vee a_2 \vee \cdots \vee a_k = c$

而由 $e \leq \bar{c}$ 和 $e \leq c$，便可得 $e \leq c \wedge \bar{c}$，即 $e \leq 0$，从而 $e = 0$，这也于 e 是原子相矛盾，因此 $b \wedge \bar{c} = 0$，故 $c \leq b$。

引理 7.4 设 $\langle B, \vee, \wedge, ^- \rangle$ 是一个有限布尔代数，$b \in B$ 且 $b \neq 0$，$a_1, a_2, \cdots, a_k$ 是满足 $a_j \leq b (j = 1, 2, \cdots, k)$ 的 B 中的所有原子，则 $b = a_1 \vee a_2 \vee \cdots \vee a_k$ 是将 b 表示为原子的并的唯一形式。

证明：设有另一种表示式为 $b = a_{i1} \vee a_{i2} \vee \cdots \vee a_{it}$，其中 $a_{i1}, a_{i2}, \cdots, a_{it}$ 是 B 中的原子。

因为 b 是 $a_{i1}, a_{i2}, \cdots, a_{it}$ 的最小上界。所以必有 $a_{i1} \leq b, a_{i2} \leq b, \cdots, a_{it} \leq b$。而 $a_1, a_2, \cdots, a_k$ 是 B 中所有满足 $a_j \leq b (j = 1, 2, \cdots, k)$ 的原子，所以必有 $t \leq k$。

如果 $t < k$，那么在 $a_1, a_2, \cdots, a_k$ 中必有 a_{i0} 使 $a_{i0} \neq a_{il} (1 \leq l \leq t)$，于是，由
$a_{i0} = a_{i0} \wedge b = a_{i0} \wedge (a_{i1} \vee a_{i2} \vee \cdots \vee a_{it}) = (a_{i0} \wedge a_{i1}) \vee (a_{i0} \wedge a_{i2}) \vee \cdots \vee (a_{i0} \wedge a_{it})$
$= 0 \vee 0 \vee \cdots \vee 0 = 0$

这与 a_{i0} 是原子矛盾。

所以只有 $t = k$，从而 $a_{i1}, a_{i2}, \cdots, a_{it}$ 是 $a_1, a_2, \cdots, a_k$ 的一个重新排列。

引理 7.5 设 B 是一个布尔代数，对 B 中的任意一个原子 a 和另一个非零元素 b，$a \leq b$ 和 $a \leq \bar{b}$ 两式中有且仅有一式成立。

证明：因为 $a \wedge b \leq a$，而 a 是原子，所以 $a \wedge b = 0$ 或者 $a \wedge b = a$。如果 $a \wedge b = 0$，即 $a \wedge \overline{(\bar{b})} = 0$，于是由引理 7.2 知，$a \leq \bar{b}$；如果 $a \wedge b = a$，则由 $a \wedge b \leq b$ 得 $a \leq b$。所以，$a \leq b$ 和 $a \leq \bar{b}$ 至少有一个成立。

若 $a \leq b$ 且 $a \leq \bar{b}$，则 $a \leq b \wedge \bar{b} = 0$，$a = 0$ 与 a 是原子矛盾，所以 $a \leq b$ 与 $a \leq \bar{b}$ 至少有一个成立。故 $a \leq b$ 和 $a \leq \bar{b}$ 两式中有且仅有一式成立。

下述的布尔代数的表示定理，说明原子集 S 可用来描述布尔代数的结构。

定理 7.18 布尔代数 $\langle B, \vee, \wedge, ^-, 0, 1 \rangle$ 与集代数 $\langle P(S), \cup, \cap, ^-, \varnothing, S \rangle$ 同构。其中，S 是 B 的原子集，$P(S)$ 是 S 的幂集。

证明：对于 B 的任一非零元 x，由引理 7.3，引理 7.4 知，x 有唯一表示形式 $x=a_1 \vee a_2 \vee \cdots \vee a_k$，其中 $a_i(i=1,2,\cdots,k)$ 是所有满足条件 $a_i \leqslant x$ 的原子的全体。如果记 $A_x = \{a_1, a_2, \cdots, a_k\}$，作 B 到 $P(S)$ 的映射 g：当 $x \in B$ 时，令

$$g(x) = \begin{cases} \varnothing & x=0 \\ A_x & x \neq 0 \end{cases}$$

那么，这个映射 g 是 B 到 $P(S)$ 的一个双射，这是因为，当 $x \in B$ 时，$x \neq 0$ 时，$g(x) = A_x \neq \varnothing = g(0)$，对 $x, y \in B$，若 $g(y) = g(x) = A_x = \{a_1, a_2, \cdots, a_k\}$ 则 $y = a_1 \vee a_2 \vee \cdots \vee a_k = x$，所以，$g$ 是单射。

又对于任一个 $A_1 \in P(S)$，若 $A_1 \neq \varnothing$，则有 $0 \in B$ 使 $g(0) = A_1$，若 $A_1 \neq \varnothing$，记 $A_1 = \{b_1, b_2, \cdots, b_t\}$。取 $x = b_1 \vee b_2 \vee \cdots \vee b_t \in B$，有 $g(x) = A_1$，所以，g 是满射。故 g 是 B 到 $P(S)$ 的双射。

下证 g 是 B 到 $P(S)$ 的同构映射。

首先假设 $x, y \in B$，且 $x = 0$，这时 $g(x \vee y) = g(y) = \varnothing \cup g(y) = g(x) \cup g(y)$，$g(x \wedge y) = g(0) = \varnothing = \varnothing \cap g(y) = g(x) \cap g(y)$，$g(\bar{x}) = g(1) = S = \overline{\varnothing} = \overline{g(x)}$。然后，假设 $x, y \in B$ 且 x, y 均为非零元。令 $A_x = \{a_{11}, a_{12}, \cdots, a_{1m}\}$，$A_y = \{a_{21}, a_{22}, \cdots, a_{2n}\}$，这时，令 $x_1 = \bigvee\limits_{a \in S - A_x} a$，则有 $x \vee x_1 = 1, x \wedge x_1 = 0$，

所以 $\bar{x} = x_1 = \bigvee\limits_{a \in S - A_x} a$

$$x \vee y = (\bigvee\limits_{i=1}^{m} a_{1i}) \vee (\bigvee\limits_{j=1}^{n} a_{2j}) = \bigvee\limits_{a \in A_x \cup A_y} a$$

$$x \vee y = (\bigvee\limits_{i=1}^{m} a_{1i}) \wedge (\bigvee\limits_{j=1}^{n} a_{2j}) = \bigvee\limits_{i=1}^{m}\bigvee\limits_{j=1}^{n}(a_{1i} \wedge a_{2j}) = \bigvee\limits_{a \in A_x \cap A_y} a$$

其中若 $A_x \cap A_y = \varnothing$，则 $x \wedge y = 0$。

由于布尔代数中非零元的原子表示式是唯一的，上面三个等式说明

$$A_{\bar{x}} = \overline{A_x}$$
$$A_{x \vee y} = A_x \cup A_y$$
$$A_{x \wedge y} = A_x \cap A_y$$

亦即，当 x 和 y 均为非零元时，也有

$$g(\bar{x}) = \overline{g(x)}$$
$$g(x \vee y) = g(x) \cup g(y)$$
$$g(x \wedge y) = g(x) \cap g(y)$$

所以 g 是 $\langle B, \vee, \wedge, ^-, 0, 1 \rangle$ 到 $\cup, \cap, ^-, \varnothing, S$ 的同构映射。故这两个布尔代数同构。

由定理 7.18 可以有以下推论。

推论 7.3 有限布尔代数的元素个数必定等于 2^n；其中 n 是该布尔代数中所有原子的个数。

推论 7.4 任何两个具有 2^n 个元素的布尔代数都是同构的。

7.5　布尔表达式

设 $\langle B_2, \vee, \wedge, ^- \rangle$ 是一个布尔代数，现考虑从 B^n 到 B 的函数。

例 7.15 设 $B_1=\{0,1\}$ 那么表 7.1 表示了一个从 B_1^2 到 B_1 的函数 f；设 $B_2=\{0,1,a,b\}$，那么表 7.1 表示了一个从 B_2^2 到 B_2 的函数 g。

表 7.1 布尔函数

x_1	x_2	$f(x_1,x_2)$
0	0	1
0	1	0
0	a	0
0	b	b
1	0	1
1	1	1
1	a	0
1	b	b
a	0	a
a	1	0
a	a	1
a	b	1
b	0	b
b	1	0
b	a	a
b	b	a

以上这种表示函数的方法通常称为列表法。

下面我们将讨论从 B^n 到 B 的用式子表示的函数。

7.5.1 布尔表达式

定义 7.14(布尔表达式的递归定义) 设 $\langle B,\vee,\wedge,^-\rangle$ 是一个布尔代数，B 上的布尔表达式定义如下。

(1) B 中每个元素是一个布尔表达式。

(2) 任何一个变元是一个布尔表达式。

(3) 如果 α_1 和 α_2 是布尔表达式，那么，$\overline{\alpha_1}$，$(\alpha_1\vee\alpha_2)$ 和 $(\alpha_1\vee\alpha_2)$ 也都是布尔表达式。

(4) 只有通过有限次运用以上三种规则所构造的符号串是布尔表达式(boolean experssion)。

例 7.16 设 $\langle\{0,1,a,b\},\vee,\wedge,^-\rangle$ 是一个布尔代数，那么，$a\vee(1\wedge x_1)$，$(0\vee x_1)\wedge \overline{x_2}$，$(x_1\vee\overline{x_2})\wedge(\overline{x_1\wedge x_3})$ 都是布尔代数表达式，并且分别称为含单个变元 x_1 的布尔表达式，含两个变元 x_1,x_2 的布尔表达式和含有 3 个变元 x_1,x_2,x_3 的布尔表达式。

一般地，一个含有 n 个相异变元的布尔表达式，称为 n 元布尔表达式。记为 $E(x_1,x_2,\cdots,x_n)$，其中 $x_1,x_2,\cdots,x_n$ 称为变元。

定义 7.15 布尔代数 $\langle B,\vee,\wedge,^-\rangle$ 上的一个 n 元布尔表达式 $E(x_1,x_2,\cdots,x_n)$ 的值是指：将 B 中的元素作为变元 $x_i(i=1,2,\cdots,n)$ 的值来代替表达式中相应的变元(即对应变元的赋值)，从而计算出表达式的值。

定义 7.16 设布尔代数 $\langle B,\vee,\wedge,^-\rangle$ 上两个 n 元布尔表达式为 $E_1(x_1,x_2,\cdots,x_n)$ 和 $E_n(x_1,x_2,\cdots,x_n)$，如果对于 n 个变元的任何赋值 $x_i=a_i,a_i\in B$，都有 $E_1(a_1,a_2,\cdots,a_n)=E_2(a_1,a_2,\cdots,a_n)$。

则称这两个布尔表达式是等价的。记作 $E_1(x_1,x_2,\cdots,x_n)=E_n(x_1,x_2,\cdots,x_n)$。

例 7.17 设布尔代数 $\langle\{0,1\},\vee,\wedge,^-\rangle$ 上的 3 个布尔表达式分别是：

$$E_1(x_1,x_2,x_3)=(x_1\wedge x_2)\vee(\overline{x_1}\wedge\overline{x_2})\vee(\overline{x_2\vee x_3})$$

$$E_2(x_1,x_2,x_3)=(x_1\vee x_2)\wedge(x_1\vee\overline{x_3})$$

$$E_3(x_1,x_2,x_3)=x_1\vee(x_2\wedge\overline{x_3})$$

求证：(1) $E_1(x_1,x_2,x_3)$ 与 $E_2(x_1,x_2,x_3)$ 不等价。

(2) $E_2(x_1,x_2,x_3)$ 与 $E_3(x_1,x_2,x_3)$ 等价。

证明：(1) 因为对变元的一组赋值 $x_1=1,x_2=0,x_3=1$ 时，可求得

$$E_1(1,0,1)=(1\wedge 0)\vee(0\wedge 1)\vee(\overline{0\vee 1})=0$$

$$E_2(1,0,1)=(1\vee 0)\wedge(1\vee\overline{1})=1\wedge 1=1$$

所以 $E_1(1,0,1)\neq E_2(1,0,1)$，从而 $E_1(x_1,x_2,x_3)$ 与 $E_2(x_1,x_2,x_3)$ 不等价。

(2) 对 $\{0,1\}$ 中的任意元 a,b,c，对变元赋值 $x_1=a,x_2=b,x_3=c$，由布尔代数的性质知，$E_2(a,b,c)=(a\vee b)\wedge(a\vee\overline{c})=a\vee(b\wedge\overline{c})=E_3(a,b,c)$

所以，$E_2(x_1,x_2,x_3)$ 与 $E_3(x_1,x_2,x_3)$ 等价。

实际上，如果将布尔表达式中的变元看作是已经赋值的，那么，可用布尔代数中的运算性质判定布尔代数表达式的等价性，如上例 E_2 和 E_3 的等价性可以直接写为

$$E_2(x_1,x_2,x_3)=(x_1\vee x_2)\wedge(x_1\vee\overline{x_3})=x_1\vee(x_2\wedge\overline{x_3})=E_3(x_1,x_2,x_3)。$$

若 $E(x_1,x_2,\cdots,x_n)$ 是布尔代数 $\langle B,\vee,\wedge,^-\rangle$ 上的一个布尔表达式，则由运算 $\vee,\wedge,^-$ 在 B 上的封闭性可得，对于任何一个有序 n 元组 $\langle x_1,x_2,\cdots,x_n\rangle,x_i\in B$ $i=1,2,\cdots,n$，都对应着一个表达式 $E(x_1,x_2,\cdots,x_n)$ 的值，这个值必属于 B。可见 B 上的一个布尔表达式 $E(x_1,x_2,\cdots,x_n)$ 确定一个由 B^n 到 B 的函数。

容易验证，在布尔代数 $\langle\{0,1\},\vee,\wedge,^-\rangle$ 上的布尔表达式：

$$E(x_1,x_2,x_3)=(x_1\vee\overline{x_2}\vee x_3)\wedge(\overline{x_1}\vee x_2)\wedge(\overline{x_1}\vee\overline{x_3})$$ 是从 $\{0,1\}^3$ 到 $\{0,1\}$ 的函数。

值得注意的是，虽然一个 B 上的布尔表达式确定一个 B^n 到 B 的函数，但一个 B^n 到 B 的函数却不一定是 B 上的布尔表达式。

7.5.2 布尔函数

设 $\langle B,\vee,\wedge,^-\rangle$ 是一个布尔代数，我们称 B 上的 n 元布尔表达式所确定的 B^n 到 B 的函数为布尔函数。

定理 7.19 对于两个元素的布尔代数 $\langle\{0,1\},\vee,\wedge,^-\rangle$ 任何一个从 $\{0,1\}^n$ 到 $\{0,1\}$ 的函数都是布尔函数。

证明：含有 n 个变元 $x_1,x_2,\cdots,x_n$ 的布尔表达式，如果它有形式 $\tilde{x}_1\wedge\tilde{x}_2\wedge\cdots\wedge\tilde{x}_n$，其中 $\tilde{x}_i$ 是 x_i 或 $\overline{x_i}$ 中的一个，则称这个布尔表达式为小项。一个在 $\langle\{0,1\},\vee,\wedge,^-\rangle$ 上的布尔表达式，如果它是小项的并，则称这个布尔表达式为析取范式。对于一个从 $\{0,1\}^n$ 到 $\{0,1\}$ 的函数，先用那些使函数值为 1 的有序 n 元组分别构造小项 $\tilde{x}_1\wedge\tilde{x}_2\wedge\cdots\wedge\tilde{x}_n$，其中

$$\tilde{x}_i=\begin{cases}x_i,\text{若 }n\text{ 元组中第 }i\text{ 个分量为 }1;\\\overline{x_i},\text{若 }n\text{ 元组中第 }i\text{ 个分量为 }0。\end{cases}$$

然后，再由这些小项组成析取范式，它就是原来函数所对应的布尔表达式，当然所有

函数值都为 0 函数对应的布尔表达式是 0。

类似地,也可以构造称为合取范式的布尔表达式来表示从 $\{0,1\}^n$ 到 $\{0,1\}$ 的函数。事实上,含有 n 个变元 $x_1, x_2, \cdots, x_n$ 的布尔表达式,如果它有形式 $\tilde{x}_1 \vee \tilde{x}_2 \vee \cdots \vee \tilde{x}_n$,其中 $\tilde{x}_i$ 是 x_i 或 $\overline{x_i}$ 中的一个,则称这样的布尔表达式为大项。一个在 $\langle\{0,1\}, \vee, \wedge, ^-\rangle$ 上的布尔表达式,如果它是大项的交,则称这个布尔表达式是合取范式。那么,对于一个从 $\{0,1\}^n$ 到 $\{0,1\}$ 的函数,我们可以用那些使函数值为 0 的有序 n 元组分别构造大项 $\tilde{x}_1 \vee \tilde{x}_2 \vee \cdots \vee \tilde{x}_n$,其中

$$\tilde{x}_i = \begin{cases} x_i, & \text{若 } n \text{ 元组中第 } i \text{ 个分量为 } 0; \\ \overline{x_i}, & \text{若 } n \text{ 元组中第 } i \text{ 个分量为 } 1。 \end{cases}$$

那么,由这些大项组成合取范式,就是原来函数的布尔表达式。当然所有函数值都为 1 的函数对应的布尔表达式是 1。

例 7.18 求由表 7.2 所给的从 $\{0,1\}^n$ 到 $\{0,1\}$ 的函数 $g(x_1, x_2, x_3)$ 的析取范式和合取范式。

表 7.2 布尔表达式

x_1	x_2	x_3	$g(x_1,x_2,x_3)$
0	0	0	1
0	0	1	1
0	1	0	0
0	1	1	1
1	0	0	0
1	0	1	0
1	1	0	1
1	1	1	0

解 因为使函数 $g(x_1, x_2, x_3)$ 的函数值为 1 的有序三元组分别是 $\langle 0,0,0 \rangle$,$\langle 0,0,1 \rangle$,$\langle 0,1,1 \rangle$ 和 $\langle 1,1,0 \rangle$,于是可分别构造小项为 $\overline{x_1} \wedge \overline{x_2} \wedge \overline{x_3}$,$\overline{x_1} \wedge \overline{x_2} \wedge x_3$,$\overline{x_1} \wedge x_2 \wedge x_3$ 和 $x_1 \wedge x_2 \wedge \overline{x_3}$。因此,函数 g 所对应的析取范式为:

$(\overline{x_1} \wedge \overline{x_2} \wedge \overline{x_3}) \vee (\overline{x_1} \wedge \overline{x_2} \wedge x_3) \vee (\overline{x_1} \wedge x_2 \wedge x_3) \vee (x_1 \wedge x_2 \wedge \overline{x_3})$

这是一个含有 4 个小项的析取范式的布尔表达式。

类似地,如果用合取范式表示上述函数 g,就应该是

$(x_1 \vee \overline{x_2} \vee x_3) \wedge (\overline{x_1} \vee x_2 \vee x_3) \wedge (\overline{x_1} \vee x_2 \vee \overline{x_3}) \wedge (\overline{x_1} \vee \overline{x_2} \vee \overline{x_3})$

这是一个含有 4 个大项的合取范式。

正因为任何一个从 $\{0,1\}^n$ 到 $\{0,1\}$ 的函数,它的函数值只可能是 1 或 0,因此,总可以用上述方法得到该函数所对应的析取范式、合取范式。

下面,我们将布尔代数 $\langle\{0,1\}, \vee, \wedge, ^-\rangle$ 上的布尔表达式的析取范式和合取范式的概念推广到一般的布尔代数上。设 $E(x_1, x_2, \cdots, x_n)$ 是布尔代数 $\langle B, \vee, \wedge, ^-\rangle$ 上的一个布尔表达式,如果这个布尔表达式能够表示成形如

$C_{\delta_1 \delta_2 \cdots \delta_n} \wedge \tilde{x}_1 \vee \tilde{x}_2 \vee \cdots \vee \tilde{x}_n$ 的并

其中 $C_{\delta_1 \delta_2 \cdots \delta_n}$ 是 A 中的一个元素,$\tilde{x}_i$ 是 x_i 或 $\overline{x_i}$ 中的一个,则称这种布尔表达式为析取范式。

第7章　格和布尔代数

定理 7.20　设 $E(x_1, x_2, \cdots, x_n)$ 是布尔代数 $\langle B, \vee, \wedge, ^- \rangle$ 上的任意一个布尔表达式，则它一定能写成析取范式，即它与一个析取范式等价。

证明：记 $E(x_i = a) = E(x_1, x_2, \cdots, x_{i-1}, a, x_{i+1}, \cdots, x_n)$，$a \in A$。表达式 $E(x_1, x_2, \cdots, x_n)$ 的长度定义为该表达式中出现的 A 中元素的个数，变元的个数，以及 $\vee$，$\wedge$，$^-$ 的个数的总和（如果重复出现就要重复记数）。记 $E(x_1, x_2, \cdots, x_n)$ 的长为 $|E|$，则 $|E| \geqslant 1$。

首先，我们对 $|E|$ 归纳证明：对任何 $x_i (1 \leqslant i \leqslant n)$，必有
$$E(x_1, x_2, \cdots, x_n) = (\overline{x_i} \wedge E(x_i = 0)) \vee (x_i \wedge E(x_i = 1))$$

若 $|E| = 1$，则 $E = a (a \in B)$ 或 $E = x_j$，如果 $E = a$，则有
$$E(x_i = 0) = E(x_i = 1) = a$$

所以
$$E = a = (\overline{x_i} \vee x_i) \wedge a = (\overline{x_i} \wedge a) \vee (x_i \wedge a) = (\overline{x_i} \wedge E(x_i = 0)) \vee (x_i \wedge E(x_i = 1))$$

如果 $E = x_j$，若 $j = i$；则 $E(x_i = 0) = 0, E(x_i = 1) = 1$。

所以
$$E = x_j = (\overline{x_i} \wedge 0) \vee (x_i \wedge 1) = (\overline{x_i} \wedge E(x_i = 0)) \vee (x_i \wedge E(x_i = 1))$$

若 $j \neq i$，则有 $E(x_i = 0) = E(x_i = 1) = x_j$，所以，
$$E = x_j = (\overline{x_i} \vee x_i) \wedge x_j = (\overline{x_i} \wedge x_j) \vee (x_i \wedge x_j) = (\overline{x_i} \wedge E(x_i = 0)) \vee (x_i \wedge E(x_i = 1))$$

因此，当 $|E| = 1$ 时，$E = (\overline{x_i} \wedge E(x_i = 0)) \vee (x_i \wedge E(x_i = 1))$ 成立。

假设对 $|E| \leqslant n$ 时，结论成立。当 $|E| = n + 1$ 时，有以下 3 种情况：

(1) 如果 $E = \overline{E_1}$，则必有 $|E_1| = n$，由归纳假设，即有

$$\begin{aligned}
E = \overline{E_1} &= \overline{(\overline{x_i} \wedge E_1(x_i = 0)) \vee (x_i \wedge E_1(x_i = 1))} \\
&= \overline{(\overline{x_i} \wedge E_1(x_i = 0))} \wedge \overline{(x_i \wedge E_1(x_i = 1))} \\
&= (x_i \vee \overline{E_1}(x_i = 0)) \wedge (\overline{x_i} \vee \overline{E_1}(x_i = 1)) \\
&= [(x_i \vee \overline{E_1}(x_i = 0)) \wedge \overline{x_i}] \vee [(x_i \vee \overline{E_1}(x_i = 0)) \wedge \overline{E_1}(x_i = 1)] \\
&= [(x_i \wedge \overline{x_i}) \vee (\overline{E_1}(x_i = 0) \wedge \overline{x_i})] \vee [(x_i \wedge \overline{E_1}(x_i = 1)) \vee (\overline{E_1}(x_i = 0) \wedge \overline{E_1}(x_i = 1))] \\
&= (\overline{x_i} \wedge E(x_i = 0)) \vee (x_i \wedge E(x_i = 1)) \vee [(\overline{x_i} \vee x_i) \wedge (E(x_i = 0) \wedge E(x_i = 1))] \\
&= (\overline{x_i} \wedge E(x_i = 0)) \vee (x_i \wedge E(x_i =)) \vee (\overline{x_i} \wedge E(x_i = 0) \wedge E(x_i = 1)) \\
&\quad \vee (x_i \wedge E(x_i = 0) \wedge E(x_i = 1)) \\
&= [(\overline{x_i} \wedge E(x_i = 0)) \wedge (1 \vee E(x_i = 1))] \vee [(x_i \wedge E(x_i = 1)) \wedge (1 \vee E(x_i = 0))] \\
&= (\overline{x_i} \wedge E(x_i = 0)) \vee (x_i \wedge E(x_i = 1))
\end{aligned}$$

(2) 如果 $E_1 \wedge E_2$，则必有 $|E_1| \leqslant n, |E_2| \leqslant n$，由归纳假设，即有

$$\begin{aligned}
E = E_1 \wedge E_2 &= [(\overline{x_i} \wedge E_1(x_i = 0)) \vee (x_i \wedge E_1(x_i = 1))] \wedge [(\overline{x_i} \wedge E_2(x_i = 0)) \\
&\quad \vee (x_i \wedge E_2(x_i = 1))] \\
&= [(\overline{x_i} \vee E_1(x_i = 0)) \wedge (\overline{x_i} \vee E_2(x_i = 0))] \vee [(x_i \wedge E_1(x_i =)) \wedge (\overline{x_i} \wedge E_2(x_i = 0))] \\
&\quad \vee [(\overline{x_i} \wedge E_1(x_i = 0)) \wedge (x_i \wedge E_2(x_i = 1))] \vee [(x_i \wedge E_1(x_1 = 1)) \wedge (x_i \wedge E_2(x_i = 1))] \\
&= [(\overline{x_i} \wedge E_1(x_i = 0) \wedge E_2(x_i = 0))] \vee [(x_i \wedge E_1(x_i = 1) \wedge E_2(x_i = 1))] \\
&= (\overline{x_i} \wedge E(x_i = 0)) \vee (x_i \wedge E(x_i = 1))
\end{aligned}$$

(3) 如果 $E = E_1 \vee E_2$，则必有 $|E_1| \leqslant n, |E_2| \leqslant n$，因此，由归纳假设，即有

$$E = E_1 \vee E_2 = [(\overline{x_i} \wedge E_1(x_i=)) \vee (x_i \wedge E_1(x_i=1))] \vee [(\overline{x_i} \wedge E_2(x_i=0))$$
$$\vee (x_i \wedge E_2(x_i=1))]$$
$$= [(\overline{x_i} \wedge (E_1(x_i=0) \vee E_2(x_i=0)))] \vee [(x_i \wedge (E_1(x_i=1) \vee E_2(x_i=1))]$$
$$= (\overline{x_i} \wedge E(x_i=0)) \vee (x_i \wedge E(x_i=1))$$

由上面证明的结果知
$$E(x_1, x_2, \cdots, x_n) = (\overline{x_i} \wedge E(x_i=0)) \vee (x_i \wedge E(x_i=1))$$

由此可得
$$E(x_1, x_2, \cdots, x_n) = (\overline{x_1} \wedge E(0, x_2, \cdots, x_n)) \vee (x_1 \wedge E(1, x_2, \cdots, x_n))$$
$$= \{\overline{x_1} \wedge [(\overline{x_2} \wedge E(0,0,x_3,\cdots,x_n)) \vee (x_2 \wedge E(0,1,x_3,\cdots,x_n))]\}$$
$$\vee \{x_1 \wedge [(\overline{x_2} \wedge E(1,0,x_3,\cdots,x_n)) \vee (x_2 \wedge E(1,1,x_3,\cdots,x_n))]\}$$
$$= [\overline{x_1} \wedge \overline{x_2} \wedge E(0,0,x_3,\cdots,x_n)] \vee [\overline{x_1} \wedge x_2 \wedge E(0,1,x_3,\cdots,x_n)]$$
$$\vee [x_1 \wedge \overline{x_2} \wedge E(1,0,x_3,\cdots,x_n)] \vee [x_1 \wedge x_2 \wedge E(1,1,x_3,\cdots,x_n)]$$
$$= \cdots$$
$$= [\overline{x_1} \wedge \overline{x_2} \wedge \cdots \wedge \overline{x_n} \wedge E(0,0,\cdots,0)] \vee [\overline{x_1} \wedge \overline{x_2} \wedge \cdots \wedge \overline{x_{n-1}} \wedge x_n$$
$$\wedge E(0,0,\cdots,1)] \vee \cdots \vee [x_1 \wedge x_2 \wedge \cdots \wedge x_{n-1} \wedge \overline{x_n} \wedge E(1,1,\cdots,1,0)]$$
$$\vee [x_1 \wedge x_2 \wedge \cdots \wedge x_n \wedge E(1,1,\cdots,1)]$$

其中,每一个方括号里的布尔表达式可以写成统一的形式
$$C_{\delta_1 \delta_2 \cdots \delta_n} \wedge \tilde{x}_1 \vee \tilde{x}_2 \vee \cdots \vee \tilde{x}_n$$

这里 $C_{\delta_1 \delta_2 \cdots \delta_n} \in B$, $\tilde{x}_i$ 是 x_i 或 $\overline{x_i}$ 中的一个。

类似地,我们可以通过证明
$$E(x_1, x_2, \cdots, x_n) = (x_i \vee E(x_i=0)) \wedge (\overline{x_i} \vee E(x_i=1))$$

来证明任何布尔表达式能够写成形如
$$D_{\delta_1 \delta_2 \cdots \delta_n} \vee \tilde{x}_1 \vee \tilde{x}_2 \vee \cdots \vee \tilde{x}_n$$

的交,其中 $D_{\delta_1 \delta_2 \cdots \delta_n} \in B$, $\tilde{x}_i$ 是 x_i 或 $\overline{x_i}$ 中的一个,即表示成合取范式。

布尔代数在理论上和实际中都有重要的应用。

命题逻辑可以用布尔代数 $\langle \{f,t\}, \vee, \wedge, \neg \rangle$ 来描述,一个原子命题就是一个变元,它的取值为 f 或 t,因此,任一复合命题都可以用代数系统 $\langle \{f,t\}, \vee, \wedge, \neg \rangle$ 上的一个布尔函数来表示。

另外,开关代数可以用布尔代数 $\langle \{断开,闭合\}, 并联, 串联, 反向 \rangle$ 来描述,一个开关就是一个变元,它的取值为"断开"或"闭合",因此任一开关线路都可以用代数系统 $\langle \{断开,闭合\}, 并联, 串联, 反向 \rangle$ 上的一个布尔函数来表示。

最后,我们举例说明,若 B 是布尔代数,B^n 到 B 的函数不一定是布尔函数,其中 B 的元素个数大于 2。

例 7.19 表 7.1 中所确定的函数 f,f 是 B^2 到 B 的函数,其中 $B = \{0, 1, a, b\}$,证明 f 不是布尔函数。

证明:用反证法,如果 f 是布尔函数,则由定理 7.20 知,f 的布尔表达式必可表示成析取范式。
$$f(x_1, x_2) = (c_{11} \wedge x_1 \wedge x_2) \vee (c_{12} \wedge x_1 \wedge \overline{x_2}) \vee (c_{21} \wedge \overline{x_1} \wedge x_2) \vee (c_{22} \wedge \overline{x_1} \wedge \overline{x_2})$$

由上式及表 7.2,可得 $c_{11} = f(1,1) = 1$

$$c_{12}=f(1,0)=1$$
$$c_{21}=f(0,1)=0$$
$$c_{22}=f(0,0)=1$$

所以，$g(x_1,x_2)=(x_1 \wedge x_2) \vee (x_1 \wedge \overline{x_2}) \vee (\overline{x_1} \wedge \overline{x_2})$

对于布尔代数 $\langle \{0,1,a,b\}, \vee, \wedge, ^- \rangle$ 相应的格 $\langle \{0,1,a,b\}, \leqslant \rangle$ 的哈斯图如图 7.13 所示。

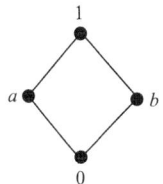

图 7.13 哈斯图

由图 7.13 知
$$f(b,b)=(b \wedge b) \vee (b \wedge a) \vee (a \wedge a)$$
$$=b \vee 0 \vee 2 = 1$$

这就与表 7.1 中 $f(b,b)=a$ 相矛盾，所以表 7.1 给出的函数 f 不是布尔函数。

习　题

1. 判断下图所示的偏序集中，哪些是格？为什么？

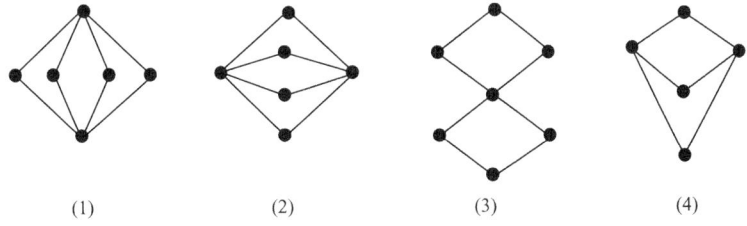

$\quad\quad$ (1) $\quad\quad\quad\quad$ (2) $\quad\quad\quad\quad$ (3) $\quad\quad\quad\quad$ (4)

2. 下列集合 L 构成的偏序集 $\langle L, \leqslant \rangle$，其中 $\leqslant$ 定义为：对于 $m,n \in L$，$m \leqslant n$ 当且仅当 m 是 n 的因子。问哪几个偏序集是格。

(1) $L=\{1,2,3,6,9,18\}$；

(2) $L=\{1,2,3,4,5,6,8,12,15\}$；

(3) $L=\{1,2,3,4,5,6,7,8,9,10\}$。

3. 在一个格中，若 $a \leqslant b \leqslant c$，证明：$(a \wedge b) \vee (b \wedge c) = (a \vee b) \wedge (a \vee c)$

4. 在一个格中证明：

(1) $(a \wedge b) \vee (c \wedge d) \leqslant (a \vee c) \wedge (b \vee d)$；

(2) $(a \wedge b) \vee (b \wedge c) \vee (c \wedge a) \leqslant (a \vee b) \wedge (b \vee c) \wedge (c \vee a)$。

5. 设 $\langle A, \leqslant \rangle$ 是一个格，任取 $a,b \in A$，且 $a \leqslant b$，构造集合 $B=\{x \mid x \in A \text{ 且 } a \leqslant x \leqslant b\}$，证明：$\langle B, \leqslant \rangle$ 也是一个格。

6. 证明：在任何格中

(1) $a \vee b = a \Leftrightarrow a \wedge b = b$

(2) $a \wedge b \neq a$ 且 $a \wedge b \neq b \Leftrightarrow a$ 与 b 不可比较

(3) $a \wedge b = a \vee b \Leftrightarrow a = b$

(4) $a \wedge b \wedge c = c \vee b \vee c \Leftrightarrow a = b = c$

7. 设 $\langle A, \leqslant \rangle$ 是一个格,在 A 上定义二元关系 $\leqslant_R: a, b \in A, a \leqslant_R b \Leftrightarrow b \leqslant a$,证明 $\langle A, \leqslant \rangle$ 也是格。

8. 设 Z 是整数集,证明格 $\langle Z, \max, \min \rangle$ 是分配格。

9. 证明:格 $\langle L, \vee, \wedge \rangle$ 是分配格当且仅当对 L 中任意元素
$a, b_1, b_2, \cdots, b_n (n \geqslant 2)$ 都有
$a \wedge (b_1 \vee b_2 \vee \cdots \vee b_n) = (a \wedge b_1) \vee (a \wedge b_2) \vee \cdots \vee (a \wedge b_n)$
$a \vee (b_1 \wedge b_2 \wedge \cdots \wedge b_n) = (a \vee b_1) \wedge (a \vee b_2) \wedge \cdots \wedge (a \vee b_n)$

10. 设 $\langle L, \leqslant \rangle$ 是一个分配格,$a, b \in L, a \leqslant b$ 且 $a \neq b$,证明 $f(x) = (x \vee a) \wedge b$ 是一个从 L 到 B 的同态映射。其中 $B = \{x \mid x \in L, 且 a \leqslant x \leqslant b\}$。

11. 证明:一个格 $\langle A, \leqslant \rangle$ 是分配格,当且仅当对任意的 $a, b, c \in A$ 有 $(a \vee b) \wedge c \leqslant a \vee (b \wedge c)$。

12. 证明:一个格 $\langle A, \leqslant \rangle$ 是模格,当且仅当对任意的 $a, b, c \in A$ 有 $a \vee (b \wedge (a \vee c)) = (a \vee b) \wedge (a \vee c)$。

13. 设 $\langle L, \leqslant \rangle$ 是一个有界格,$x, y \in L$,证明:

(1) 若 $x \vee y = 0$,则 $x = y = 0$;

(2) 若 $x \wedge y = 1$,则 $x = y = 1$。

14. 设 $\langle L, \leqslant \rangle$ 是有界分配格,$B = \{x \mid x \in L, x 在 L 中有补元\}$,证明:$\langle B, \leqslant \rangle$ 是 $\langle L, \leqslant \rangle$ 的子格。

15. 证明:具有 3 个或更多个元素的链不是有补格。

16. 若 $\langle L, \leqslant \rangle$ 是至少有两个元的有界格,证明:对任意元素 $x \in L$,有 $x \neq \overline{x}$。

17. 证明:有界格中 0 是 1 的唯一补元,1 是 0 的唯一的补元。

18. 证明:在布尔代数中
$a \vee (\overline{a} \wedge b) = a \vee b$
$a \wedge (\overline{a} \vee b) = a \wedge b$

19. 设 $\langle B, \vee, \wedge, ^- \rangle$ 是布尔代数,$x, a, b \in B$,证明:

(1) $a \leqslant b \Leftrightarrow \overline{a} \vee b = 1 \Leftrightarrow a \wedge \overline{b} = 0 \Leftrightarrow \overline{b} \leqslant \overline{a}$;

(2) $x \leqslant a$ 且 $x \leqslant \overline{a}$,则 $x = 0$;

(3) $a \leqslant x$ 且 $\overline{a} \leqslant x$,则 $x = 1$。

20. 设 $a, b_1, b_2, \cdots, b_n$ 都是布尔代数 $\langle B, \vee, \wedge, ^- \rangle$ 的原子,证明 $a \leqslant b_1 \vee b_2 \vee \cdots \vee b_n$ 当且仅当存在着 $i (1 \leqslant i \leqslant n)$ 使得 $a = b_i$。

21. 设 $a_1, a_2, \cdots, a_r$ 是有限布尔代数 $\langle B, \vee, \wedge, ^- \rangle$ 中的所有原子,$y \in B$。证明 $y = 0$ 当且仅当对每一个 $i (1 \leqslant i \leqslant r)$ 都有 $y \wedge b_i = 0$。

22. 下面都是布尔代数 $\langle \{0,1\}, \vee, \wedge, ^- \rangle$ 上的三元布尔表达式,分别写出它们的析取范式和合取范式。

(1) $x_1 \vee x_2$;

(2) $x_1 \vee (x_2 \vee \overline{x_3})$;

(3) $\overline{(x_1 \vee x_2)} \vee (x_1 \wedge \overline{x_3})$。

第 8 章 图

图论是一门新兴学科,凡有二元关系的系统,图论均可为其提供一种数学模型,它发展迅速、应用广泛。图论已广泛地应用于物理、化学、运筹学、计算机科学、电子学、信息论、控制论、管理科学和社会科学等几乎所有学科领域。同时这些学科的发展又大大促进了图论的发展。例如,在计算机科学中,图论提供了一种非常优美实用的描述离散结构层次关系的数据结构——树。路和树还是通信网络的基本数学模型之一。印制电路板设计和大规模集成电路的发展促进了图的平面性的研究。图论的算法,如广度优先搜索算法和深度优先搜索算法、最短路算法、匹配算法、最小生成树算法、图的着色算法、树的编码算法等,都与计算机科学有着千丝万缕的联系,且已经产生了巨大的社会和经济效益。

需要提醒的是,图论中讨论的图不是微积分、解析几何、几何学中讨论的图形,而是客观世界中某些具体事物间联系的一种数学抽象。如二元关系的关系图,就不考虑点的位置及连线的长短曲直,而只关心哪些点之间有连线。这种数学抽象就是图论中图的概念。

图论包括的内容十分丰富,限于篇幅,本章只介绍图的基本概念、基本理论和几种特殊的图。

8.1 图的基本概念

8.1.1 图的定义

我们的周围充满了图,有影视图、广告图、导游路线图、系统图、流程图和各种函数图等。本章要讨论的图,严格说来应该叫做"线图",因为它们是"点"和"线"组成的图形,它们将"关系"、"连接"和"顺序"等概念变成模型。

现有 A、B、C、D 共 4 个篮球队进行比赛,为了表示 4 个队之间比赛的情况,作出了如图 8.1 所示的图形。在图中,4 个小圆圈分别表示这 4 个篮球队,称为顶点(或结点),如果两队进行比赛,则在表示该队的两个顶点之间用一条线连接起来,称为边。这样利用一个图形就可以使各队之间的比赛情况一目了然。

如果图 8.1 中的 4 个结点 A、B、C、D 分别表示 4 个人,当某两个人互相认识时,则将其对应顶点之间用边连接起来,这时的图可以反映 4 个人之间的认识关系。

可见,在这种图形中有两类对象,一种是"点",一种

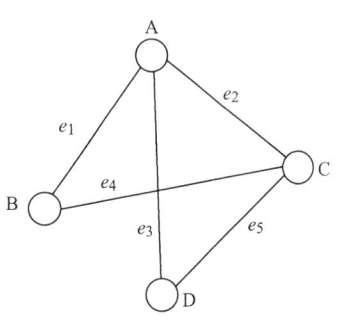

图 8.1 例 8.1 用图

是"线"。"点"是代表某种确定的事物,它们的位置只具有相对的意义,我们感兴趣的是顶点与顶点之间是否有线(即边)连接,至于顶点与顶点之间的几何距离则无关紧要,对它们进行数学抽象,就得到以下作为数学概念的定义。

定义 8.1 图 G(graph)主要由如下两部分组成。

(1) 节点集合 V,其中的元素称为节点(vertex 或 node)。

(2) 边集合 E,其中的元素称为边(dege)。

通常将图 G 记为 $G=(V,E)$。

需要说明如下。

① 节点又可以称为点、顶点或结点,常用一个实心点或空心点表示。但在实际应用中可以用诸如方形、圆形、菱形等符号表示,为了方便,可以在这些符号的旁边或内部写上表意名称,或直接用表意名称代表点,图 8.2 所示是一个典型的贝叶斯网络(Bayesian networks)。

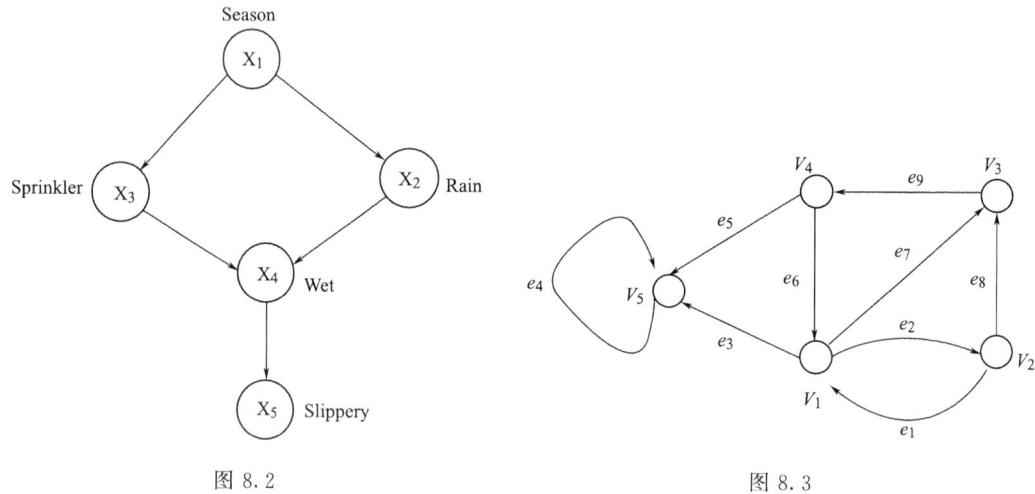

图 8.2 图 8.3

② 节点与节点之间的连线称为边,连线的长短曲直不限。在图 8.1 中的边如 e_1,是没有方向的,称为无向边,可以认为 A 是起点,B 是终点,也可以认为 B 是起点,A 是终点,这时 A 和 B 称为边 e_1 的端点(endvertices),在不致混淆时可将边简记为 AB、BA、$\{A,B\}$ 或 $\{B,A\}$,表示边的集合 $\{A,B\}=\{B,A\}$ 中的两元素可以相同,是可重集合,与通常的集合有所不同。在图 8.3 中的边 e_9 是有方向,称为有向边或弧(arc),其起点(弧尾)为 V_3,其终点(弧头)为 V_4,其两个端点分别为 V_3 和 V_4,在方便时可用有序对 (V_3,V_4) 表示边 e_9。

所有边都是无向边的图称为无向图(graph 或 undirected graph),所有边都是有向边的称为有向图(digraph 或 directed graph)。既有无向边又含有有向边的称为混合图。这里暂不讨论混合图,同时假定图 $G=(V,E)$ 中的 V 和 E 均有限。

③ 图的拓扑不变性质。需要注意的是,我们讨论的图不但与节点位置无关,而且与边的形状和长短也无关。

有 n 个节点的图称为 n 阶图,有 n 个节点 m 条边的图称为 (n,m) 图。如图 8.4(a)所示的是 4 阶有向图,如图 8.4(b)所示的是 3 阶无向图。

在图 $G=(V,E)$ 中,称 $V=\emptyset$ 的图为空图(empty graph),记为 $\emptyset$。

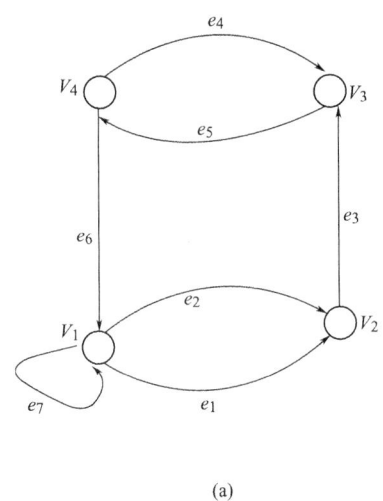
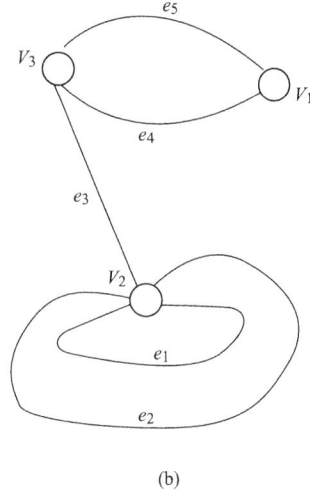

图 8.4

若 $V \neq \varnothing$,但 $E = \varnothing$ 的图称为零图(discrete graph),n 阶零图可记为 N_n,如图 8.5(a)所示。

仅一个节点的零图称为平凡图(trivial graph),如图 8.5(b)所示。

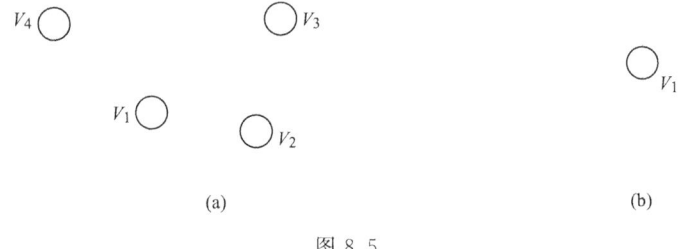

图 8.5

8.1.2 邻接

定义 8.2 设 $G=(V,E)$ 是图,对于任意 $u,v \in V$,若从节点 u 到节点 v 有边,则称 u 是邻接到 v(adjacent to)或称 u 和 v 是邻接的(adjacent)。

在无向图中,若 u 和 v 是邻接的,则 v 和 u 也是邻接的。但是需要注意的是:在有向图中,由 u 和 v 邻接不能得出 v 和 u 邻接。在图 8.4(a)中,节点 v_4 和节点 v_3 邻接,但节点 v_3 与 v_4 不邻接,因此,邻接与节点的次序有关。在图 8.4(b)中,v_2 与 v_2 是邻接的,但 v_1 与 v_1 以及 v_3 与 v_3 是不邻接的。在图 8.4(a)中,v_1 与 v_1 是邻接的,而 v_2 与 v_2,v_3 与 v_3 以及 v_4 与 v_4 是不邻接的。

在有向图 $G=(V,E)$ 中,若 u 邻接到 v,则称 u 是 v 的先驱元素,v 是 u 的后继元素。

在无向图 $G=(V,E)$ 中,若两条边 e_1 和 e_2 有公共端点,则称边 e_1 和 e_2 是邻接的。

8.1.3 关联

定义 8.3 设 $G=(V,E)$ 是图,$e \in E$,e 的两个端点分别为 u 和 v,则称边 e 与节点 u

以及边 e 与节点 v 是关联的(incident)。

显然,图的任意一条边都关联两个节点。关联相同两个节点的边称为吊环或自环,可简称环(loop)。关联的起点与终点都相同的边称为多重边(multi-ple edges)或平行边,其边数称为边的重数(multiplicity)。

在图 8.4(b)中,在节点 v_2 处有两个自环 e_1 和 e_2,它们是多重边,e_4 和 e_5 是多重边。在图 8.4(a)中,在节点 v_1 处有 1 个自环,e_1 和 e_2 是多重边,但 e_4 和 e_5 不是多重边。

8.1.4 简单图

1. 简单图

定义 8.4 设 $G=(V,E)$ 是图,若 G 中既无吊环又无多重边,则称 G 是简单图(simple graph)。

在前面所出现的图中,图 8.1 和图 8.2 是简单图。图 8.6 所示的是彼得森(Petersen,1831～1910)图,它是一个有着特殊性质的简单图,是一种妖怪图(snark graph)。

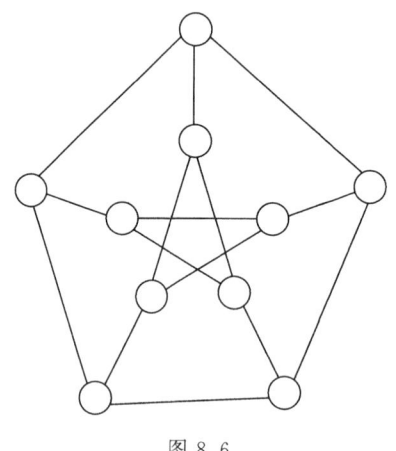

图 8.6

2. 完全无向图

定义 8.5 设 $G=(V,E)$ 是 n 阶简单无向图,若 G 中任意节点都与其余 $n-1$ 个节点邻接,则称 G 为 n 阶完全无向图(complete graph),记为 K_n。

图 8.7(a)、(b)和(c)所示分别是 K_3、K_4 和 K_5。

将 n 阶完全无向图 K_n 的边任意加一个方向所得到的有向图称为 n 阶竞赛图。

设 $G=(V,E)$ 是 n 阶简单有向图,若 G 中任意节点都与其余 $n-1$ 个节点邻接,则称 G 为 n 阶完全有向图,如图 8.8 所示。

容易证明,n 阶完全无向图 K_n 的边数为 $n(n-1)/2$。

3. 补图

定义 8.6 设 $G=(V,E)$ 是 n 阶简单无向图,由 G 的所有节点以及能使 G 成为 K_n 需要添加的边构成的图称为 G 的补图,记为 $\bar{G}$。

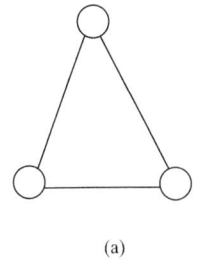
(a)
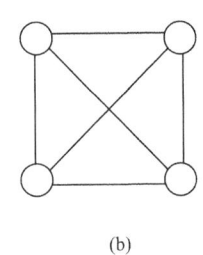
(b)
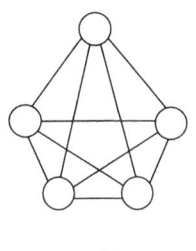
(c)

图 8.7

如图 8.9(a)和图 8.9(b)所示的图互为补图,它们是相对于完全图而言的。

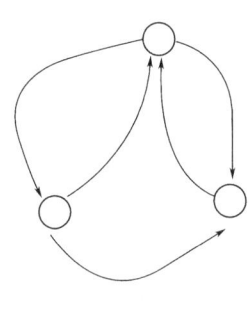

图 8.8

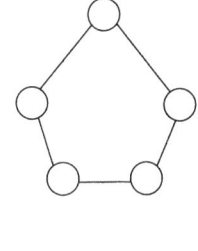
(a)
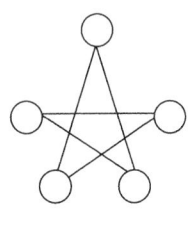
(b)

图 8.9

显然,对于任意节点 u 和 v,若 u 和 v 在 G 中不邻接,则 u 和 v 在 $\bar{G}$ 中邻接;若 u 和 v 在 G 中邻接,则 u 和 v 在 $\bar{G}$ 中不邻接。

8.1.5 节点的度数

在任意图 $G=(V,E)$ 中,每一条边 $e \in E$ 都要关联 2 个端点 $u \in V$ 和 $v \in V$。若 $u=v$,则称边 e 与节点 v 的关联次数为 2;若 $u \neq v$,则称边 e 与节点 v 的关联次数为 1。若边 $e \in E$ 与节点 $v \in V$ 不关联,则称边 e 与节点 v 的关联次数为 0。

在图论中,常常需要关心图中有多少条边与某一节点关联,这就引出了图的一个重要概念——节点的度。

定义 8.7 设 $G=(V,E)$ 是无向图,$v \in V$,称与节点 v 关联的所有边的关联次数之和为节点 v 的度数(degree),记为 $\deg(v)$。

在图 8.4(b)中,$\deg(v_1)=2$、$\deg(v_2)=5$、$\deg(v_3)=3$。很容易知道,节点处的一个自环算 2 度。

定义 8.8 设 $G=(V,E)$ 是有向图,$v \in V$,称以 v 为起点的边的数目为节点 v 的出度 (out-degree),记为 $od(v)$。以 v 为终点的边的数目为节点 v 的入度(in-degree),记为 $id(v)$,称 $od(v)+id(v)$ 为节点 v 的度数,记为 $\deg(v)$。

在图 8.4(a)中,节点 v_1、v_2、v_3 和 v_4 的出度分别为 3、1、1、2,入度分别为 2、2、2、1,于是其度数分别为 5、3、3、3。在有向图中,节点处的一个自环同样也算 2 度。

下面的定理是 L. Euler 在 1736 年证明的图论中的第一定理,常被称为"握手定理",因为一条边表示两只手握在一起。

定理 8.1 在任何 (n,m) 图 $G=(V,E)$ 中,所有节点度数之和等于边数 m 的 2 倍,即
$$\sum_{v\in V}\deg(v)=2m$$

证明:这是由于每一条边在计算 $\sum_{v\in V}\deg(v)$ 时都是占 2 度,结论成立。

由上述定理容易得出:

推论 8.1 在任意图 $G=(V,E)$ 中,度数为奇数的节点个数必为偶数。

证明:因为 $2m=\sum_{v\in V}\deg(v)=\sum_{\deg(v)\text{偶数}}\deg(v)+\sum_{\deg(v)\text{奇数}}\deg(v)$,所以 $\sum_{\deg(v)\text{奇数}}\deg(v)$ 必为偶数,进而度数为奇数的节点个数必为偶数。

由定理 8.1 及其推论很容易知道,在任何一次聚会上,所有人握手次数之和必为偶数并且握了奇数次手的人数必为偶数。

在任意有向图中,显然有:

定理 8.2 在任意有向图中,所有节点的出度之和等于入度之和。

在任意图 $G=(V,E)$ 中,度数为 0 的节点称为孤立点(isolated vertex),度数为 1 的节点称为悬挂点(pendant vertex)。

例 8.1 证明对于任意 $n(n\geq 2)$ 个人的组里,必有两个人有相同个数的朋友。

证明:将组里的每个人看作节点,两个人是朋友当且仅当对应的节点邻接,于是得到一个 n 阶简单无向图 G,进而 G 中每节点的度数可能为 $0,1,2,\cdots,n-1$ 中的一个。

当 G 中无孤立点时,每节点的度数可能为 $1,2,\cdots,n-1$。由于共有 n 个节点,于是必有两节点度数相同。

当 G 中有孤立点时,这时每节点的度数只可能为 $0,1,2,\cdots,n-2$。同样由于共有 n 个节点,因此必有两节点度数相同。

若一个简单无向图 G 的每节点度数均为 k,则称 G 为 k-正则图(k-regular graph)。如图 8.10 所示是两个 3−正则$(6,9)$图。

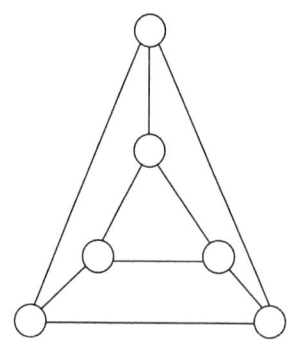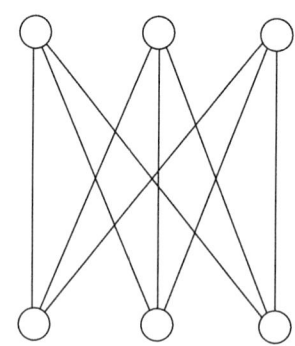

图 8.10

例 8.2 设无向图 G 是一个 3−正则(n,m)图,且 $2n-3=m$,求 n 和 m 各是多少?

解 由握手定理有 $3n=2m$。根据已知 $2n-3=m$,可以得出 $n=6,m=9$。这样的图如图 8.10 所示。

定义 8.9 任意图 $G=(V,E)$ 中,称 $\Delta(G)=\max_{v\in V}\deg(v)$ 为图 G 的最大度,$\delta(G)=\min_{v\in V}$

deg(v)为图 G 的最小度。

在有向图 $G=(V,E)$ 中,称 $\Delta^+(G)=\max_{v\in V}\mathrm{od}(v)$ 为有向图 G 的最大出度,$\delta^+(G)=\min_{v\in V}\mathrm{od}(v)$ 为图 G 的最小出度,$\Delta^-(G)=\max_{v\in V}\mathrm{id}(v)$ 为有向图 G 的最大入度,$\delta^-(G)=\min_{v\in V}\mathrm{id}(v)$ 为图 G 的最小入度。

在图 8.4(b)中,$\Delta(G)=5$、$\delta(G)=2$。在图 8.4(a)中,$\Delta(G)=5$、$\delta(G)=3$。对于正则图有 $\Delta(G)=\delta(G)$。

对于无向图 $G=(V,E)$,$V=\{v_1,v_2,\cdots,v_n\}$,称 $\deg(v_1),\deg(v_2),\cdots,\deg(v_n)$ 为图 G 的度数序列。例如,在图 8.4(b)中,图的度数序列为 2,5,3。对于有向图,还可以定义其出度序列和入度序列。

例 8.3 是否存在一个无向图 G,度数序列如下。

(1) 7,5,4,2,2,1

(2) 4,4,3,3,2,2

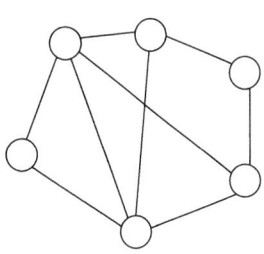

解 (1) 由于序列 7,5,4,2,2,1 中,奇数度数为奇数个。根据握手定理的推论知,不可能存在一个图的度数序列为 7,5,4,2,2,1。

(2) 因为序列 4,4,3,3,2,2 中,奇数度数为偶数个,可以得到一个无向图(见图 8.11),其度数序列为 4,4,3,3,2,2。

图 8.11

8.1.6 子图、图的运算和图同构

1. 子图

可以通过一个图的子图去考察原图的有关性质以及原图的局部结构。

定义 8.10 设 $G=(V,E)$ 和 $H=(W,F)$ 是图,若 $W\subseteq V$ 且 $F\subseteq E$,则称 $H=(W,F)$ 是 $G=(V,E)$ 的子图(subgraph)。若 $H=(W,F)$ 是 $G=(V,E)$ 的子图且 $W=V$,则称 $H=(W,F)$ 是 $G=(V,E)$ 的生成子图(spanning subgraph)。

例 8.4 求出图 8.12 中有向图 G 的所有子图。

解 G 的所有子图除空图 $\varnothing$ 外分别为图 8.12(a)~图 8.12(d),其中图 8.12(c)和图 8.12(d)所示为 G 的生成子图。

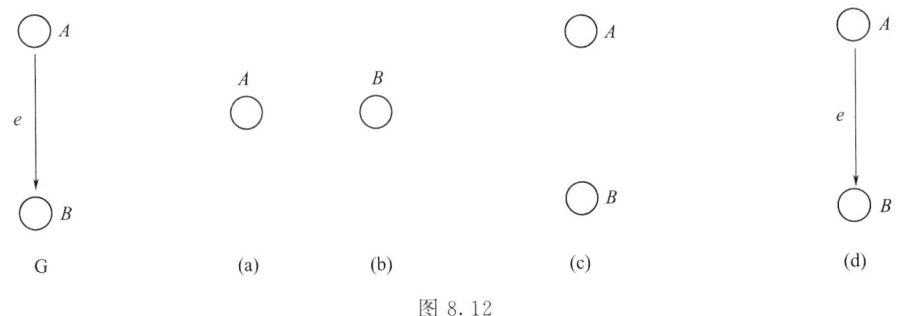

图 8.12

常见的 4 种产生 $G=(V,E)$ 的子图的方式如下。

(1) $G[W]$。设 $W\subseteq V$,则以 W 为节点集合,以两端点均属于 W 的所有边为边集合构

成的子图,称为由 W 导出的子图(induced subgraph by W),记为 $G[W]$。

图 8.13(b)所示为图 G 中节点集合 $W=\{v_1,v_2,v_3\}$ 所导出的子图。

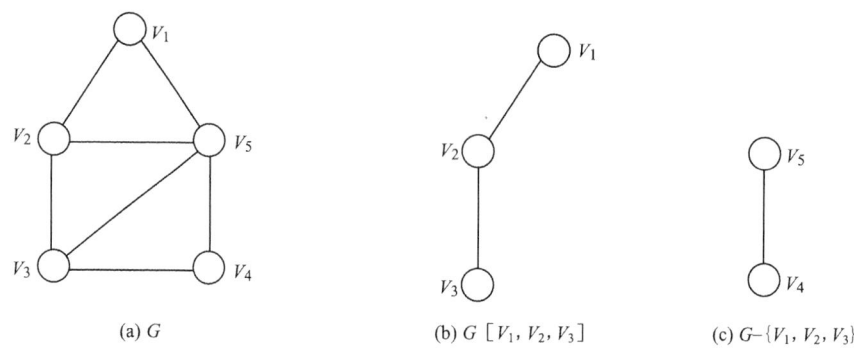

(a) G (b) $G[V_1,V_2,V_3]$ (c) $G-\{V_1,V_2,V_3\}$

图 8.13

(2) $G-W$。设 $W \subseteq V$,导出子图 $G[V-W]$ 记为 $G-W$,是在 G 中去掉所有 W 中的节点,同时也要去掉与 W 中节点关联的所有边。通常将 $G-\{v\}$ 记为 $G-v$。

图 8.13(c)所示为图 G 中去掉节点集合 $W=\{v_1,v_2,v_3\}$ 所得出的子图。

(3) $G[F]$。设 $F \subseteq E$,则以 F 为边的集合,以 F 中边的所有端点为节点集合构成的子图,称为由 F 导出的子图(induced subgraph by F),记为 $G[F]$。

图 8.14(b)所示为图 G 中边集合 $W=\{a,b,c\}$ 所导出的子图。

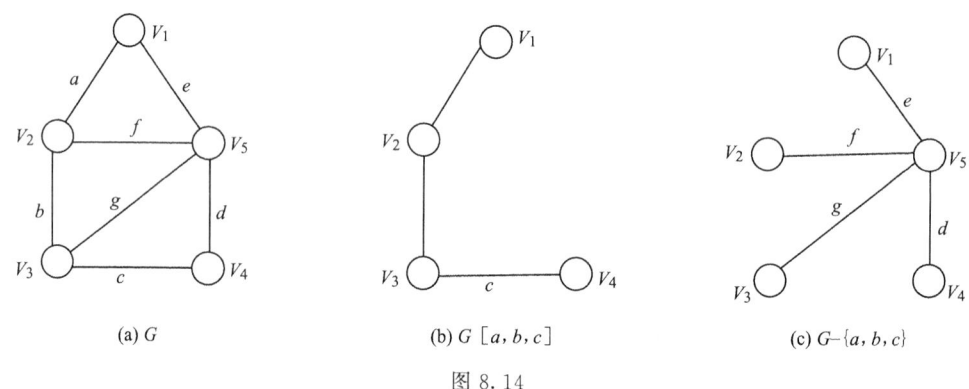

(a) G (b) $G[a,b,c]$ (c) $G-\{a,b,c\}$

图 8.14

(4) $G-F$。设 $F \subseteq E$,则从 G 中去掉 F 中的所有边得到的生成子图记为 $G-F$。

图 8.14(c)所示为从图 G 中去掉 $F=\{a,b,c\}$ 的所有边得到的生成子图 $G-\{a,b,c\}$。

设 $G=(V,E)$ 是 n 阶简单无向图,则 G 的补图为 $\bar{G}=K_n-E$。

另外,也可以在图 $G=(V,E)$ 的基础之上,通过增加 V 中某些节点间的一些"新"边 U,得到一个更大的图 $G+U$。通常记为 $G+\{uv\}$(或 $G+\{(u,v)\}$)为 $G+uv$(或 $G+(u,v)$)。

图 8.15(b)所示为图 8.15(a)增加边 bc 得到的图。

2. 图的运算

图的运算就是通过一定的操作,产生"新"的图。前面的子图的产生实际上就是图的运算,但它们都是在一个图中进行讨论的。在有些问题的讨论中,还会出现两个图之间的

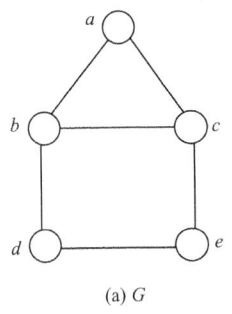 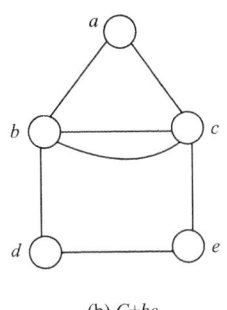

(a) G   (b) G+bc

图 8.15

一些运算。

定义 8.11 设 $G_1=(V_1,E_1)$ 和 $G_2=(V_2,E_2)$ 是两个无向（或有向）图。

(1) 两个图的并(union) $G_1 \cup G_2=(V,E)$，其中 $E=E_1 \cup E_2$ 且 $V=V_1 \cup V_2$。

(2) 两个图的交(cap) $G_1 \cap G_2=(V,E)$，其中 $E=E_1 \cap E_2$ 且 $V=V_1 \cap V_2$。

(3) 两个图的差(difference) $G_1-G_2=(V,E)$，其中 $E=E_1-E_2$ 且 $V=V_1$。

(4) 两个图环和(ring sum) $G_1 \oplus G_2=(V,E)$，其中 $E=E_1 \oplus E_2$ 且 $V=V_1 \cup V_2$。

3. 同构图

由于图的拓扑性质,有可能两个表面上看起来不同的图本质上是同一个图,这就是图同构的问题。

定义 8.12 设 $G_1=(V_1,E_1)$ 和 $G_2=(V_2,E_2)$ 是两个无向（或有向）图,若存在一个双射 $\varphi:V_1 \to V_2$ 使得对于任意 $u,v \in V_1, uv \in E_1$（或 $(u,v) \in E_1$）当且仅当 $\varphi(u)\varphi(v) \in E_2$（或 $(\varphi(u),\varphi(v)) \in E_2$）且边的重数相同,则称图 G_1 与图 G_2 同构(isomorphism),记为 $G_1 \cong G_2$。

由定义知,$G_1 \cong G_2$ 的充要条件是图 G_1 与 G_2 的节点与边分别存在一一对应,且保持节点与边的关联关系。更直观地说,$G_1 \cong G_2$ 是指其中一个图仅经过下列两种变换可以变为另一个图。

(1) 挪动节点的位置。

(2) 伸缩边的长短。

显然,在图 8.12 中的(a)与(b)是同构的。图 8.16 中的两个图是同构的。

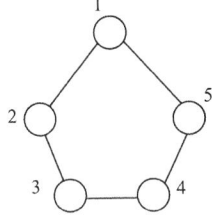 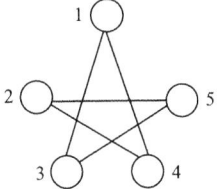

图 8.16

图 8.17 中的两个图是不同构的,因为(a)中图 G 含有 K_3 子图,而 $K_{3,3}$ 中没有 K_3

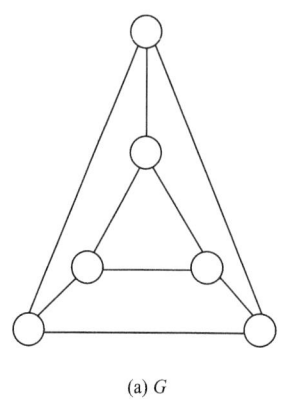
(a) G

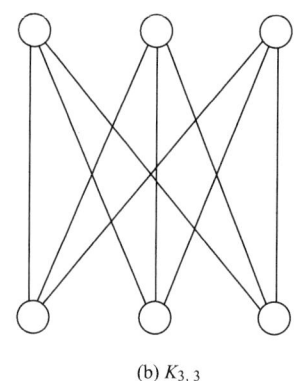
(b) $K_{3,3}$

图 8.17

子图。

对于两个有向图同构的判断,特别要注意边的方向的一致性。如图 8.18 所示的 3 个有向图中,$G_1 \cong G_2$,但是 G_1 与 G_3 不同构,因为 G_3 中有一个节点的入度为 2,而 G_1 中没有。

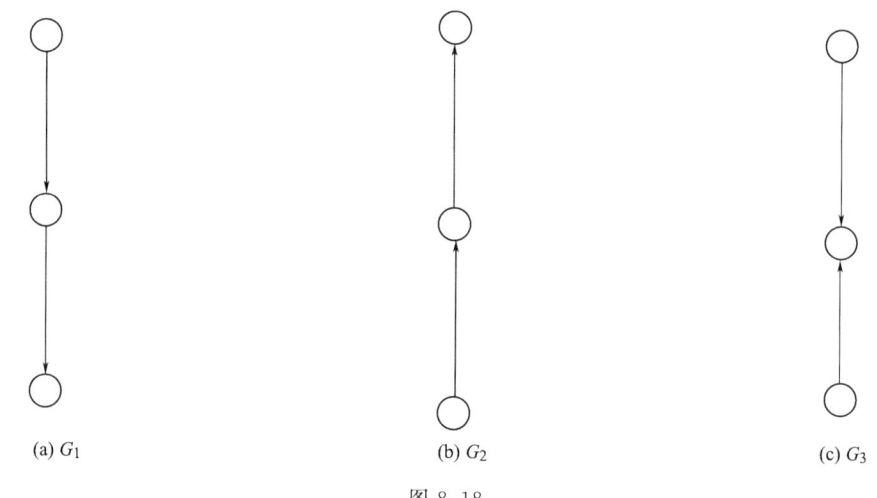

(a) G_1 (b) G_2 (c) G_3

图 8.18

显然,图的同构关系是等价关系,即有以下几个性质。

(1) 自反性:对于任意图 G,有 $G \cong G$。

(2) 对称性:若 $G_1 \cong G_2$,则 $G_2 \cong G_1$。

(3) 传递性:若 $G_1 \cong G_2$ 且 $G_2 \cong G_3$,则 $G_1 \cong G_3$。

最后,介绍至今未解决的乌拉姆(Ulam)猜想。

乌拉姆(Ulam)猜想(1929):设 G_1 和 G_2 是两个简单无向图,G_1 的节点集合为 $V_1 = \{v_1, v_2, \cdots, v_n\}$,$G_2$ 的节点集合为 $V_2 = \{w_1, w_2, \cdots, w_n\}$,若对于任意 $i = 1, 2, \cdots, n$,均有 $G_1 - \{v_i\} \cong G_2 - \{w_i\}$,则 $G_1 \cong G_2$。

乌拉姆猜想的实际模型:有两张照片,用左手捂住第一张照片的一部分,右手捂住第二张照片相应的部分,能看到的部分一致。如此轮番地观察,每次看到的图像均相同,则两张照片相同。

8.2 路与图的连通性

8.2.1 路与回路

在图 $G=(V,E)$ 中,经常考虑从一个节点出发,沿着一些边连续移动到另一个节点的问题,这就是路的概念。

1. 路

定义 8.13 在任意一个图 $G=(V,E)$ 中,称 G 中节点与边交替出现的序列 L: $v_0 e_1 v_1 e_2 v_2 \cdots v_{i-1} e_i v_i \cdots e_l v_l$ 为从 v_0 到 v_l 一条路(walk,way),其中 $i=1,2,3,\cdots,l$,v_{i-1} 是 e_i 的起点,v_i 是 e_i 的终点。

在从 v_0 到 v_l 路 $L: v_0 e_1 v_1 e_2 v_2 \cdots v_{i-1} e_i v_i \cdots e_l v_l$ 中,v_0 称为路的起点,v_l 称为路的终点,L 所经过的边数 l 称为路的长度(length of walk)或跳数(hop number)。特别地,单独一个节点 v 构成的序列是 v 到 v 的长度为 0 的路,称为平凡路。

例如:在图 8.19(a)中,$v_1 e_7 v_1 e_1 v_2 e_3 v_3$ 是一条从 v_1 到 v_3 长度为 3 的路。在图 8.19(b)中,$v_3 e_3 v_2 e_2 v_2 e_3 v_3 e_4 v_1$ 是从 v_3 到 v_1 长度为 4 的路。值得注意的是,有向图中的路必须按边的方向走,有向图中的路可称为有向路。

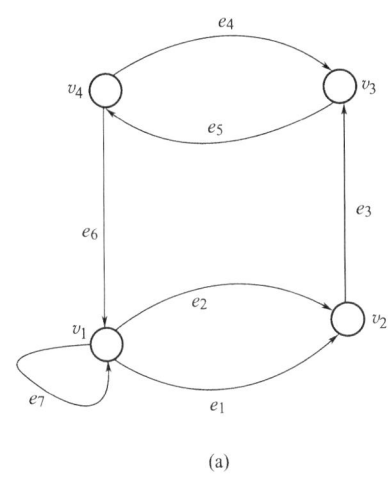
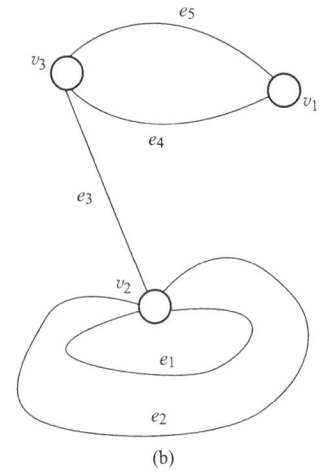

图 8.19

在不引起混淆的情况下,可以将路 $L: v_0 e_1 v_1 e_2 v_2 \cdots v_{i-1} e_i v_i \cdots e_l v_l$ 简记为 $L: v_0 v_1 v_2 \cdots v_{i-1} v_i \cdots v_l$ 或 $L: e_1 e_2 \cdots e_i \cdots e_l$。

在路中,有两种特殊的路:一种是节点不重复的路,称为路径(path);一种是边不重复的路,称为轨迹(trail)。

显然,路径是轨迹,但轨迹不一定是路径。如图 8.19(b)所示中 $v_3 e_3 v_2 e_2 v_2$ 是一条从 v_3 到 v_2 的轨迹,但不是路径。

说明：由于图论应用的广泛性，很多概念存在意义上的差别。之所以选择"路径"，它有捷径之意；"轨迹"强调边不重复，它是（可能多次）走过后留下的痕迹。

在 n 阶图 $G=(V,E)$ 中，若存在从节点 v_0 到另一个节点 v_l 的一条路（$v_0 \neq v_l$），可将所有重复走的部分如 $v_i \cdots v_i$ 改为 v_i，一直到没有节点重复为止，由于 n 阶图的任何路径长度 $\leq n-1$，于是存在一条从 v_0 到 v_l 长度 $\leq n-1$ 的路径。

定义 8.14 在图 $G=(V,E)$ 中，称节点 u 到节点 v 的边数最少的长度为 u 到 v 的距离(distance)，记为 $d(u,v)$。若节点 u 到 v 的路（径）不存在，则称 u 到 v 的距离为 ∞。称 $\max\limits_{u,v \in V} d(u,v)$ 为图 G 的直径(diameter)，记为 $\operatorname{diam}(G)$。

显然，对于任意节点 $u,v \in V$ 有 $d(u,v) \geq 0$。

2. 回路

定义 8.15 在图 $G=(V,E)$ 中，在路 $L:v_0 e_1 v_1 e_2 v_2 \cdots v_{i-1} e_i v_i \cdots e_l v_l$ ($l \geq 1$) 中，起点 v_0 与终点 v_l 相同的路称为回路(circuit)。边不重复的回路称为简单回路(closed trail, simple circuit)或闭迹。除起点重复一次外，别的节点均不重复的简单回路称为圈或环(cycle)。

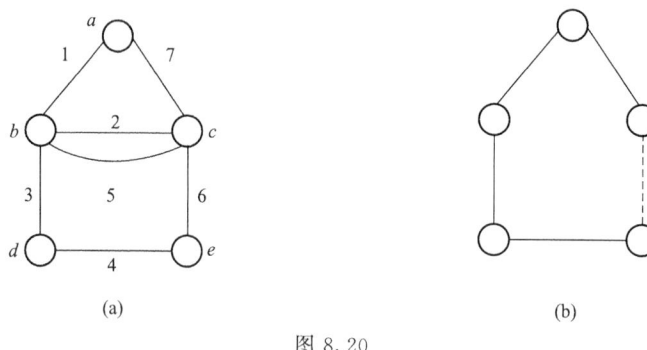

图 8.20

在图 8.20(a)中，1346527 是 G 的一条简单回路，这里用数字表示边，abdeca 是 G 的一圈。由定义可知，圈是简单回路，而简单回路不必是圈。

图论中的圈有圆圈之意，在计算机科学中常称为环，它有环路、循环的意思，但不要与自环(loop)混淆了，因为自环是边，一般的环(cycle)是路。

圈的一般形式如图 8.20(b)所示，有 n 个节点的圈称为 n 阶圈，记为 C_n。在 $n-1$ 阶圈 C_{n-1} 的内部放置一个节点，并使之与 C_{n-1} 的每个节点邻接，这样得到的图称为 n 阶轮图，记为 W_n。

由定义知，长度为 0 的路不称为回路。显然，节点 v 到 v 的边可得到一个长度为 1 的圈。

类似的，在 n 阶图 $G=(V,E)$ 中，若存在从节点 v_0 到 v_0 一条简单回路，则存在一条从 v_0 到 v_0 的长度 $\leq n$ 的圈。

下面的定理很有用。其证明过程用到了"最长路径法"技巧。

定理 8.3 在无向图 $G=(V,E)$ 中，若任意 $v \in V$ 有 $\deg(v) \geq 2$，则 G 中存在圈。

证明：不妨设 G 是简单图。在 G 中选取一条最长的路径 $L:v_0 v_1 v_2 \cdots v_l$，由于 L 是最长路径，与 v_0 邻接的节点必在 L 上。设 v_i ($2 \leq i \leq l$) 与 v_0 邻接，则 $v_0 v_1 v_2 \cdots v_i v_0$ 是 G 中的一个圈。

8.2.2 图的连通性

图的基本性质之一是其连通性,它与图中从节点到节点的路又是密切相关的。为了方便讨论,先给出定义。

定义 8.16 在任何图 $G=(V,E)$ 中,若从节点 u 到 v 存在一条路,则称 u 可达 v(accessible)。

由于节点 v 到 v 总存在一条长度为 0 的路,因此任意节点 v 可达 v 自身。

先讨论无向图的连通性。

1. 无向图的连通性

定义 8.17 设 $G=(V,E)$ 是无向图,对于 G 中任意两个节点 u 和 v 均可达,则称 G 是连通图(connected graph)。

显然,图 8.21(a)是连通图,而图 8.21(b)是非连通图。

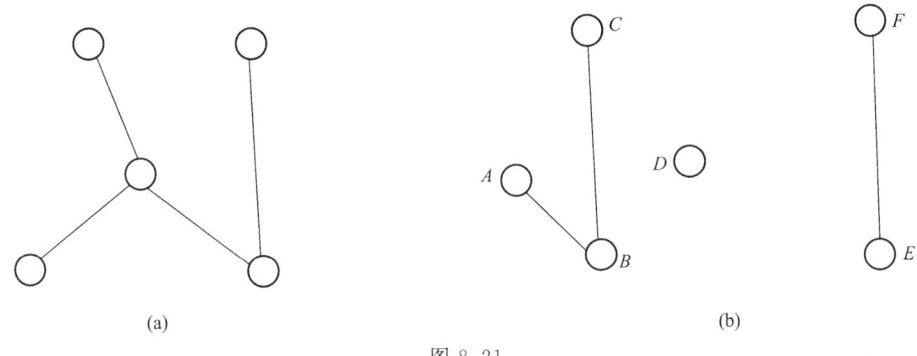

图 8.21

特别地,单独一个节点 v 是连通图,因为 v 到 v 存在长度为 0 的路,即 v 总是可达 v 的。

实际上,在任意无向图 $G=(V,E)$ 中有:

定义 8.18 设 $G=(V,E)$ 是无向图,G 中极大的连通子图称为 G 的连通分支(connected component),图 G 的连通分支数记为 $w(G)$。

由定义知,图 G 的连通分支满足 3 个条件:(1)连通分支是 G 的子图,(2)该子图本身是连通图,(3)在该子图中再添加原图的任意边或节点都不连通。

在图 8.21(a)中图仅一个连通分支。在图 8.21(b)中图有 3 个连通分支,它们分别是 $G[A,B,C]$,$G[D]$ 和 $G[E,F]$。

一个显然的结论如下:

定理 8.4 设 $G=(V,E)$ 是无向图,则 G 是连通图当且仅当 $w(G)=1$。

与定理 8.4 等价的命题是:无向图 G 非连通当且仅当 $w(G) \geq 2$。

例 8.5 设 $G=(V,E)$ 是简单无向图,若 G 不连通,则 G 的补图 $\overline{G}$ 连通。

证明:设 u 和 v 是 G 中的任意两个节点。

(1)若 u 和 v 在 G 中不邻接,则根据补图的定义知,u 和 v 在 $\overline{G}$ 中邻接,于是 u 可达 v。

(2) 若 u 和 v 在 G 中邻接,则 u 和 v 必在图 G 的同一个连通分支 C_1 中。由于 $\overline{G}$ 不连通,$w(\overline{G}) \geqslant 2$。设 C_2 是 $\overline{G}$ 的另一个连通分支,在 C_2 中选取节点 w,则在 G 中 u 和 w 在 G 中不邻接且 v 和 w 在 G 中不邻接,于是 u 和 v 在 $\overline{G}$ 中邻接,进而 uwv 是 $\overline{G}$ 中从 u 到 v 的一条路,于是 u 可达 v。

由(1)和(2)知,$\overline{G}$ 是连通图。

例 8.6 设 $G=(V,E)$ 是 n 阶简单无向图,若对于任意的 G 中不相邻的节点 u 和 v 有 $\deg(u)+\deg(v) \geqslant n-1$,则 G 是连通图。

证明:反证法,设 G 不连通,则 G 至少有两个连通分支 C_1 和 C_2,设其节点数分别为 n_1 和 n_2。显然,$n_1+n_2 \leqslant n$。在 C_1 中取节点 u,在 C_2 中取节点 v,这是 u 和 v 在 G 中不相邻且 $\deg(u) \leqslant n_1-1$ 及 $\deg(v) \leqslant n_2-1$,于是

$$\deg(u)+\deg(v) \leqslant (n_1-1)+(n_2-1) \leqslant n-2 < n-1$$

与已知矛盾。

注意:在离散问题讨论中,经常使用反证法。

上面的两个例子给出了证明无向图连通的常用方法。下面的结论也是很有用的。

定理 8.5 设 $G=(V,E)$ 是连通无向图,则

(1) 去掉 G 中任意简单回路 C 上的一条边 e 得到的图 $G-e$ 连通。

(2) 去掉度数为 1 的节点 v 得到的图 $G-v$ 连通。

此定理请读者自己证明。

2. 无向连通图的点连通度和边连通度

对于无向连通图,其连通的程度是不同的,有些很"脆弱",有的则相反。

(1) 点割集与点连通度 $\kappa(G)$

定义 8.19 设 $G=(V,E)$ 是连通无向图且 $W \subset V$,若从 G 中删除 W 的所有节点所得到的子图不连通或是 1 阶图,而删除 W 的任意真子集都连通,则称 W 为 G 的点割集(cut-set of vertices)。

"割"是分割、分离、分开的意思,恰使得 G 不连通或是 1 阶图所要去掉的节点集合称为点割集。若点割集 $W=\{v\}$,则称 v 为割点(cut point)或关节点(articulation point)。

由定义知,1 阶图的点割集为 $\varnothing$。在图 8.22(a)中,$\{a,b\}$ 和 $\{c,d\}$ 是 G_1 的点割集,在图 8.22(b)中,A 和 B 是 G_2 的割点。

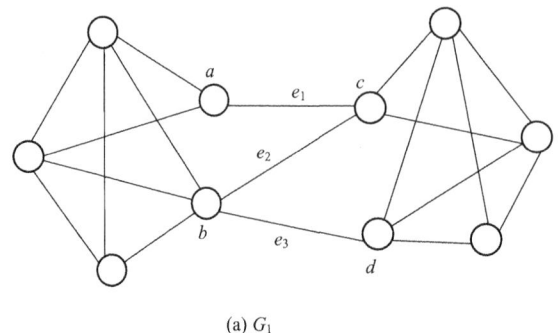
(a) G_1

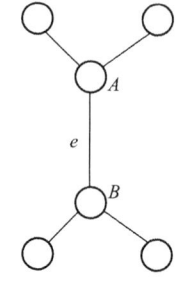
(b) G_2

图 8.22

定义 8.20　设 $G=(V,E)$ 是连通无向图，称 $\min\{|W|;W$ 是 G 的点割集$\}$ 为 G 的点连通度（vertex-connectivity），简称连通度，记为 $\kappa(G)$。

根据定义，一个连通无向图的点连通度是使得 G 不连通或为 1 阶图所要删去的最少的节点个数。于是，1 阶图的点连通度为 0，而完全无向图 K_n 的点连通度为 $\kappa(G)=n-1$。

点连通度 $\kappa(G)=2$ 的图称为 2-连通或重连通图（bi-connected graph）。确定一个无向图是否重连通具有重要的意义。假定无向图的节点表示电话交换站，边表示电话线，则在点连通度为 2 的通信网络系统中，一个站发生故障系统仍可正常工作。

（2）边割集与边连通度 $\lambda(G)$

定义 8.21　设 $G=(V,E)$ 是连通无向图且 $F\subset E$，若从 G 中删除 F 的所有边所得到的子图不连通或是平凡图，而删除 F 的任意真子集都连通，则称 F 为 G 的边割集（cut-set of edges）。

恰使得 G 不连通或是平凡图所要去掉的边的集合称为 G 的边割集。若边割集 $F=\{e\}$，则称 e 为割边或桥（bridge）。

在图 8.22(a) 中，$\{e_1,e_2,e_3\}$ 是 G_1 的边割集。在图 8.22(b) 中，e 是 G_2 的割边（或桥）。

定义 8.22　设 $G=(V,E)$ 是连通无向图，称 $\min\{|F|;F$ 是 G 的边割集$\}$ 为 G 的边连通度（edge-connectivity），记为 $\lambda(G)$。

根据定义，一个连通无向图 G 的边连通度是使得 G 不连通或为平凡图所要删去的最少的边的数目。

在图 8.22(a) 中，图 G_1 的边连通度为 3。在图 8.22(b) 中，图 G_2 的边连通度为 1。

下面的定理是 H. Whitney 在 1932 年给出的关于点连通度、边连通度及最小度之间的联系的一个结论。

定理 8.6　设 $G=(V,E)$ 是连通无向图，则 $\kappa(G)\leqslant\lambda(G)\leqslant\delta(G)$。

证明：(1) 先证 $\lambda(G)\leqslant\delta(G)$。由于将任意一个节点所关联的边全去掉后都不连通，所以有 $\lambda(G)\leqslant\delta(G)$。

(2) 再证 $\kappa(G)\leqslant\lambda(G)$。

当 $\lambda(G)=0$ 或 1 时，结论显然成立。设 $\lambda(G)\geqslant 2$，于是，在 G 中删除含边割集的 $\lambda(G)$ 条边后得到的图不连通，而删除其中的 $\lambda(G)-1$ 条边仍连通但有一条桥 uv。对于删除的 $\lambda(G)-1$ 的每一条边都选取一个不同于 u 和 v 的节点，当把这些端点都去掉时至少删除了 $\lambda(G)-1$ 条边。若这样得到的图不连通，则 $\kappa(G)\leqslant\lambda(G)-1<\lambda(G)$。若这样得到的图连通，则由于 uv 是桥，此时再删除 u 和 v 中的一个节点，所得到的图必不连通或是 1 阶图。此时 $\kappa(G)\leqslant\lambda(G)$。

所以，$\kappa(G)\leqslant\lambda(G)$ 成立。

3. 有向图的连通性

无向图只有连通与不连通两种情况，而有向图存在多种连通特性。有向图的连通性分下述 3 种情形分别讨论。

（1）强连通图

定义 8.23　设 $G=(V,E)$ 是有向图，$\forall u,v\in V$ 均相互可达，则称 G 为强连通图

(strongly connected digraph)。

由定义易知,图 8.23(a)是一个强连通图。特别的,平凡图是强连通图。

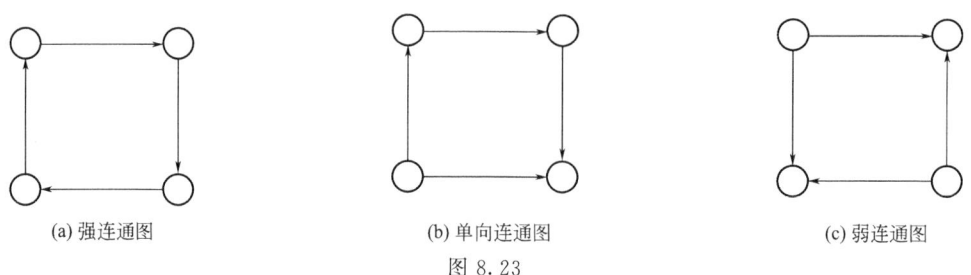

(a) 强连通图　　　　(b) 单向连通图　　　　(c) 弱连通图

图 8.23

定理 8.7 设 $G=(V,E)$ 是 n 阶($n\geqslant 2$)有向图,则 G 强连通当且仅当 G 中存在一条通过所有节点的回路。

证明:如果 G 中有一个回路,它至少包含每个结点一次,则 G 中任意两个结点都是相互可达的,故 G 是强连通图。

设 G 的节点为 $v_1,v_2,\cdots,v_{n-1},v_n$。由于 G 是强连通图,G 中任意两个节点相互可达,于是 v_1 到 v_2,v_2 到 v_3,$\cdots$,v_{n-1} 到 v_n,v_n 到 v_1 存在路,因此存在一条回路通过所有节点。

定义 8.24 设 $G=(V,E)$ 是有向图,G 的极大的强连通子图称为 G 的强连通分支(strongly connected component)。

由定义知,如图 8.24 所示的图有 4 个强连通分支,分别是 $G[1,2,3],G[4],G[5]$ 和 $G[6]$。

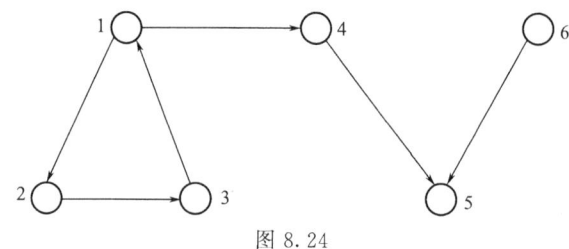

图 8.24

定理 8.8 设 $G=(V,E)$ 是有向图,则 G 的任意节点都位于且仅位于一个强连通分支中。

证明:对于任意 $v\in V$,令 W 是 G 的所有与 v 相互都存在路的节点组成的集合,则 $G[W]$ 是 G 的一个强连通分支且 v 位于 $G[W]$ 中。

若节点 v 位于两个不同的强连通分支 C_1 和 C_2 中,则任意 C_1 和 C_2 中的节点都相互有路,于是得到一个更大的强连通子图,矛盾。

(2) 单向连通图

定义 8.25 设 $G=(V,E)$ 是有向图,对于任意 $u,v\in V$,从 u 可达 v 或者从 v 可达 u,则称 G 为单向连通图(unilateral connected digraph)。

由定义易知,图 8.23(b)所示的是一个单向连通图。

与定理 8.7 一样,下述定理对确定有向图的单向连通分支是非常有用的。

定理 8.9 设 $G=(V,E)$ 是有向图,则 G 单向连通当且仅当 G 中存在一条路,它通过所有节点。

证明：($\Rightarrow$) 若能证明命题"对于任意 $W \subseteq V$ 均存在一个 W 中节点在 G 中到 W 中其余节点都有路"，则定理结论成立。因为先取 $W = V$，存在 $v_1 \in W$ 到其余 V 中节点有路。再取 $W = V - \{v_1\}$，存在 $v_2 \in W$ 到其余 $V - \{v_1\}$ 节点有路。这样一直下去，就可以得到一条从 v_1 到 v_2，v_2 到 v_3，$\cdots$，v_{n-1} 到 v_n 的一条路，其中 $|V| = n$（但这条路不一定是轨迹）。

假定上述命题不成立，令 $W = \{u_1, u_2, \cdots, u_{k-1}, u_k\}$ 是使其不成立的元素个数最少的，这里 $k \geqslant 3$。根据假设 $W - \{u_k\}$ 使命题成立，于是必存在 $W - \{u_k\}$ 中一个节点，不妨设 u_1 到其余节点 $u_2, \cdots, u_{k-1}$ 有路，而假设 u_1 到 u_k 是没有路的，否则与 W 的假设矛盾。另一方面，由于 u_1 到其余节点 $u_2, \cdots, u_{k-1}$ 有路，所以 u_k 到 u_1 是没有路的，否则 u_k 到 u_1，$u_2, \cdots, u_{k-1}$ 都有路。由于 u_1 到 u_k 是没有路的，而 u_k 到 u_1 也没有路，与已知 G 是单向连通图矛盾。

($\Leftarrow$) 显然。

定义 8.26 设 $G = (V, E)$ 是有向图，G 的极大的单向连通子图称为 G 的单向连通分支（unilateral connected component）。

由定义知，如图 8.24 所示有两个单向连通分支，分别是 $G[1,2,3,4,5]$，$G[5,6]$。

注意 有向图 G 的节点 $v \in V$ 可以位于 G 的不同的单向连通分支中。

(3) 弱连通图

定义 8.27 设 $G = (V, E)$ 是有向图，若 G 不考虑边的方向是一个无向连通图，则称有向图 G 为弱连通图（weakly connected digraph），简称有向图 G 连通。

由定义易知，图 8.23(c) 所示为一个弱连通图。

显然，强连通图是单向连通图且单向连通图是弱连通图，但反过来都不成立。

最后，给出下面的定义。

定义 8.28 设 $G = (V, E)$ 是有向图，G 的极大的弱连通子图称为 G 的弱连通分支（weakly connected component）。

8.3 图的矩阵表示

将一个图画出来是最直观的表示图的方式。为了便于使用计算机存储和处理图，更为了借助于完善的矩阵理论研究图的有关性质，有必要学习图的矩阵表示。

本节简单介绍图的常见的 3 种矩阵表示以及一些简单结论，不涉及更多的有关图的矩阵方面的知识。

8.3.1 邻接矩阵

第一种图的矩阵表示——邻接矩阵，它表示的是图中任意两个节点间的邻接关系。

定义 8.29 设 $G = (V, E)$ 是图，节点集合已编号 $V = \{v_1, v_2, \cdots, v_n\}$，则 G 的邻接矩阵（adjacency matrix）$A(G) = (a_{ij})n \times n$ 中元素 a_{ij} 是 v_i 邻接到 v_j 的边数（$i, j = 1, 2, \cdots, n$）。

在图 8.25(a) 和图 8.25(b) 中，图 G_1 和 G_2 的邻接矩阵分别为：

$$A(G_1)=\begin{bmatrix} 0 & 2 & 1 & 0 \\ 2 & 0 & 0 & 1 \\ 1 & 0 & 1 & 1 \\ 0 & 1 & 1 & 0 \end{bmatrix}, \qquad A(G_2)=\begin{bmatrix} 0 & 2 & 0 & 0 \\ 0 & 0 & 0 & 1 \\ 1 & 0 & 1 & 0 \\ 0 & 0 & 1 & 0 \end{bmatrix}$$

显然，无向图的邻接矩阵是对称矩阵且一个图与其邻接矩阵是一一对应的。

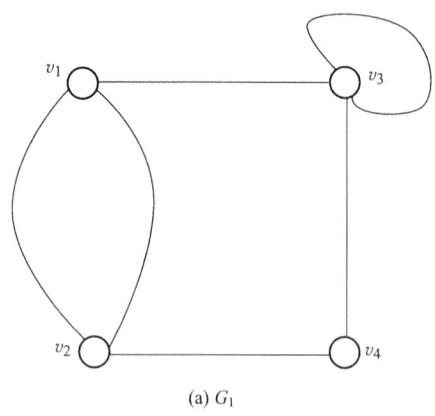
(a) G_1

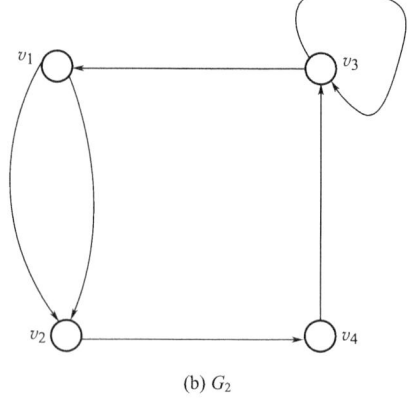
(b) G_2

图 8.25

从一个图 G 的邻接矩阵 $A(G)$ 容易得出每个节点的度数。以有向图 G 为例，$A(G)$ 中第 i 行元素之和为第 i 个节点的出度 $v_i (i=1,2,\cdots,n)$，第 j 列元素之和为第 j 个节点 v_j 的入度 $(j=1,2,\cdots,n)$。

从图的邻接矩阵可以得出从节点 v_i 到 v_j 长度为 $l(l \geqslant 1)$ 的路的数目。

定理 8.10 设 A 是图 G 的邻接矩阵，则 $A^l(l \geqslant 1)$ 中 (i,j) 位置元素 $a_{ij}^{(l)}$ 为从节点 v_i 到 v_j 长度为 l 的路的数目。

证明：设 G 是 n 阶图。对 l 使用数学归纳法。当 $l=1$ 时，结论成立。

假设 $l-1$ 时成立，考虑 A^l 中 (i,j) 位置元素 $a_{ij}^{(l)}$。根据矩阵乘法知，由于 $a_{ij}^{(l)} = \sum_{k=1}^{n} a_{ik}^{(l-1)} \cdot a_{kj}$，所以 $a_{ik}^{(l-1)} a_{kj}$ 表示从 v_i 到 v_k 长度为 $l-1$ 再从 v_k 到 v_j 长度为 1 的路的数目 $(k=1,2,\cdots,n)$，进而 $a_{ij}^{(l)} = \sum_{k=1}^{n} a_{ik}^{(l-1)} \cdot a_{kj}$ 是从 v_i 到 v_k 长度为 l 的路的数目。

注意 在离散问题讨论中，数学归纳法也是经常使用的一种证明方法。

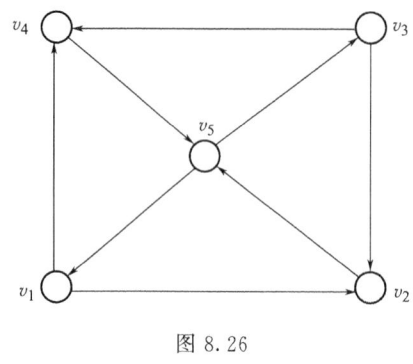

图 8.26

例 8.7 在如图 8.26 所示的有向图 G 中：

(1) 求出从 v_2 到 v_5 长度为 1、2、3、4 的路各有多少条？

(2) G 中长度为 3 的路共有多少条？其中有多少条是回路？

(3) G 是哪类连通图？

解 先写出图 G 的邻接矩阵 A，再计算 A^2, A^3, A^4。

$$A=\begin{pmatrix} 0 & 1 & 0 & 1 & 0 \\ 0 & 0 & 0 & 0 & 1 \\ 0 & 1 & 0 & 1 & 0 \\ 0 & 0 & 0 & 0 & 1 \\ 1 & 0 & 1 & 0 & 0 \end{pmatrix}, \quad A^2=A \cdot A=\begin{pmatrix} 0 & 0 & 0 & 0 & 2 \\ 1 & 0 & 1 & 0 & 0 \\ 0 & 0 & 0 & 0 & 2 \\ 1 & 0 & 1 & 0 & 0 \\ 0 & 2 & 0 & 2 & 0 \end{pmatrix}$$

$$A^3=A^2 \cdot A=\begin{pmatrix} 2 & 0 & 2 & 0 & 0 \\ 0 & 2 & 0 & 2 & 0 \\ 2 & 0 & 2 & 0 & 0 \\ 0 & 2 & 0 & 2 & 0 \\ 0 & 0 & 0 & 0 & 4 \end{pmatrix}, A^4=A^3 \cdot A=\begin{pmatrix} 0 & 4 & 0 & 4 & 0 \\ 0 & 0 & 0 & 0 & 4 \\ 0 & 4 & 0 & 4 & 0 \\ 0 & 0 & 0 & 0 & 4 \\ 4 & 0 & 4 & 0 & 0 \end{pmatrix}$$

(1) 从 v_2 到 v_5 长度为 1、2、3、4 的路分别有 1、0、0、4 条。

(2) 由于 A^3 中所有元素之和为 20,所以 G 中长度为 3 的路共有 20 条。又由于对角线上元素之和为 12,故其中有 12 条是回路。

(3) 从 A,A^2,A^3,A^4 知,均有 (i,j) 位置元素不为 0 的情况,说明 G 中任意两个节点之间均相互存在路,所以 G 是强连通图。

8.3.2 可达矩阵

第二种图的矩阵表示法——可达矩阵,它表示的是图中任意两个节点间的可达关系。

定义 8.30 设 $G=(V,E)$ 是图,节点集合已编号 $V=\{v_1,v_2,\cdots,v_n\}$,则 G 的可达矩阵(accessible matrix) $P(G)=(p_{ij})_{n\times n}$ 中元素 p_{ij} 按如下方式选取。

若 v_i 可达 v_j,$p_{ij}=1$,否则 $p_{ij}=0$,$i,j=1,2,\cdots,n$。

例 8.7 中图的可达矩阵为

$$P=\begin{pmatrix} 1 & 1 & 1 & 1 & 1 \\ 1 & 1 & 1 & 1 & 1 \\ 1 & 1 & 1 & 1 & 1 \\ 1 & 1 & 1 & 1 & 1 \\ 1 & 1 & 1 & 1 & 1 \end{pmatrix}$$

容易由图的邻接矩阵 $A(G)$ 得出其可达矩阵 $P(G)$,一个非常有效的算法是 Warshall 算法。根据我们的可达矩阵的定义知,$P(G)$ 中所有主对角线上的元素全为 1,这是由于任意节点可达自身所致。

更容易从图的可达矩阵得出图的连通性质。

8.3.3 关联矩阵

第三种图的矩阵表示——关联矩阵,它表示的是图中节点与边之间的关联关系。

1. 无向图

定义 8.31 设 $G=(V,E)$ 是无向图,节点集合和边集合均已编号 $V=\{v_1,v_2,\cdots,v_n\}$,$E=\{e_1,e_2,\cdots,e_m\}$,则 G 的关联矩阵(incidence matrix) $M(G)=(m_{ij})_{n\times m}$ 中元素 m_{ij} 是节点 v_i 与边 e_j 的关联次数。

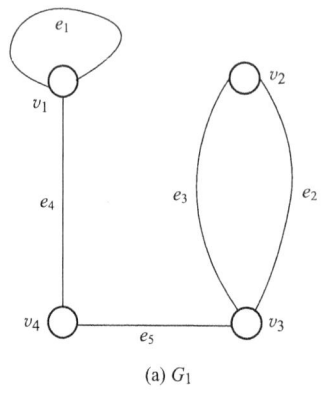
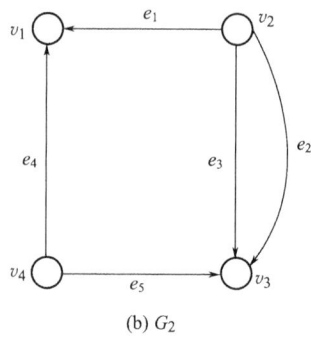

图 8.27

例 8.8 求出如图 8.27(a)所示无向图 G_1 的关联矩阵。

解 G_1 的关联矩阵为 $M(G) = \begin{pmatrix} 2 & 0 & 0 & 1 & 0 \\ 0 & 1 & 1 & 0 & 0 \\ 0 & 1 & 1 & 0 & 1 \\ 0 & 0 & 0 & 1 & 1 \end{pmatrix}$。

根据图的关联矩阵可以得到图的一些性质,如节点的度数、是否存在多重边、是否存在孤立点等。

2. 有向图

定义 8.32 设 $G=(V,E)$ 是无向图,节点集合和边集合均已编号 $V=\{v_1,v_2,\cdots,v_n\}$,$E=\{e_1,e_2,\cdots,e_m\}$,则 G 的关联矩阵(incidence matrix) $M(G) = (m_{ij})_{n\times m}$ 中元素 m_{ij} 为

$$m_{ij} = \begin{cases} 1, v_i \text{ 是 } e_j \text{ 的起点} \\ -1, v_i \text{ 是 } e_j \text{ 的终点}, i=1,2,\cdots,n; j=1,2,\cdots,m \\ 0, v_i \text{ 与 } e_j \text{ 不关联} \end{cases}$$

例 8.9 求出如图 8.27(b)所示无向图 G_2 的关联矩阵。

解 G_2 的关联矩阵为 $M(G_2) = \begin{pmatrix} -1 & 0 & 0 & -1 & 0 \\ 1 & 1 & 1 & 0 & 0 \\ 0 & -1 & -1 & 0 & -1 \\ 0 & 0 & 0 & 1 & 1 \end{pmatrix}$。

图还有其他矩阵表示,如距离矩阵、圈矩阵以及割集矩阵等。前面已经谈到,有了这些图的矩阵表示,可以用线性代数中的知识,特别是矩阵理论对图做更深入的研究,由于篇幅所限,本书不涉及对这些内容的进一步讨论,可参见有关图论文献。

8.4 赋权图及最短路径

8.4.1 赋权图

在图的实际应用中,除建立图论模型外,有时还需要将一些附加信息赋予图的边或节

点，其中之一就是赋权图(weighted graph)。本节仅讨论边赋权图。

定义 8.33 设 $G=(V,E)$ 是任意图，若 G 的每一条边上都赋予一个非负实数，则称 G 是边赋权图。

如图 8.28 所示的是两个边赋权图。

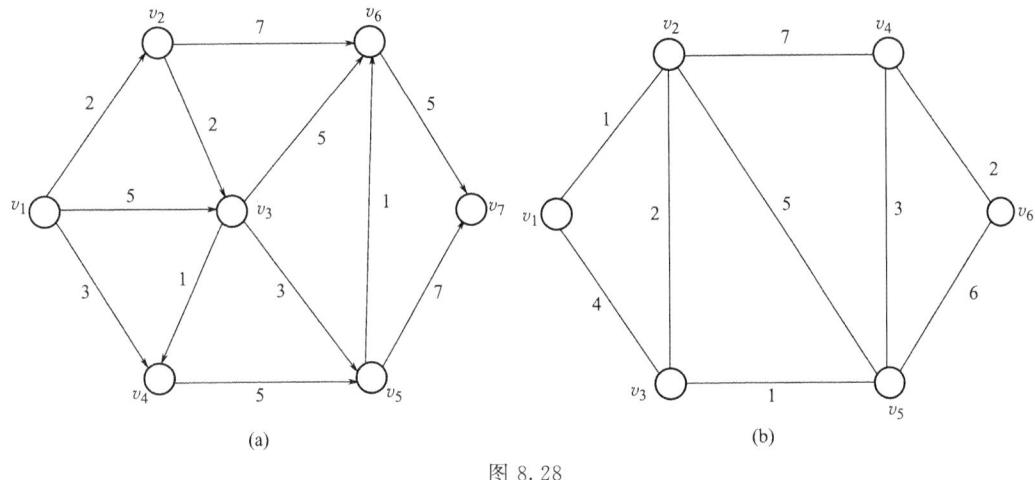

图 8.28

在边赋权图中，每条边上所赋的非负实数称为这条边上的权，它可以理解为该边上的流量或通过该边的时间，还可以理解为该边的长度。

8.4.2 最短路径

在边赋权图中，从一个节点到另一个节点的路上所有边上的权之和称为该路的"权"，例如在图 8.28(a)中路 $v_2v_3v_5v_6v_7$ 的权为 $2+3+1+5=11$。

在实际应用中，最短线路的铺设、运输网络的最少时间以及互联网上的最短路由问题等，都需要得出从一个节点到别的节点权最小的一条路，它必为路径，称为最短路径。

荷兰著名计算机专家 E. W. Dijkstra 于 1959 年提出的求一个节点到其他任意节点的最短路径算法，是至今为止被大家公认的有效算法，其时间复杂度为 $O(n^2)$，其中 n 为图的节点个数。

设 $G=(V,E)$ 是 n 阶边赋权图，$V=\{v_1,v_2,\cdots,v_n\}$，用 w_{ij} 表示节点 v_i 到 v_j 的边上的权，若 v_i 到 v_j 无边，则令 $w_{ij}=+\infty$。

目标：求节点 v_1 到其他任意节点的最短路径。

Dijkstra 算法将 V 划分成两部分 P 和 T，P 表示永久性节点集，而 $T=V-P$ 称为临时节点集。对 P 的每节点 v 进行 P 标号 $l(v)$，$l(v)$ 表示节点 v_1 到 v 的最短路径的权；而 T 中每节点 v 的 T 标号 $l(v)$，$l(v)$ 表示节点 v_1 到 v 的一条路上的权。

Dijkstra 算法：

(1) 令 $P=\{v_1\}$ 且 v_1 进行 P 标号 $l(v_1)=0$，对 $T=V-P$ 中节点进行 T 标号 $l(v_j)=w_{1j}$，$j=2,3,\cdots,n$。

(2) 在所有 T 标号的节点中，选取最小标号节点 v_i 进入 P。

(3) 重新按下列方式计算具有 T 标号的其他节点 v_j 的 T 标号：
$$\min\{l(v_j),l(v_i)+w_{ij}\}$$

(4) 重复上述步骤,直至 $|P|=n$。

例 8.10 利用 Dijkstra 算法求出图 8.28 中从 v_1 到其余所有节点的最短路径。

解 以表格形式简化 Dijkstra 算法求解图 8.28(a) 的过程如表 8.1 所示,其中 v_5 所在列 $7/v_3$ 表示 v_3 在 v_1 到 v_5 的最短路径上,并且与 v_5 邻接,依次类推。

表 8.1

	v_1	v_2	v_3	v_4	v_5	v_6	v_7
1	<u>0</u>	<u>2</u>/v_1	5	3	∞	∞	∞
2			4	<u>3</u>/v_1	∞	9	∞
3			<u>4</u>/v_2		8	9	∞
4					<u>7</u>/v_3	9	∞
5						<u>8</u>/v_5	14
6							<u>13</u>/v_6

于是,从 v_1 到其余各节点的最短路径如图 8.29(a) 所示。

以表格形式简化 Dijkstra 算法求解图 8.28(b) 的过程如表 8.2 所示。

表 8.2

	v_1	v_2	v_3	v_4	v_5	v_6
1	<u>0</u>	<u>1</u>/v_1	4	∞	∞	∞
2			<u>3</u>/v_1	8	6	∞
3				8	<u>4</u>/v_3	∞
4				<u>7</u>/v_5		10
5						<u>9</u>/v_4

于是,从 v_1 到其余各节点的最短路径如图 8.29(b) 所示。

Dijkstra 算法既适合于有向图,也适合于无向图。

下面介绍的 Warshall 算法是由 Warshall 给出并经 R. W. Floyd 改进的算法,它可以求出任意两个节点之间的最短路径。

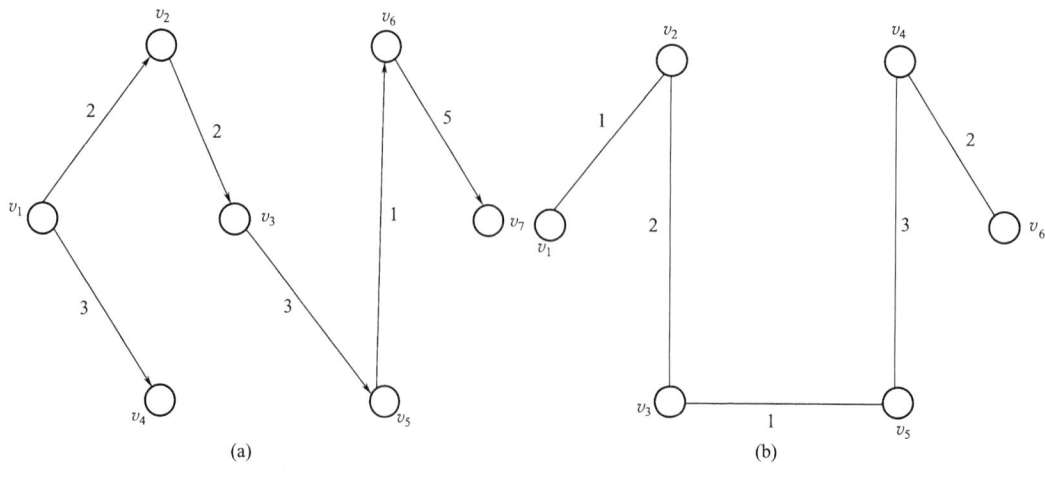

图 8.29

Warshall 算法

(1) 令 $W^{(0)} = (w_{ij}) = (w_{ij}^{(0)})$。

(2) 利用 $W^{(0)}$ 依次构造 $W^{(1)}, W^{(2)}, \cdots, W^{(k)}$,其中 $W^{(k)} = (w_{ij}^{(k)})$,$w_{ij}^{(k)} = \{w_{ij}^{(k-1)}, w_{ik}^{(k-1)} + w_{kj}^{(k-1)}\}$,$w_{ij}^{(k)}$ 是从 v_i 到 v_j 中间节点仅属于 $\{v_1, v_2, \cdots, v_k\}$ 的最短路径的权。

最后得到 $W^{(n)}$ 的就是 v_i 到 v_j 的最短路径的权。

与最短路径相反,需要考虑最长路径的问题。在一个赋权图中,从一个(源)节点到另一个(汇)节点的最长路径称为关键路径(critical path)。

8.5 特殊的图

本节讨论几类在理论研究和实际应用中都有着重要意义的特殊图。

8.5.1 欧拉图

1. 有关概念

欧拉图的概念是瑞士数学家欧拉(Leonhard Euler)在研究哥尼斯堡七桥问题时形成的。在当时的哥尼斯堡城,有七座桥将普莱格尔河中的两个小岛与河岸连接起来,如图 8.30(a)所示,当时那里的居民热衷于一个难题:一个散步者从任何一处陆地出发,怎样才能走遍每座桥一次且仅一次,最后回到出发点?

这个问题似乎不难,谁都想试着解决,但没有人成功。人们的失败使欧拉猜想:也许这样的路线不存在的。1936 年他证明了自己的猜想。

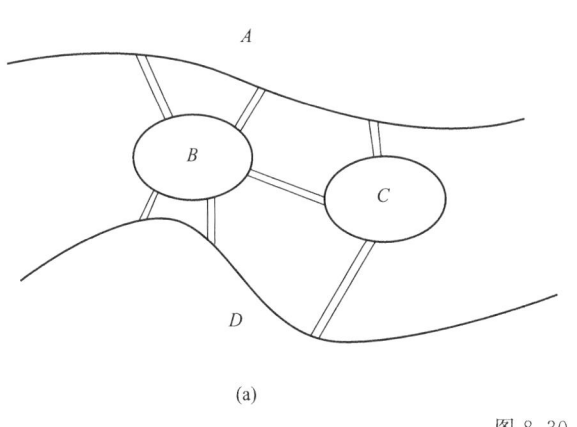
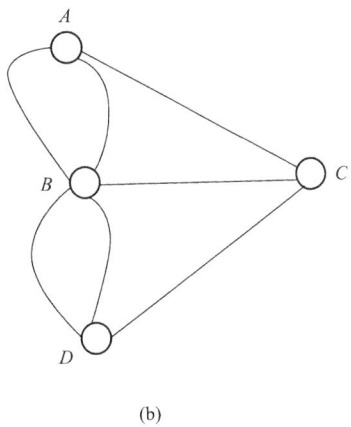

图 8.30

为了证明这个问题无解,欧拉用 A、B、C、D 4 个顶点代表陆地,用连接两个顶点的一条弧代表相应的桥,从而得到一个由 4 个节点,7 条边组成的图,如图 8.30(b)所示。七桥问题便归结成:在图 8.30(b)所示的图中,从任何一点出发每条边走一次且仅走一次的通路是否存在。

欧拉指出,从某点出发再回到该点,那么中间经过的节点总有进入该点的一条边和走出该点的一条边,而且路的起点与终点重合,因此,如果满足条件的通路存在,则图中每个节点关联的边必为偶数。如图 8.30(b)所示的每个节点关联的边均是奇数,故七桥问题无解。欧拉阐述七桥问题无解的论文通常被认为是图论这门数学学科的起源。

定义 8.34 设 $G=(V,E)$ 是任意图,G 中经过所有边一次且仅一次的路称为欧拉轨迹或欧拉路。G 中经过所有边一次且仅一次的回路称为欧拉回路。存在 Euler 回路的图称为欧拉图或简称为 E 图。

显然,欧拉回路是欧拉轨迹,但反过来一般不成立。如图 8.31(a)所示的图中存在欧拉轨迹,但不存在欧拉回路。

如图 8.31(b)所示的图中存在欧拉回路 $v_1v_2v_4v_1v_3v_2v_5v_3v_4v_5v_1$,它是欧拉图。

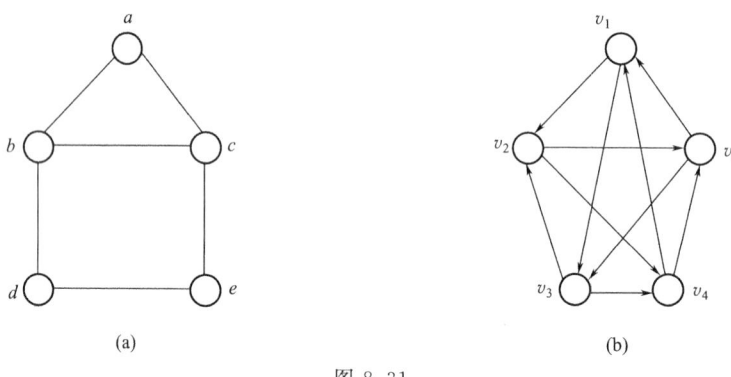

图 8.31

下面两个定理给出了判断一个图是否存在欧拉通路或欧拉回路的充要条件。

2. 欧拉定理

定理 8.11 设 G 是连通无向图,则 G 是 Euler 图的充要条件是 G 的每个节点的度数为偶数。

证明:($\Rightarrow$)显然。

($\Leftarrow$)设 G 是 (n,m) 图,对边数 m 对行归纳。

当 $m=1$ 时,$n=1$,结论显然成立。

假设对于边数小于 m 且每个节点度数均为偶数的连通图结论成立。当边数为 m 时,不妨设 $n\geqslant 2$。由于 G 是连通图且每个节点度数均为偶数,G 中每节点的度数均 $\geqslant 2$,由定理 8.3 知 G 中必存在一个圈 C。在 G 中去掉 C 中所有边得到的一个图,其每个连通分支的每个节点度数均为偶数,由归纳假设知,每个连通分支是欧拉图,存在欧拉回路,于是图 G 中通过回路 C 存在欧拉回路,如图 8.32 所示,故 G 是欧拉图。

欧拉定理给出了一个连通图存在欧拉回路的充要条件,但要具体找出一条这样的回路也是要有章可循的,随意行走是不行的,可参见图 8.32。1921 年 Fleury 给出了一个求欧拉回路的算法,读者可以参考相关文献。

类似欧拉定理的有以下几个定理。

定理 8.12 设 G 是弱连通图,则 G 是欧拉图的充要条件是 G 的每个节点的入度等于其出度。

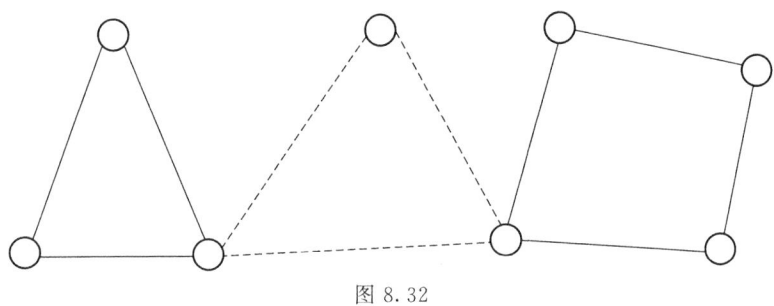

图 8.32

例 8.11 设 G_1 和 G_2 是 n 阶完全图 $K_n(n\geqslant 4)$ 的两个不同的子图,若它们都是欧拉图,则 G_1 和 G_2 的环和 $G_1\oplus G_2$ 的每个连通分支是欧拉图。

证明:设 v 是 $G_1\oplus G_2$ 中任意节点,根据已知条件及欧拉定理知,v 在 G_1 和 G_2 的度数 d_1 和 d_2 均为偶数。若 v 在 $G_1\cap G_2$ 的度数为 d,则 v 在 $G_1\oplus G_2$ 中的度数为 d_1+d_2-2d 仍为偶数,所以 $G_1\oplus G_2$ 的每个连通分支是欧拉图。

定理 8.13 设 G 是连通无向图,则 G 中存在欧拉轨迹的充要条件是 G 的度数为奇数的节点个数为 0 或为 2。

证明:若欧拉轨迹不是欧拉回路,只需在轨迹的起点和终点之间增加一条"新"边,问题转化为欧拉回路。

根据定理 8.13 知,"七桥问题"无解,不存在欧拉轨迹。

有趣的中国古老数学游戏"一笔画问题"与定理 8.13 密切相关。所谓一个图能一笔画出是指从图的某节点出发,线可以相交但不能重合,不起笔就可以将图画完。

同样,对于有向图,有以下定理。

定理 8.14 设 G 是弱连通图,则 G 中存在欧拉轨迹的充要条件是满足下列条件之一。

(1) G 的每节点的入度等于其出度。

(2) G 中存在一个节点出度比入度多 1,存在一个节点入度比出度多 1,而其余所有节点的入度等于其出度。

3. 中国邮递员问题

一位邮递员从邮局选好邮件去投递,然后返回邮局,要求邮递员必须经过其负责的每一条街至少一次,为这位邮递员设计一条投递线路,使其所走的路最短。

显然,若连通无向图有度数为奇数的节点,由于必须返回邮局,邮递员必须得重复走一些街道,问题是怎样才能使得完成投递任务所走的路最短。这是一个在边赋权的图中允许添加多重边后求最短欧拉回路的问题。

中国邮递员问题(Chinese postman problem)首次由中国图论专家管梅谷于 1962 年提出并研究,提出了"奇偶点图上作业法",引起世界上不少数学家的关注。在 1973 年匈牙利数学家 Edmonds 和 Johnson 对中国邮递员问题给出了一种有效算法;另外,在 1995 年王树禾研究了多邮递员中国邮路问题(k—Postman Chinese Postman Problem),参见相关文献。

8.5.2 哈密顿图

1859年爱尔兰数学家 W. R. Hamilton 发明了一个周游世界游戏：在一个木制的正12面体的20个顶点上标示世界上的20个大城市，它们分别是北京、莫斯科、东京、柏林、巴黎、纽约、旧金山、伦敦、罗马、里约热内卢、布拉格、新西伯利亚、墨尔本、耶路撒冷、巴格达、上海、布达佩斯、开罗、阿姆斯特丹和华沙。若从一个城市出发，沿正12面体的棱旅行，每个城市仅经过一次，最后回到原出发点，就算旅行成功。

这个游戏的发明专利以25个金币的高价转让给一个玩具商，据说这个玩具商在几个月内的时间就成了一个腰缠万贯的富豪。

从这个游戏抽象出图论中一种非常重要的哈密尔顿图，且派生出至今为止仍具研究价值的 TSP(Traveling Salesman Problem)。

先介绍与哈密尔顿图有关的3个概念。

1. 哈密尔顿图的有关概念

定义 8.35 设 $G=(V,E)$ 是任意图，G 中经过所有节点一次且仅一次的路径称为哈密尔顿路径(Hamiltonian path)。G 中经过所有节点一次且仅一次(除起点重复一次外)的圈称为哈密尔顿回路(Hamiltonian cycle)。存在哈密尔顿回路的图称为哈密尔顿图(Hamiltonian graph)或简称为 H 图。

显然，由哈密尔顿回路可得到哈密尔顿路径，不返回出发点即可，但反过来一般不成立。在图 8.33(a)中的图存在哈密尔顿路径 bcaed，但不存在哈密尔顿回路。

在图 8.33(b)中的图存在哈密尔顿回路 $v_1v_5v_4v_3v_2v_1$，它是哈密尔顿图。

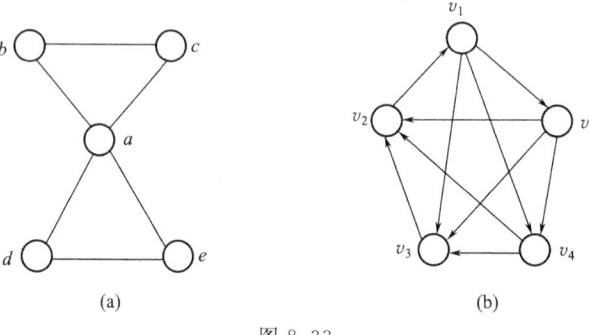

图 8.33

注意 欧拉图行遍所有边，而哈密尔顿图行遍所有节点，一般来说有些边不能走到，两者之间没有必然联系。

显然，一个无向哈密尔顿图是连通图，一个有向哈密尔顿图是强连通图。

例 8.12 前面提到的周游世界游戏有解，试加以说明。

解 将正12面体投影在平面上得到一个无向图 G，该图存在一条哈密尔顿回路，如图 8.34 所示，按顺序从 1 到 2，一直到 20，最后回到 1，所以 G 是哈密尔顿图，故周游世界游戏有解。

判断一个图是否是哈密尔顿图是非常困难的，虽然已经有一些用于判断哈密尔顿图的充要条件,但到目前为止,还没有一种方法可以有效地解决哈密尔顿图的判断问题,这是一个计算机科学中的 NP 难问题。

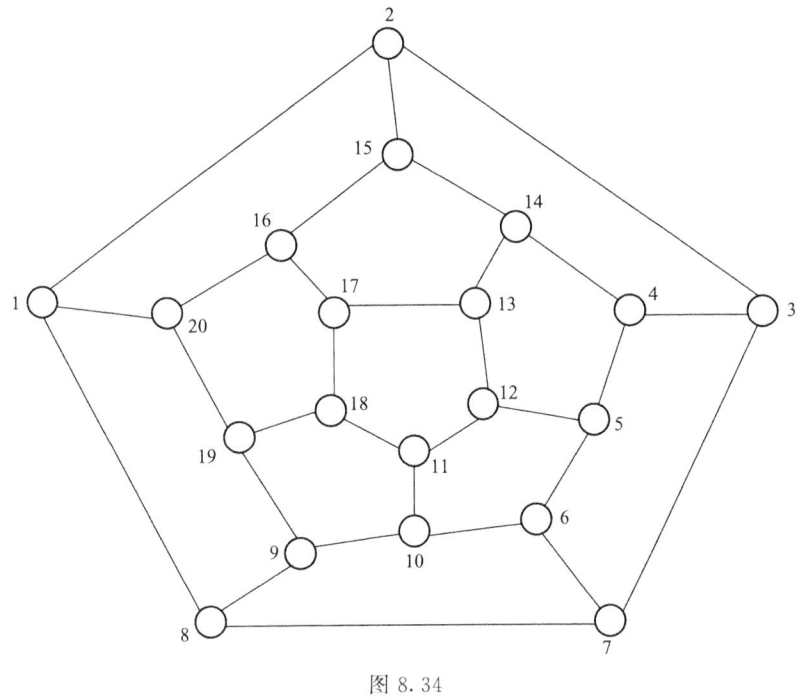

图 8.34

2. 哈密尔顿图的必要条件和充分条件

(1) 哈密尔顿图的必要条件

定理 8.15 设 $G=(V,E)$ 是哈密尔顿无向图,则对于任意 $\varnothing \neq W \subseteq V$,均有 $w(G-W) \leqslant |W|$。

证明:根据已知条件,G 中存在哈密尔顿回路 C。显然,$w(G-W) \leqslant w(C-W) \leqslant |W|$。

例 8.13 举例说明,定理 8.15 的结论作为条件是不充分的。

解 对于彼得森图,可以验证它不是哈密尔顿图。如图 8.35 所示,说明彼得森图满足定理 8.15 的结论。

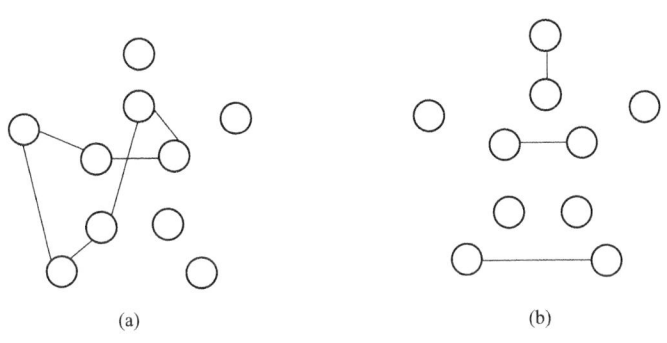

(a)　　　　　　　(b)

图 8.35

在彼得森图中,删除1个或2个节点都连通;若删除3个节点,最多只能得到2个连通分支(如图8.35(a)所示);若删除4个节点,最多只能得到3个连通分支(如图8.35(b)所示);若删除5个节点,剩下的节点数≤5,当然最多只能得到5个连通分支。

所以,彼得森图满足定理8.15的结论,但它不是哈密尔顿图。

(2)哈密尔顿图的充分条件

1960年,Ore得到一个哈密尔顿图的充分条件。

定理 8.16 设$G=(V,E)$是$n(n\geqslant 3)$阶简单无向图,若对于任意的不相邻节点u、$v\in V$,有$\deg(u)+\deg(v)\geqslant n$,则$G$是哈密尔顿图。

证明:(1) G是连通图(参见例8.6)。

(2) 在G中选取一条最长路径$L:v_1v_2\cdots v_{p-1}v_p$,显然,$p\leqslant n$且由于$L$最长,分别与$v_1$与$v_p$邻接的节点均在$L$上。

① 如图8.36所示,若v_1与v_p邻接,则由于L最长及G的连通性知,G中所有节点都在L上,否则会得出一条比L长1的路径。这时结论成立。

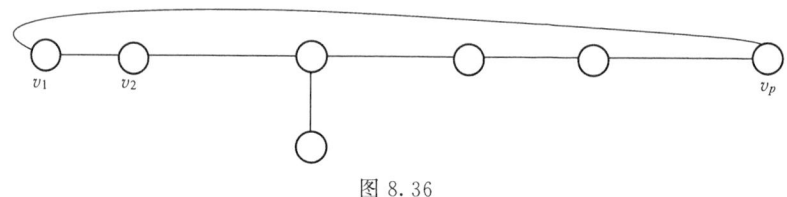

图 8.36

② 若v_1与v_p不邻接,设与v_1邻接的节点分别为$v_{i1},v_{i2},\cdots,v_{ik}$,若节点$v_{i1-1},v_{i2-1},\cdots,v_{ik-1}$都不与$v_p$邻接,由于$v_1$与$v_p$不邻接,于是与$v_p$邻接的节点最多有$(n-k)-1$个,因此$\deg(v_1)+\deg(v_p)\leqslant k+(n-k)-1=n-1$,与已知条件矛盾,如图8.37所示,设$v_{im-1}(1\leqslant m\leqslant k)$与$v_p$邻接,所以路径$L':v_{im}v_1\cdots v_{im-1}v_p\cdots v_{im+1}$与$L$等长,这时$L'$的起点与终点邻接,归结到情形①。

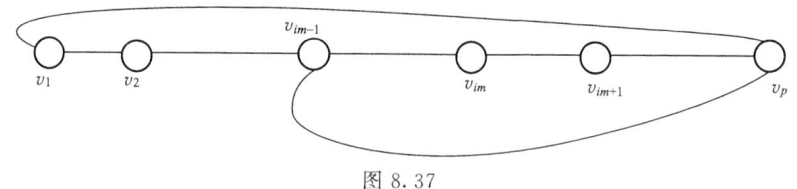

图 8.37

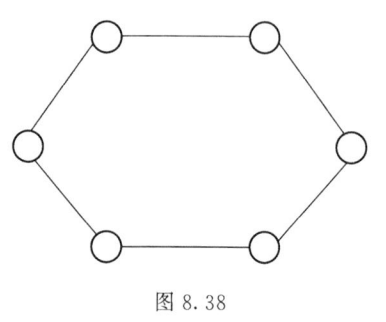

图 8.38

例 8.14 举例说明,定理8.16的条件是不必要的。

解 对于如图8.38所示的图,显然是哈密尔顿图,但任意两个不相邻节点度数之和为4,而图的阶数为6。

Ore的上述结果推广了1952年Dirac的结果。

推论(Dirac,1952)设$G=(V,E)$是$n(n\geqslant 3)$阶简单无向图,若对于任意节点$v\in V$,有$\deg(v)\geqslant n/2$,则

G 是哈密尔顿图。

类似于定理 8.16 有以下定理。

定理 8.17 设 $G=(V,E)$ 是 $n(n\geqslant 3)$ 阶简单无向图,若对于任意的不相邻节点 $u,v\in V$,有 $\deg(u)+\deg(v)\geqslant n-1$,则 G 中存在哈密尔顿路。

证明：请读者自己证明。

例 8.15 设 $G=(V,E)$ 是 $n(n\geqslant 3)$ 阶连通无向图,证明:G 中存在两个节点,将它们删除后得到的图仍是连通的。

证明：在 G 中选取一条最长路径 $L:v_1v_2\cdots v_{p-1}v_p$。由于 L 最长,分别与 v_1 和 v_p 邻接的节点均在 L 上。考虑 $G-\{v_1,v_p\}$。

假定 $G-\{v_1,v_p\}$ 不连通,则存在 $G-\{v_1,v_p\}$ 中两个节点 u_1 和 u_2,它们在 $G-\{v_1,v_p\}$ 中不可达。由于 G 是连通的,在 G 中存在一条从 u_1 可达 u_2 的路 L'。这时 L' 必包含 v_1 或 v_p。而分别与 v_1 和 v_p 邻接的节点均在 L 上,于是在 $G-\{v_1,v_p\}$ 中必存在 u_1 可达 u_2 的路,这是一个矛盾。所以 $G-\{v_1,v_p\}$ 连通。

3. 旅行商问题

有 n 个城镇,其中任意两个城镇间都有道路(若没有则规定该边上的权为 $+\infty$),一个售货员要去这 n 个城镇售货,从某城镇出发,依次访问其余 $n-1$ 个城镇且每个城镇只能访问一次,最后又回到原出发地。问售货员要如何安排经过个城镇的行走路线才能使他所走的路程最短。这就是"货郎担问题"或旅行商问题(TSP,Traveling Salesman Problem)。

求解 TSP 就是要在一个赋权图中,找出一条权最小的哈密尔顿回路。这是一个比判断一个图是否是哈密尔顿图更困难的问题。当然,若赋权图是一个三阶及以上的完全无向图,存在哈密尔顿回路是显然的。

求解 TSP,可以先将所有的哈密尔顿回路找出来,再比较其权的大小,求出权最小的哈密尔顿回路即可。但对于阶数较大的赋权图,这样计算的工作量太大。求货郎担问题的近似解有"邻近法"和"交换法"。目前人们还在研究利用遗传算法、模拟退火算法、神经网络、蚁群算法及粒子算法等求货郎担问题的近似解的一些智能算法。

8.5.3 平面图

对于一个无向图,怎样将其图形画出来本身是无关紧要的,只要与原来的图同构皆可。但有些实际问题要求把图画在一个平面上,同时使得图的边在非节点处不相交。例如,单层印刷电路板、集成电路的布线等问题就需要满足上面的要求。

平面图与地图着色问题密切相关。

1. 平面图的有关概念

定义 8.36 设 G 是无向图,若可将 G 画在一个平面上,使得任意两条边仅仅在节点处才相交,则称 G 是可平面图或简称 G 为平面图(planar graph)。

设 G 是平面图,则可在平面上将图 G

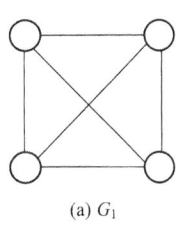
(a) G_1
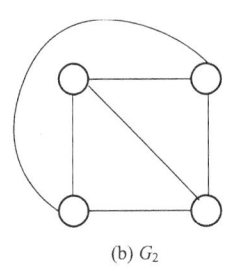
(b) G_2

图 8.39

画出来且使得其任意两条边仅仅在节点处才相交,这样画出的图称为平面图 G 的平面嵌入(planar embedding)或平面表示。由于一个平面图与其平面表示是同构的,因此平面图通常指其平面表示。

如图 8.39 所示的图 G_1 和 G_2 都是平面图。显然,G_2 也是平面图 G_1 的平面嵌入或平面表示。

两个重要的非平面图的例子。

(1) K_5,如图 8.40 所示。

(2) $K_{3,3}$,如图 8.41 所示。

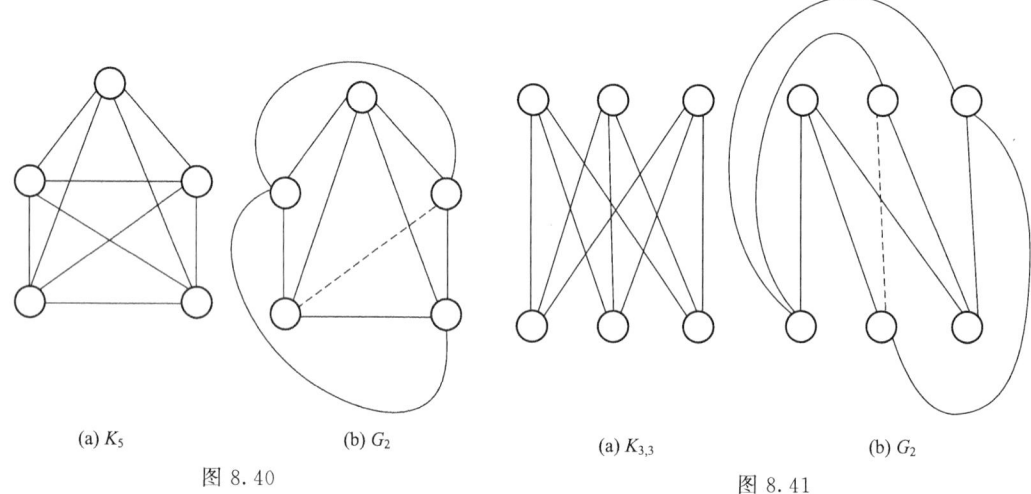

(a) K_5　　　　　(b) G_2　　　　　　(a) $K_{3,3}$　　　　　(b) G_2

　　图 8.40　　　　　　　　　　　　　　　　　图 8.41

定义 8.37　设 G 是简单平面图,若在 G 的任意两个不相邻的节点 u 和 v 之间增加一条边所得的图 $G+uv$ 是非平面图,则称 G 为极大平面图(maximal planar graph)。

显然,若 e 是 K_5 的一条边,则 $K_5-\{e\}$ 是极大平面图。但是,若 e 是 $K_{3,3}$ 的一条边,则 $K_{3,3}-\{e\}$ 不是极大平面图。

定义 8.38　设 G 是非平面图,若在 G 中任意删除一条边所得到的图是平面图,则称 G 为极小非平面图(minimal nonplanar graph)。

容易看出,K_5 和 $K_{3,3}$ 都是极小非平面图。

定义 8.39　设 G 是平面图,由 G 的若干条边所围成的连通区域称为图 G 的面(face),围成面的(回路所在的)边称为面的边界(boundary)。

一个区域是连通的,是指其内部可随意走动而不穿过任何边。在图 8.39(b)中有 4 个面。如图 8.42 所示中的平面图有 2 个面,分别是由 $v_1v_2v_3v_2v_4v_1$ 往内围成一个面和由 $v_1v_2v_4v_1+v_5v_6v_5$ 往外围成的一个面。

特别注意,任何平面图都有一个由若干条边往外围成的一个面,它是唯一的一个无限面。

求一个平面图的面可以这样做,在一张较大的纸上将平面图画上,然后用剪刀沿图的所有边剪一遍,这张纸被分成的每一部分就是一个面。

平面图的两个面相邻是指这两个面有公共的边界。

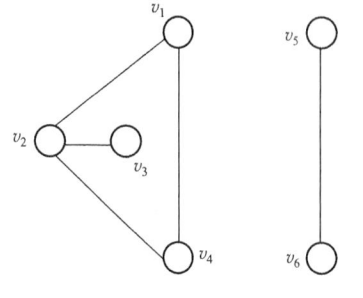

图 8.42

2. 欧拉公式

欧拉在1750年研究多面体时发现,多面体的面数等于多面体的棱数减去顶点数加2,后来发现连通平面图的面数与其节点数、边数之间也有同样的关系。

定理8.18 (欧拉公式)任意(n,m)连通平面图的面数$r=m-n+2$。

证明:对G的面数r进行归纳。当$r=1$时,G只有一个无限面,进而G不含有任何圈。因为G连通,所以G是一棵无向树,进而由无向树的性质知$m=n-1$,于是有$r=m-n+2$。

假设面数为$r-1$时是成立的。由于$r\geqslant 2$,G中存在简单回路C,令e为C上的一条边,考虑$G-\{e\}$。显然,$G-\{e\}$是一个连通的平面图。因为$G-\{e\}$的面数为$r-1$,根据归纳假设有$r-1=(m-1)-n+2$,所以$r=m-n+2$。

注意 在欧拉公式中,"连通"的条件是必不可少的。在图8.42中,$r=2$,而$m-n+2=5-7+2=0$。

下面的推论非常有用。

推论8.2 任意(n,m)简单平面图,若$n\geqslant 3$,则$m\leqslant 3n-6$。

证明:设G是(n,m)简单平面图且$n\geqslant 3$,不妨设G是连通图。根据欧拉公式,G的面数为$m-n+2$。因为G是简单图且$n\geqslant 3$,其每个面至少由3条边围成,但每一条边是两个面的边界或在同一个面中出现两次,于是

$$\frac{3(m-n+2)}{2}\leqslant m \text{ ,所以 } m\leqslant 3n-6\text{。}$$

例8.16 证明K_5不是平面图。

证明:假设K_5是平面图,因为K_5是简单图且节点数$n=5$,由推理1知,其边数为$m\leqslant 3n-6=3\times 5-6=9$,而$m=10$,矛盾。

类似与推论8.2的证明,有

推论8.3 任意(n,m)简单平面图,若G不含K_3子图且$n\geqslant 3$,则$m\leqslant 2n-4$。

例8.17 证明$K_{3,3}$不是平面图。

证明:假设$K_{3,3}$是平面图,因为$K_{3,3}$是简单图,节点数$n=6$且不含K_3子图,由推理2知,其边数为$m\leqslant 2n-4=2\times 6-4=8$,而$m=9$,矛盾。

下面的定理是证明"五色定理"的关键。

定理8.19 任何简单平面图必存在一个度数小于等于5的节点。

证明:不妨设$G=(V,E)$是(n,m)连通图且$n\geqslant 3$。若对于任意$v\in V$均有$\deg(v)\geqslant 6$,则有

$$\sum_{v\in V}\deg(v)\geqslant 6n \tag{1}$$

根据握手定理,有

$$\sum_{v\in V}\deg(v)=2m\leqslant 2(3n-6) \tag{2}$$

(1)与(2)矛盾,结论得证。

3. 库拉托夫斯基定理

波兰数学家库拉托夫斯基(K. Kuratowski,1896—1980)于1930年给出了判定平面图的充要条件。

先介绍同胚的定义。

定义 8.40 若两个图是同构的,或者通过反复进行以下操作(见图 8.43)使得它们同构,则称这两个图同胚(homeomorphism)。

(1) 移去一条边 v_1v_2,并增加一个节点 v 同时与 v_1,v_2 邻接。

(2) 删除一个度为 2 的节点 v,且在与 v 邻接的另外两个节点 v_1,v_2 之间连一条边。

例 8.18 证明:彼得森图的如下子图(见图 8.44)G 同胚于 $K_{3,3}$。

证明过程请读者自己完成。

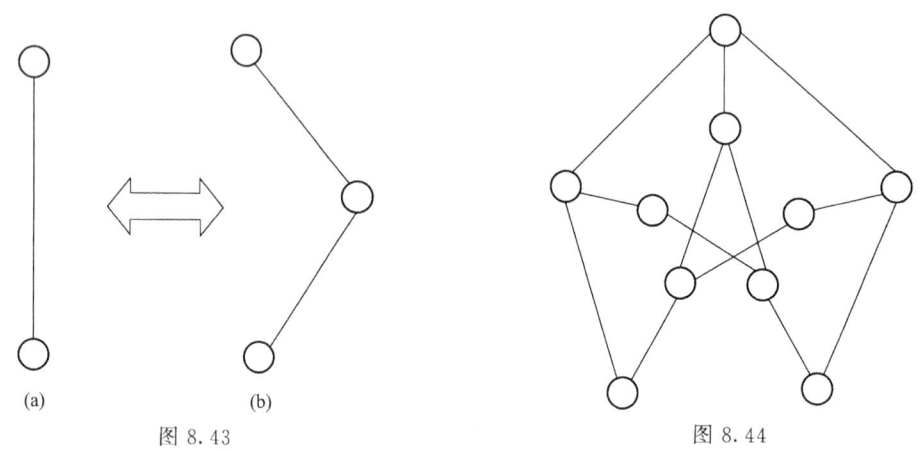

图 8.43　　　　　　　　　　　图 8.44

定理 8.20 （库拉托夫斯基定理） 无向图 G 是平面图的充要条件是 G 无同胚于 K_5 和 $K_{3,3}$ 的子图。

根据库拉托夫斯基定理,彼得森图不是平面图。

库拉托夫斯基定理给出了平面图的充要条件,但很难将其用于实际的平面图判定。在 1966 年,Lempel、Euler 和 Cederbaum 给出了"灌木生长算法",可以逐次完成平面图的嵌入,它是现代图论算法中十分直观、十分精彩的算法之一,而与之配套的 BFS 和 DFS 是很多图论算法的基础,它的基本思想是"走一步是一步,得进且进,行不通时再后退"。

8.5.4 对偶图

对平面图的面的研究可以转换为对其对偶图的节点的研究。

定义 8.41 设 G 是平面图,G 的对偶图(dula graph)G^* 构造如下。

(1) 在 G 的每个面内取一个点作为 G^* 的节点。

(2) 若 G 内的两个面有公共的边界 e,则在 G^* 中相应的两个节点之间连一条边 e^*,且 e^* 仅与 e 相交一次而与 G 的其他边不相交。若 e 是 G 的桥,则 e^* 为 G^* 的吊环。若 e 是 G 的吊环,则 e^* 为 G^* 的桥。

如图 8.45 所示的对偶图为空心点虚线所画的图。

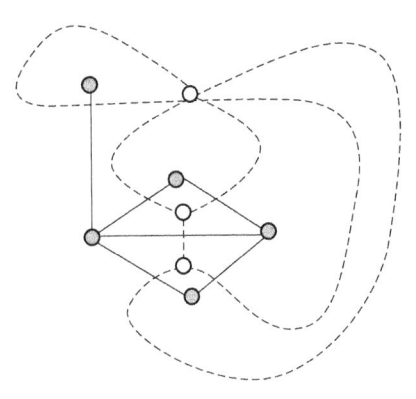
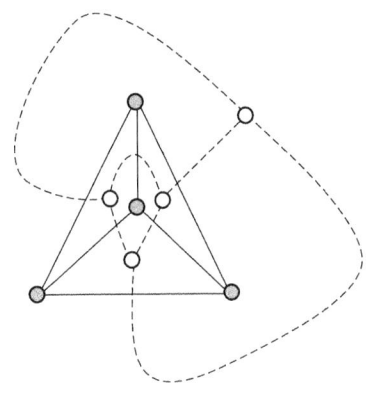

图 8.45

根据定义知,任意平面图的对偶图是平面图且是连通的。设 G 是 (n,m) 平面图,有 r 个面,则 G^* 是 (r,m) 平面图,G^* 有 n 个面。

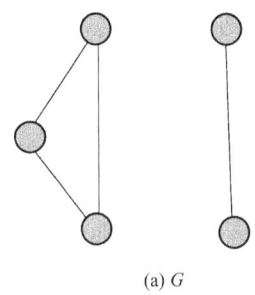
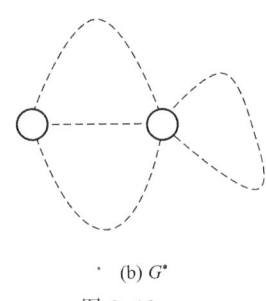
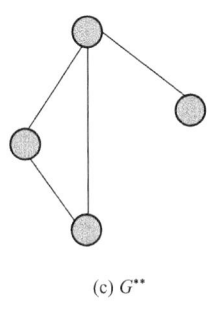

(a) G (b) G^* (c) G^{**}

图 8.46

对于连通平面图 G,对偶图为 G^*,这时 G^* 的对偶图 G^{**} 为本身。对于非连通平面图 G,可能 G 与 G^{**} 不同构,如图 8.46 所示。

8.5.5 平面图的面着色

1852 年,英国的一位大学生 F. 格思里(F. Guthrie)在给一张地图涂色时发现,要使有公共边的两个地方出现不同的颜色,4 种颜色即可。这就是著名的四色猜想(Four Color Conjecture,4CC)。

F. Guthrie 将这个结论告诉了他的老师 De Morgan,一位当时非常有名的数学家。由于 De Morgan 不知道该如何回答这个问题,便写信求教于 William Rowan Hamilton。3 天后,Hamilton 回信说:"我不可能很快解决你的问题。"

1879 年伦敦数学学会会员 A. B. Kemple 给出了四色猜想的第一个证明,十年后 P. J. Heawood 指出了 Kemple 证明过程中存在一个不可克服的漏洞,并沿用 Kemple 的方法证明了五色定理,即 5 种颜色足够。

在接下来的近 100 年里,为了攻克四色猜想,促进了图论以及图的网络理论的发展,它成了数学园地里会下金蛋的鹅。在 1976 年,美国 Kenneth Apple 和 Wolfgang Haken 与 John Koch 合作,在 Kemple 思想的基础上,借助于计算机用了 1260 个小时,用了 100 多亿次逻辑判断证明了"四色猜想",证明的关键技巧是继承了 Kemple 的"色交换技术",它开启了定理机器证明的新篇章,四色猜想变成了四色定理。1999 年又给出了一些改进,缩短了计算机的运行时间。

尽管四色定理的证明没有得到完全承认,但至今为止还没有发现它的纯数学证明。四色定理的简短证明可能有朝一日会被发现,也许出自一位天才的大学生之手。

1. 平面图的面着色定义

定义 8.42 设 G 是平面图,若对 G 的每个面涂上一种颜色且相邻的面出现不同的颜色,则称对该平面图的面着色(face coloring),所需颜色的最少种数称为面着色数(region chromatic number)。

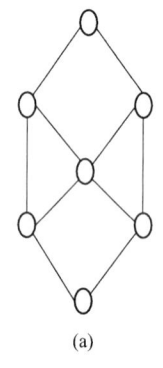
(a)

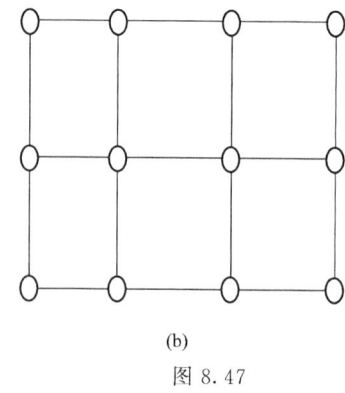
(b)

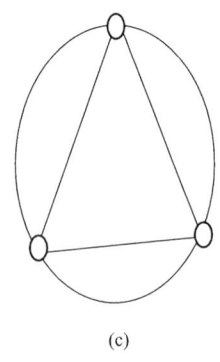
(c)

图 8.47

图 8.47(a)、(b)和(c)中各平面图的面着色数分别为 3、3、2。

2. 图的节点着色

(1) 任意图的节点着色

定义 8.43 设 G 是任意无向图,若对 G 的每个节点涂上一种颜色且相邻的节点出现不同的颜色,则称对该图的节点着色(vertex coloring),简称着色(coloring),所需颜色的最少种数称为节点着色数,简称着色数(chromatic number),记为 $\chi(G)$。

图 8.47(a)、(b)和(c)中各图的节点着色数分别为 3、3、2。

显然,$\chi(K_n)=n$。这个结论很容易证明。

定理 8.21 设 G 是不含自环的图,则 $\chi(G) \leqslant \Delta(G)+1$。

证明过程请读者自行完成。

可以利用韦尔奇·鲍威尔(Welch Powell)算法对图 G 的节点着色,进而求出 $\chi(G)$ 的上界。

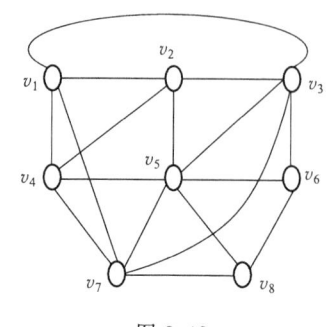

图 8.48

Welch Powell 算法:

① 将图 G 的节点按度数从大到小的顺序排列。

② 用第一种颜色对第一个节点着色,并且按照其余未着色节点顺序,对不邻接的每一个节点着上同样的颜色。

③ 用第二种颜色对尚未着色的节点重复②,继续下去,直到所有的点都着色为止。

例 8.19 利用 Welch Powell 算法对图 8.48 进行着色。

解 ① 将图 G 的节点按度数从大到小的顺序排列为

$v_5, v_3, v_7, v_1, v_2, v_4, v_6, v_8$

② 用第一种颜色对 v_5 着色，并且按照顺序，对与不邻接的节点 v_1 着上同样的颜色。

③ 用第二种颜色对 v_3 着色，并且按照 v_7,v_2,v_4,v_6,v_8 顺序，对与 v_3 不邻接的节点 v_4 和 v_8 着上第二种颜色。

④ 用第三种颜色对 v_7 着色，并且按照 v_2,v_6 顺序，对与 v_7 不邻接的节点 v_2 和 v_6 着上第三种颜色。

由此可知，$\chi(G) \leqslant 3$。显然，$\chi(G)=3$。

(2) 平面图的节点着色

平面图的节点着色与一般无向图的节点着色是相同的。平面图的面着色，可以转换为其对偶图(也是平面图)的节点着色。

定理 8.22 设 G 是简单平面图，则 $\chi(G) \leqslant 5$。

证明：对图 G 的节点数 n 进行归纳。当 $n \leqslant 5$ 时，结论显然。假设对于 $n-1$ 阶简单平面图结论成立。

由定理 8.19 知，G 中存在一个节点 v 使得 $\deg(v) \leqslant 5$。考虑 $G-\{v\}$。由归纳假设有 $\chi(G-\{v\}) \leqslant 5$。

若 $\deg(v)<5$，则 v 邻接的节点个数 $\leqslant 4$，可对 v 着色。

若 $\deg(v)=5$，令与 v 邻接的节点分别为 v_1,v_2,v_3,v_4,v_5，它们分别着色 c_1、c_2、c_3、c_4、c_5。设 W_1 为 $G-\{v\}$ 中着色为 c_1,c_3 的节点组成的集，W_2 为 $G-\{v\}$ 中着色为 c_2,c_4 的节点组成的集。

① 若 v_1,v_3 分别在 W_1 所导出子图的不连通分支中，将 v_1 所在连通分支的颜色 c_1、c_3 对调，不影响 $G-\{v\}$ 的着色，再对 v 着色 c_1，得图 G 的着色。

② 若 v_1,v_3 在 W_1 所导出子图的同一个连通分支中，则从 v_1 到 v_3 存在一条路 L，L 上的各点都着 c_1,c_3 色。路 L 与边 uv_1 和 uv_3 构成回路 C，它包围了 v_2 或 v_4，但不能同时包含，于是 v_2 和 v_4 分别属于节点集 W_2 所导出子图的两个连通分支。因此，在包含 v_2 的连通分支中，将颜色 c_2、c_4 对调，不影响 $G-\{v\}$ 的着色，再对 v 着色 c_2，得图 G 的着色。

3. 任意图的边着色

定义 8.44 设 G 是任意无向图，若对 G 的每条边涂上一种颜色且相邻的边出现不同的颜色，则称对该图的边着色(edge coloring)，所需颜色的最少种数称为边着色数(edge-chromatic number)。

图中的两条边相邻是指它们有公共的节点。容易得出图 8.47(a)、(b) 和(c)中各图的边着色数分别为 6、4、6。

在这里，对图的边着色问题不做更深入讨论，最后对与拉塞姆(Ramsey)理论密切相关的图的边"涂色"的问题进行简单说明。

拉塞姆问题(Ramsey problem)任给一群人，其中有 p 个人彼此认识或有 q 个人彼此不认识，这种人群至少多少人？

拉塞姆问题中的答案记为 $R(p,q)$。

例 8.20 证明：任意 6 个人中，有 3 个人彼此认识或有 3 个人彼此不认识。

证明：用 6 个节点分别表示这 6 个人，可得 6 阶完全无向图 K_6。若两个人认识，则在相应的两个节点所在的边上涂上红色，若两个人不认识，则在相应的两个节点所在的边上涂上蓝色。

对于任意的 K_6 的节点 v，因为 $\deg(v)=5$，与 v 关联的边有 5 条，当用红、蓝去涂时，至少根据推广的鸽笼原理，至少 $\lceil 5/2 \rceil = 3$ 条边涂的是同一种颜色，不妨设 vv_1、vv_2、vv_3 是红色。若 3 条边 v_1v_2、v_2v_3、v_1v_3 是红色，则存在红色 K_3，这意味着 3 个人相互认识；若 v_1v_2、v_2v_3、v_1v_3 是蓝色，则存在蓝色 K_3，这意味着 3 个人相互不认识。结论成立。

注意 在 5 个人的人群中，上述结论不成立。只需要对最外面的 5 条边涂成红色，里面的 5 条边涂成蓝色即可。于是，$R(3,3)=6$(F. P. Ramsey,1930)。

已经知道的一些结果如下：

$R(3,4)=9, R(3,5)=14, R(4,4)=18(1955)$

$R(3,6)=18(1964,1966)$

$R(3,7)=23(1968)$

$R(3,9)=36(1982)$

$R(3,8)=28(1992)$

$R(4,5)=25(1993)$

$43 \leqslant R(5,5) \leqslant 49(1989,1995)$

就 1993 年利用计算机得到的结果 $R(4,5)=25$ 来说，其计算量相当于一台标准计算机 11 年的计算量。由此可见，由拉塞姆在 1928 年提出的求 $R(p,q)$ 的难题，是对数学科学和计算机科学的又一次极大挑战。

习　题

1. 在一次 10 周年同学聚会上，想统计所有人握手的次数之和，应该如何建立该问题的图论模型？

2. 在一个地方有 3 户人家，并且有 3 口井供他们使用。由于土质和气候的关系，有些井中的水常常干枯，因此各户人家要到有水的井去打水。不久，这 3 户人家成了冤家，于是决定各自修一条路通往水井，打算使得他们在去水井的路上不会相遇。试建立解决此问题的图论模型。

3. 某人挑一担菜并带一只狼和一只羊要从河的一岸到对岸去。由于船太小，只能带狼、菜、羊中的一种过河。当人不在场时，狼要吃羊，羊要吃菜。通过建立图论模型给出问题答案。

4. 证明：任何 n 阶完全图 K_n 的边数为 $n(n-1)/2$。

5. 对于 n 阶简单无向图 G，若其边数为 m，试计算 G 的补图 $\overline{G}$ 的边数。

6. 证明：对于任意 n 阶简单图 G 有 $\Delta(G) \leqslant n-1$。

7. 无向图 G 有 6 条边，各有一个 3 度和 5 度节点，其余均为 2 度节点，求 G 的阶数。

8. 将有向图 G 的边的方向去掉得到的无向图称为 G 的基础图，基础图是完全图的有向图称为竞赛图。证明：任意竞赛图的所有节点的出度平方和等于入度平方和。

9. 是否存在一个无向图，其度数序列分别为

(1) 5,4,4,3,3,2,2

(2) 4,4,3,3,2,2,2,2

10. 设无向图 G 有 10 条边，3 度和 4 度节点各 2 个，其余节点的度数均小于 3，则 G 至

少有多少个节点？在最少节点的情况下，求出 G 的度数序列、最大度 $\Delta(G)$ 和最小度 $\delta(G)$。

11. 画出 K_3 的所有不同构的非空子图。

12. 画出所有不同构的 (5,3) 简单无向图及其补图。

13. 证明：在 K_4 的所有不同构的生成子图中，有 3 个具有 3 条边。

14. 说明图 8.49(a) 和 (b) 两个无向图不同构。

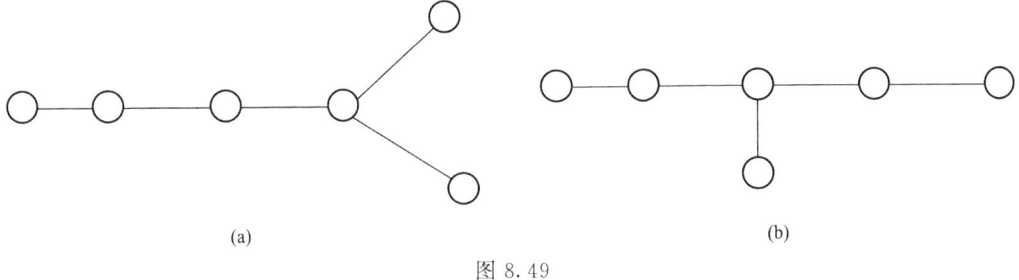

图 8.49

15. 说明图 8.50 中 4 个有向图彼此不同构。

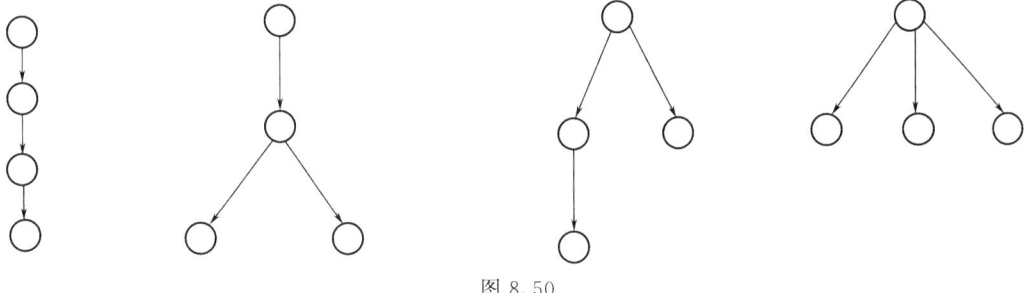

图 8.50

16. 若一个简单无向图 G 与其补图 $\overline{G}$ 同构，则称 G 为自补图。

(1) 试画出所有不同构的 5 阶自补图。

(2) 若 G 是 n 阶自补图，则 K_n 的边数为偶数。

(3) 若 G 是 $n(n\geqslant 2)$ 阶自补图，则存在正整数 k 使得 $n=4k$ 或 $n=4k+1$。

(4) 是否存在 6 阶自补图？

17. 对于完全无向图 K_n，

(1) 共有多少个圈？

(2) 包含某条边的圈有多少个？

(3) 任意两个不同节点间有多少条路径？

18. 在图 8.51 中，求节点 A 到节点 F 的：

(1) 所有路径；

(2) 所有轨迹；

(3) 距离。

19. 在图 8.52 中，求

(1) v_1 到 v_2 长度分别为 1、2、3 的路分别有哪些？

(2) v_1 到 v_2 长度分别为 1、2、3 的回路分别有哪些？

(3) 长度为 3 的路共有多少条？其中有多少条回路？

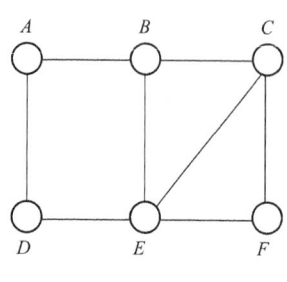

图 8.51

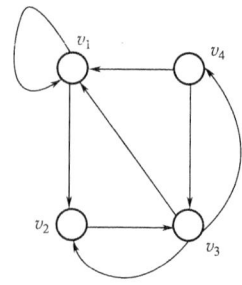

图 8.52

20. 若无向图 G 的任意两个节点之间都存在一条路,则 G 中任意两条最长轨迹存在公共节点。

21. 设 $G=(V,E)$ 是连通无向图,则

(1) 去掉 G 中任意简单回路 C 上的一条边 e,得到的图 $G-e$ 连通。

(2) 去掉度数为 1 的节点 v,得到的图 $G-v$ 连通。

22. 设 G 是 $n(n\geqslant 2)$ 阶简单无向图,若 $\delta(G)\geqslant n/2$,则 G 是连通图。

23. 对于简单连通无向图 $G=(V,E)$,若 G 不是完全图,则存在 3 个节点 $u,v,w\in V$ 使得 $\{u,v\}\in E$ 且 $\{v,w\}\in E$ 但 $\{u,w\}\notin E$。

24. 分别求出 n 阶完全无向图 K_n 的点连通度和边连通度。

25. 设 $G=(V,E)$ 是非平凡有向图,若对于任意 $\varnothing\neq W\subset V$,$G$ 中起点在 W,终点在 $V-W$ 的边至少有 k 条,则称有向图 G 的边连通度至少为 k。证明:非平凡有向图 G 是强连通图的充要条件是 G 的边连通度至少为 1。

26. 已知有向图 G 的邻接矩阵为 $A=\begin{bmatrix} 0 & 2 & 1 & 0 \\ 0 & 0 & 1 & 0 \\ 0 & 0 & 1 & 1 \\ 0 & 0 & 0 & 1 \end{bmatrix}$,画出图 G 的图形。

27. 已知无向图 G 的关联矩阵为 $M=\begin{bmatrix} 1 & 1 & 0 & 0 & 1 & 1 \\ 1 & 1 & 1 & 0 & 0 & 0 \\ 0 & 0 & 1 & 1 & 0 & 1 \\ 0 & 0 & 0 & 1 & 1 & 0 \\ 0 & 0 & 0 & 0 & 0 & 0 \end{bmatrix}$,画出图 G 的图形。

28. 求出图 8.53 所示的无向图 G_1 及有向图 G_2 的关联矩阵。

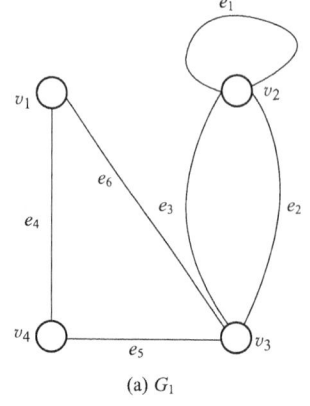

(a) G_1 (b) G_2

图 8.53

29. 画出分别满足以下条件的欧拉图(n,m)。

(1) n 和 m 的奇偶性相同。

(2) n 和 m 的奇偶性相反。

30. 证明：n 阶完全无向图 K_n 是欧拉图当且仅当 n 为奇数。

31. 证明：若一个无向图 $G=(V,E)$ 存在一个节点 $v\in V$ 使得 $\deg(v)=1$，则 G 不是哈密尔顿图。

32. 回答下列问题：

(1) 彼得森图不是哈密尔顿图吗？说明理由。

(2) 可以通过加边使彼得森图成为哈密尔顿图吗？若可以，试画出添加后的图的图形。

(3) 若只能添加原彼得森的一些边的多重边，能使其成为哈密尔顿图吗？

(4) 删除彼得森图的一个节点后所得到的图是否是哈密尔顿图？

33. 分别画出满足下列条件的无向图。

(1) 既是欧拉图又是哈密尔顿图。

(2) 是欧拉图，不是哈密尔顿图。

(3) 不是欧拉图，是哈密尔顿图。

(4) 既不是欧拉图又不是哈密尔顿图。

34. 一只小蚂蚁可否从立方体的一个顶点出发，沿着棱爬行，它爬过每一个顶点一次且仅一次，最后回到原出发点？试利用图作解释。

35. 有 $n(n\geqslant 4)$ 个人，若任意两个人合起来认识其余 $n-2$ 个人，则他们可以站成一个圈，使得每个人的两旁都站着他的朋友。

36. 证明：K_5 和 $K_{3,3}$ 都是极小非平面图。

37. 设 G 是 $n(n\geqslant 3)$ 阶极大平面图，试证明

(1) G 是连通图。

(2) G 的每个面都是三角形。

38. 证明：最小度 $\delta(G)\geqslant 3$ 的简单连通平面图 G 的边数不可能为 7。

39. 若 (n,m) 平面图的每个面至少由 $k(k\geqslant 3)$ 条边围成，则 $m\leqslant k(n-2)/(k-2)$。

40. 分别画出如图 8.54(a) 与 (b) 所示图 G_1 与 G_2 的对偶图。

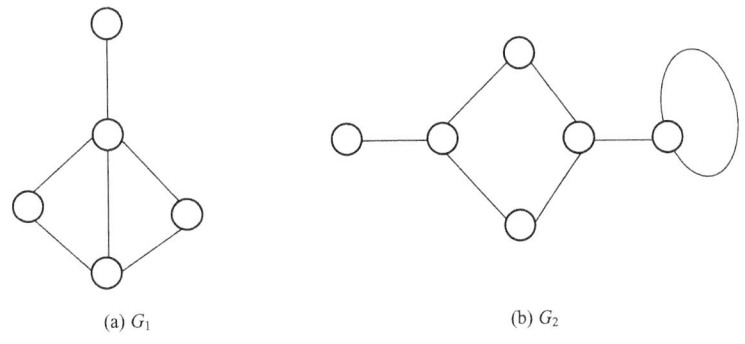

(a) G_1　　　　　　　(b) G_2

图 8.54

41. 设图 G 的节点着色数 $\chi(G)=k$，则 G 至少有 $k(k-1)/2$ 条边。

42. 证明：任意 9 个人中，有 3 个人相互认识或 4 个人相互不认识。

第 9 章 树

树是图论中的重要内容之一,它是 1847 年 Kirchhoff 在解决电路网络时求解联立方程组时提出来的,可惜他的发现超越了时代,因而长期没有引起重视。A. Cayley 于 1857 年利用树的概念成功研究了有机化学中的同分异构体,从而使无向树的理论获得发展。

目前,树在各个领域都有重要应用,特别是在计算机科学中。

树分为无向树和有向树。

9.1 无向树及生成树

9.1.1 无向树的定义

定义 9.1 不含有圈的连通无向图称为无向树(tree＝undirected tree)。无向树的边称为树枝(branch),度为 1 的节点称为叶(leaf),每个连通分支均是无向树的无向图称为森林(forest)。

无向树在图论中称为树,也可以称为自由树。

含 $n(n \geqslant 1)$ 个节点的(无向、有向、根)树称为 n 阶(无向、有向、根)树。不含任意节点的图称为空树。

如图 9.1(a)、(b)和(c)所示分别是不同结构的一阶无向树、二阶无向树和三阶无向树。

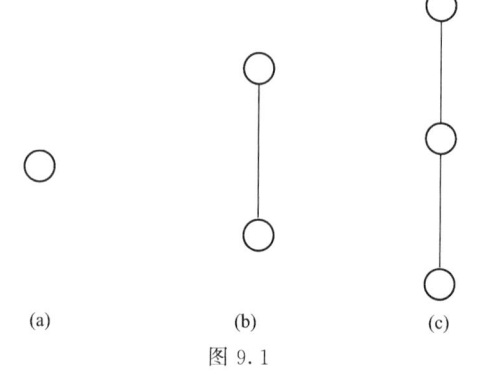

图 9.1

9.1.2 无向树的性质

1. 无向树的基本性质

性质 9.1 $n(n \geqslant 1)$ 阶无向树恰有 $n-1$ 条边。

证明:对 n 使用数学归纳法。当 $n=1$ 时结论显然成立。假设 $n \geqslant 2$ 且 $n-1$ 阶无向树恰有 $n-2$ 条边。

首先,对于 $n \geqslant 2$ 阶无向树 G,每个节点的度数均 $\geqslant 1$。由于 G 中不含圈,由定理 8.3 知,必存在一个节点 v,其度数为 1。

考虑 $G-\{v\}$。由于 G 是不含圈的连通图且 $\deg(v)=1$,所以 $G-\{v\}$ 是不含圈的连通图,即 $G-\{v\}$ 是 $n-1$ 阶无向树,它恰有 $n-2$ 条边。因此,G 恰有 $n-1$ 条边。

例 9.1 设 G 是一棵无向树且有 3 个 3 度节点,1 个 2 度节点,其余均为 1 度节点。
(1) 求出该无向树共有多少个节点。
(2) 画出两棵不同构的满足上述要求的无向树。

解 (1) 设 G 有 x 个节点度数为 1,则 G 的节点数为 $x+3+1=x+4$。由无向树的性质 1 知,G 恰有 $x+3$ 条边。

由握手定理,有 $3\times 3+1\times 2+x\times 1=2(x+3)$,于是 $x=5$。所以 G 有 9 个节点。

(2) 两棵不同构的满足上述要求的无向树如图 9.2 所示。

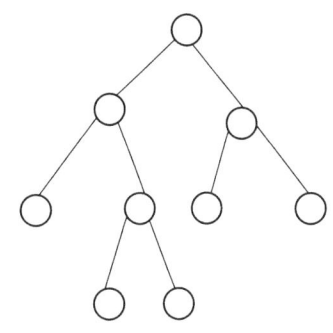
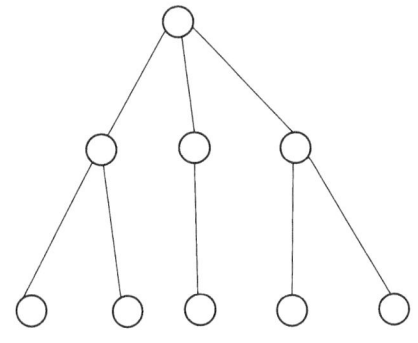

图 9.2

性质 9.2 $n(n\geqslant 2)$ 阶无向树至少有两片树叶。

证明:由性质 1 的证明过程知,$n(n\geqslant 2)$ 阶无向树 G 至少有 1 片树叶。假定 G 仅有 1 片树叶,则其余节点的度数 $\geqslant 2$,这时 $\sum_v \deg(v)\geqslant 1+2(n-1)$。而根据性质 9.1 和握手定理知 $\sum_v \deg(v)=2(n-1)$,这显然矛盾。故 G 至少有 2 片树叶。

例 9.2 证明:不同构的 4 阶无向树 G 为如图 9.3 (a)、(b) 所示。

证明:根据性质 1,4 阶无向树恰有 3 条边,由握手定理知,其所有节点度数之和为 6。根据性质 2,4 阶无向树至少有 2 片叶。

若 G 恰有 2 片叶,则其度数序列为 2、2、1、1,此时为图 9.3(a) 中的图。

若 G 恰有 3 片叶,则其度数序列为 3、1、1、1,此时为图 9.3(b) 中的图。

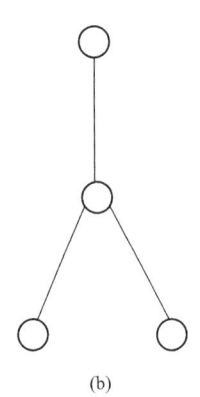

图 9.3

2. 无向树的 6 个等价命题

定理 9.1 以下关于 (n,m) 无向图 G 的 6 个命题等价。

(a) G 是一棵无向树。
(b) G 不含有圈且 $m=n-1$。

(c) G 连通且 $m=n-1$。

(d) G 不含有圈但增加一条新边后得到一个且仅一个圈。

(e) G 连通但删除任意一条边后便不连通。

(f) G 的每一对节点有且仅有一条路径。

证明：(a)$\Rightarrow$(b) 由性质 9.1 即得。

(b)$\Rightarrow$(c)：假设 G 不连通，则 G 有 $k(k\geqslant 2)$ 个连通分支，它们都是无向树，其节点数分别为 $n_1,n_2,\cdots,n_k$，边数分别为 $m_1,m_2,\cdots,m_k$。由性质 1 知，$m_i=n_i-1, i=1,2,\cdots,k$。于是

$$m=\sum_{i=1}^{k}m_i=\sum_{i=1}^{k}(n_i-1)=\sum_{i=1}^{k}n_i-k=n-k<n-1$$

与已知矛盾。

(c)$\Rightarrow$(d)：先证明 G 不含有圈，对 n 归纳。当 $n=1$ 时，边数 $m=0$，显然不含有圈。假设 $n\geqslant 2$ 且连通 $(n-1,n-2)$ 图没有圈。对于 G，由于 $m=n-1$，由性质 9.2 的证明过程知，存在一个度数为 1 的节点 v。这时，由归纳假设知 $G-\{v\}$ 中没有圈，则 G 中没有圈。

若在 G 中添加一条边 uv，由于 G 是连通图，在 G 中 u 可达 v。于是在 $G+uv$ 中存在圈。若 $G+uv$ 含有 2 个圈，则 G 必含有圈，不可能。

(d)$\Rightarrow$(e)：若 G 不连通，则存在 2 个不可达的节点 u 和 v，在 G 中添加一条边 uv 后不会出现圈。若删除一条边后仍连通，则 G 中有圈。

(e)$\Rightarrow$(f)：由连通性知，G 的每一对节点之间有一条路径。若有 2 条，则 G 中有圈，这时删除圈中的一条边后，G 仍连通，矛盾。

(f)$\Rightarrow$(a)：由于 G 的每一对节点之间有一条路径，于是 G 是连通图。若 G 中有圈，则圈上的 2 个节点之间存在两条路径。

很容易从上述定理得出无向树的更多性质。

9.1.3 生成树

如图 9.4(a) 所示中的无向图不是无向树，但可以得出其生成子图是无向树，如图 9.4(b) 和 (c) 所示。

定义 9.2 设 $G=(V,E)$ 是无向图，若 T 是 G 的生成子图，且 T 是一棵无向树，则称 T 为 G 的生成树 (spanning tree)。T 中的边称为树枝 (branch)，其余边称为关于生成树 T 的弦 (chord)。

由图 9.4(b) 和 (c) 知，一个无向图的生成树不一定唯一，但不是任意无向图都存在生成树。

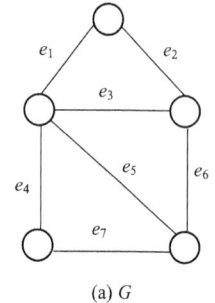
(a) G

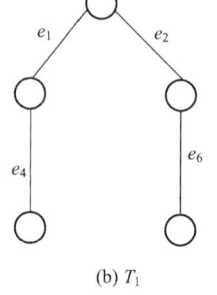
(b) T_1

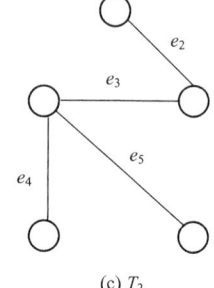
(c) T_2

图 9.4

定理 9.2 设 G 是无向图,则 G 存在生成树的充要条件是 G 是连通图。

证明:($\Rightarrow$) 显然。

($\Leftarrow$) 因为 G 连通,若 G 无圈,则 G 本身就是 G 的生成树。若 G 中存在圈,由定理 9.1 知,删除该圈上的一条边的一个连通生成子图。继续该过程,一直到没有圈为止。最后得到的生成子图是一棵无向树,它就是 G 的生成树。

由定理 9.2 有以下推论。

推论 9.1 $n(n \geqslant 1)$ 阶连通图至少有 $n-1$ 条边。

由此可见,$n(n \geqslant 1)$ 阶无向树是边数最少的连通无向图。

例 9.3 设 G 是连通无向图,T 是 G 的任意一棵生成树,C 是 G 的任意圈,则 C 至少含有一条关于生成树 T 中的弦。

证明:反证法。若 C 不包含任意关于生成树 T 中的弦,则 C 中的所有边均在生成树 T 中,这意味着 T 中包含圈,不可能。

例 9.4 设 G 是连通无向图,T 是 G 的任意一棵生成树,F 是 G 的任意边割集,则 F 至少有一条 T 中的树枝。

证明:反证法。若边割集 F 不含有生成树 T 中的树枝,则删除 F 中的所有边后,所得到的子图必含有生成树 T,进而是连通的,矛盾。

9.1.4 最小生成树

设 $G=(V,E)$ 是边赋权的连通无向图,在有些问题讨论中,不但要得出 G 的一棵生成树,而且要使生成树各边的权之和最小。

定义 9.3 设 G 是一个边赋权的连通无向图,G 的生成树各边的权之和称该生成树的圈,G 中权最小的生成树称为最小生成树(minimal spanning tree)。

下面介绍求边赋权的连通无向 (n,m) 图的最小生成树的算法。

算法 9.1 克鲁卡尔(Kruskal,1956)的避圈算法。

先将图 G 的 m 条边按权从小到大的顺序排列:$e_1, e_2, \cdots, e_m$。按从左至右顺序。

(1) 选取第一条边 e_{i_1},只要 e_{i_1} 不是圈,令 $j \leftarrow 1$。

(2) 若 $j = n-1$,算法结束,否则转向(3)。

(3) 假定已经选取了 $e_{i_1}, e_{i_2}, \cdots, e_{i_k}$,再选取 $e_{i_{k+1}}$,只要 $\{e_{i_1}, e_{i_2}, \cdots, e_{i_k}, e_{i_{k+1}}\}$ 不构成圈。令 $j \leftarrow j+1$,转向(2)。

Kruskal 的避圈法的基本思想是:以边的权从小到大的顺序,逐步选边,但必须去掉产生圈的边,即避开圈的产生,直至得到 $n-1$ 条边为止。算法的正确性是显然的。

例 9.5 使用 Kruskal 的避圈法,求出如图 9.5(a)所示边赋权图 G 的最小生成树。

解 按 Kruskal 的避圈法可得出其最小生成树 T 为如图 9.5(b)所示。

算法 9.2 普里姆(Prim,1957)算法。

基本思想:从任意节点出发,选取与其关联且权最小的边以及该边的另一个关联节点,两点及边构成一个图 H。在 $G-H$ 中选取与 H 中所有节点关联的最小权的边及另一个与该边关联的节点,将它们全并入 H,直到 H 包含了 G 的所有节点。

算法 9.3 管梅谷(1975)的破圈法

基本思想:在 G 中任意选取一个圈,去掉该圈上的最大权的一条边,直到不含有圈为止。

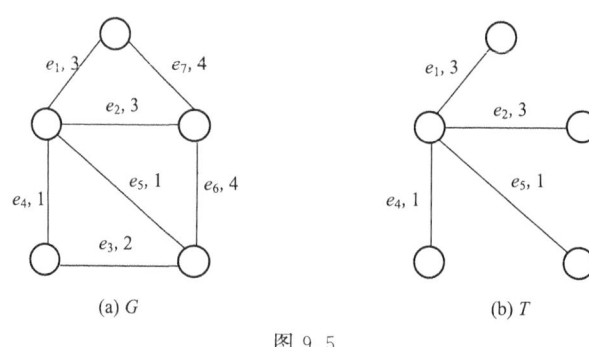

(a) G   (b) T

图 9.5

9.2 根树及其应用

上一节讨论的是无向树，本节讨论有向树的有关内容。它们在计算机算法及程序设计研究中都起着重要作用。

9.2.1 有向树的定义

定义 9.4 一个有向图 $G=(V,E)$，在不考虑边的方向时是一棵无向树，则该有向图称为有向树（directed tree）。

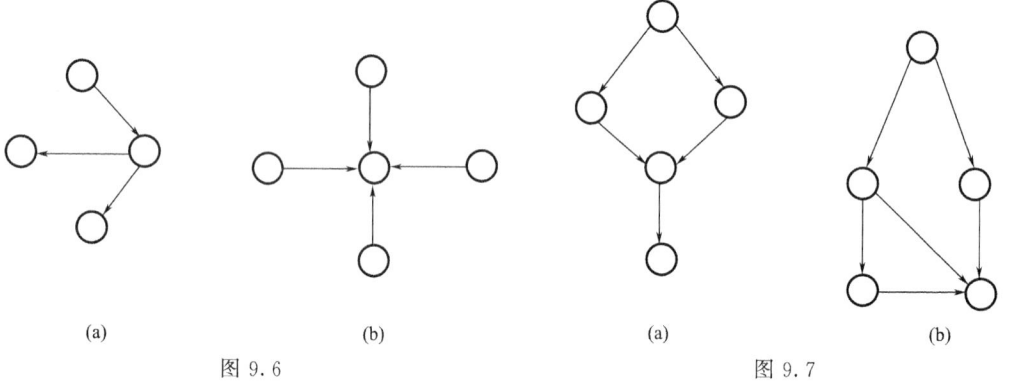

(a)   (b)   (a)   (b)

图 9.6   图 9.7

图 9.6 所示的是两个有向树的例子。

在一棵有向树中，节点 V 的前驱元素称 v 的父节点（parent），v 的后继元素称 v 的子节点（child）。实际上，在一个无环有向图（directed acyline graph，DAG）中均可以定义父节点和子节点，若有向边 $(u,v)\in E$，称 u 是 v 的父节点，v 是 u 的子节点。

图 9.7 所示的是两个无环有向图的例子。一般来说，DGA 不是有向树，但它常用在讨论拓扑排序及关键路径中。

9.2.2 根树

在有向树中，更常用的是根树，它能清楚地表示层次结构。在编译程序中，用于表示源程序的语法结构，数据库系统中用于表示信息的组织形式。

定义 9.5 一棵有向树,若恰有一个节点入度为 0,而其余节点入度均为 1,则该有向树称为根树(rooted tree)。

在根树中,入度为 0 的节点称为树根(root),出度为 0 的节点称为树叶(leaf),出度不为 0 的节点称为分枝节点,将不是根的分枝节点称为内点。

一般将根树的根画在上方或下方,这时边的方向都朝下(见图 9.8(a))或都朝上(见图 9.8(b))。正因为这样,在实际应用中,根树的方向是可以省略的。

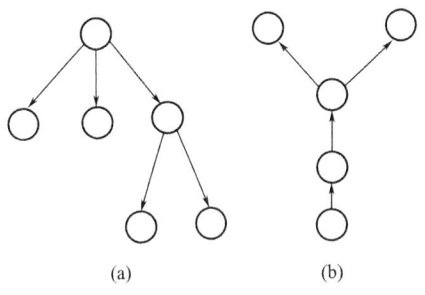

图 9.8

为了方便,可以借助于家族树称呼根树中的节点。若有向边 $(u,v) \in E$,则称 u 是 v 的父节点(parent),v 是 u 的子节点(child)。同一个父节点的子节点称为兄弟节点(sibling)。节点的祖先(ancestor)是从根节点到该节点的路径上所经过的所有分枝节点。从一个节点可以到达的任意节点都称为该节点的后代(offspring 或 descendants,子孙)。

可以证明,从根节点到任意节点有且仅有一条路径。从根节点到某个节点的路径的长度称为该节点的层或级(level)。于是,根节点是第 0 层节点,其子节点称为第 1 层节点,依此类推。其父节点在同一层的节点互为堂兄弟。根树中节点的最大层次,称为根树的高度(height)或深度(depth)。

在根树中,所有树叶的层数之和称为该根树的外部路径长度,记为 E;所有内点的层数之和称为该根树的内部路径长度,记为 I。

定义 9.6 设 $G=(V,E)$ 是一棵根树,$v \in V$,由节点 v 及其所有后代导出的子图称为 G 的子根树(rooted subtree),可以简称为子树(subtree)。

可以结合如图 9.9 所示的根树理解上面提到的概念。需要注意的是,关于根树中节

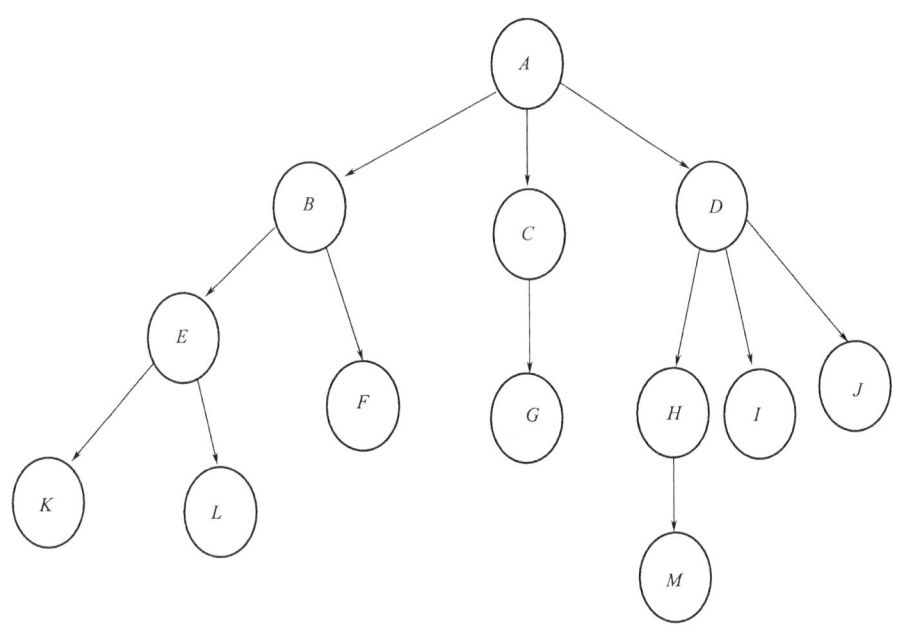

图 9.9

点的层(level)的含义在有些数据结构中有所不同,它们将根节点称为第1层节点,其子节点称为第2层节点,依次类推。

9.2.3 m 叉树

在根树中,一个节点的出度可以称为元,或更形象地称为叉。在数据结构中有称为"度"的,但容易与图论中节点的度数概念混淆。当然,用根树的最大出度称呼其名有时会更直观、方便。

1. m 叉树的定义

定义 9.7 设 $G=(V,E)$ 是一棵根树,若 $m=\max\limits_{v\in V}\text{od}(v)$,则称 G 是 m 叉树(m-ary tree)。

图 9.9 所示为一棵 3 叉树。图 9.9(b)所示为一棵二叉树,但要与数据结构中二叉树相区别,见下面关于二叉树的进一步说明。

在 m 叉树 G 中,若对于任意节点 v 均有 $\text{od}(v)=m$ 或 0,则称 G 为完全 m 叉树,所有树叶节点所在的层都相同的完全 m 叉树称为正则 m 叉树,或称满 m 叉树。

图 9.10(a)所示为一棵完全二叉树,图 9.10(b)所示为一棵正则二叉树。

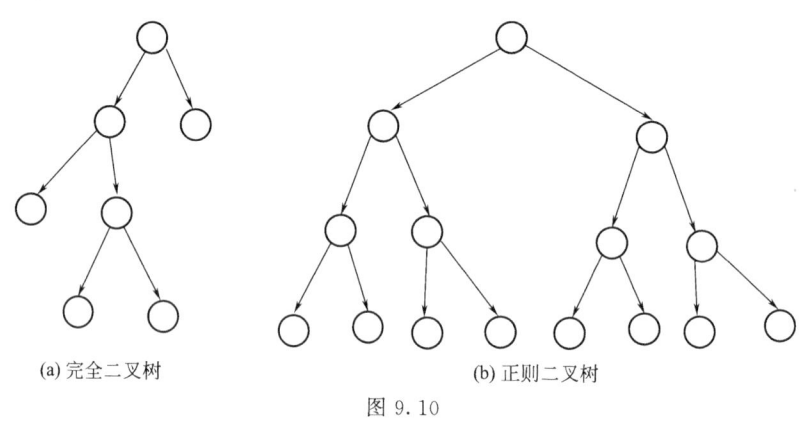

(a) 完全二叉树　　　　　　　　(b) 正则二叉树

图 9.10

2. m 叉树的性质

下面是有关 m 叉树的几条性质,这些性质在数据结构中也有讨论。

性质 9.3 m 叉树的第 i 层的节点至多为 $m^i (i\geqslant 0)$。

证明:对层数 i 归纳。当 $i=0$ 时,第 0 层节点仅为根,有 $m^0=1$,结论成立。设第 $i-1$ 层节点至多 m^{i-1},因为每个节点的出度均 $\leqslant m$,从而第 i 层的节点至多为 $m\cdot m^{i-1}=m^i$。

显然,正则 m 叉树的第 i 层的节点恰为 $m^i (i\geqslant 0)$。

性质 9.4 高度为 h 的 m 叉树至多有 $(m^{h+1}-1)/(m-1)(m\geqslant 2)$ 个节点。

证明:由性质 9.3 知结论成立。

性质 9.5 一棵有 l 片树叶的 m 叉树的高度至少为 $\log_m l$。

证明:当所有 l 片树叶处于同一层且分支点的儿子数等于或尽可能接近 m 时,该 m 叉树的高度最小。对于高度为 h 的 m 叉树,由性质 1 知 $l\leqslant m^h$,所以 $h\geqslant \log_m l$。

性质 9.6 若一棵完全 m 叉树有 l 片树叶，t 个分枝节点，则 $(m-1)t=l-1$。

证明：有 t 个分支节点的完全 m 叉树有 mt 条边、$t+l$ 个节点，于是 $mt=t+l-1$，因此 $(m-1)t=l-1$。

下面是二叉树的几条性质。

性质 9.7 若二叉树有 l 片树叶，则出度为 2 的节点有 $l-1$ 个。

证明：设出度为 1 的节点有 x 个，出度为 2 的节点有 y 个，则该 2 叉树有 $x+y+l$ 个节点，进而有 $x+y+l-1$ 条边。显然，所有出度之和等于边数：
$$x+2y=x+y+l-1$$
于是，有 $y=l-1$。

性质 9.8 有 l 片树叶的完全二叉树有 $2l-1$ 个节点。

证明：由性质 9.6 知结论成立。

性质 9.9 若完全二叉树有 t 个分枝节点，则 $E=I+2t$，其中 E 为外部路径长度，I 为内部路径长度。

证明：设该完全二叉树有 l 片树叶，则由性质 5 知 $t=l-1$。对 t 归纳。当 $t=0,1$ 时，结论显然成立。

假设对于分支节点个数小于 t 的完全二叉树结论成立。对于分支节点个数为 t 的完全二叉树，去掉根节点得到两棵完全二叉树，其外部路径长度、内部路径长度和分支节点个数分别为 E_1, I_1, t_1 和 E_2, I_2, t_2，根据归纳假设有 $E_1=I_1+2t_1$ 且 $E_2=I_2+2t_2$。由于 $E=E_1+E_2+l$，$I=I_1+I_2+(t-1)$ 且 $t_1+t_2=t-1$，因此
$$E=(I_1+2t_1)+(I_2+2t_2)+l=I_1+I_2+2(t_1+t_2)+l$$
$$=I_1+I_2+2(t-1)+l=(I_1+I_2+(t-1))+(t-1)+l$$
$$=I+(t-1)+l=I+t+(l-1)=I+2t$$

3. 叶赋权 m 叉树

下面讨论叶赋权 m 叉树。

定义 9.8 设 $G=(V,E)$ 是一棵 m 叉树，若 G 的每一片树叶上都赋予一个非负实数，则称 G 为叶赋权 m 叉树。

可以将树叶理解为苹果，树叶上所赋的权理解为苹果的重量。

定义 9.9 设 $G=(V,E)$ 是一棵叶赋权 m 叉树，其 l 片树叶上的权分别为 $w_1, w_2, \cdots, w_l$，记根节点到权为 w_i 的树叶节点的路径长度（即距离）为 $L(w_i)(i=1,2,\cdots,l)$，称 $\sum_{i=1}^{l} w_i \cdot l(w_i)$ 为 m 叉树的权，记为 $W(G)$。

$W(G)$ 可理解为该 m 叉树所承受的"力"，也可以借助于后面的哈夫曼编码帮助理解。

图 9.11 所示的三棵二叉树的权分别为：

$7\times2+5\times2+2\times2+4\times2=36$

$7\times3+5\times3+2\times1+4\times2=46$

$7\times1+5\times2+2\times3+4\times3=35$

下面讨论最优二叉树问题，它在解决某些判定问题时可以得到最佳判定算法。所得结论可以推广到一般的最优 m 叉树。

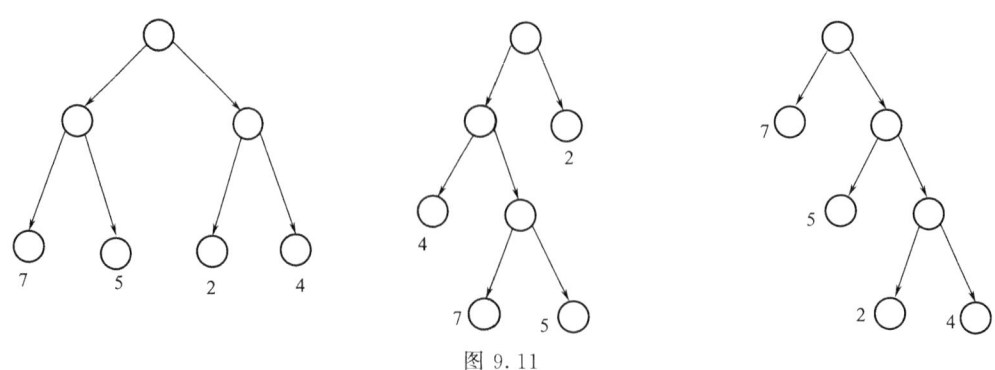

图 9.11

定义 9.10 设 $G=(V,E)$ 是一棵叶赋权二叉树,其 l 片树叶上的权分别为 $w_1,w_2,\cdots,w_l$,在所有树叶数相同以及相应树叶上的权也相同的二叉树中,权最小的那棵二叉树称为最优二叉树或哈夫曼(Huffman)树。

哈夫曼(Huffman)在 1952 年首先给出一个求最优二叉树的有效算法,其基本思想是"将较轻的苹果挂远一点,而不是相反,否则可能折断树枝"。将给定的 l 片树叶上的权按从小到大的顺序排列,不妨设为 $w_1 \leqslant w_2 \leqslant \cdots \leqslant w_l$;分别赋权为 $w_1,w_2,\cdots,w_l$ 的 l 片树叶的最优二叉树可以从有 $l-1$ 片树叶,且权分别为 $w_1+w_2,w_3,\cdots,w_l$ 的最优二叉树得到;再将 $w_1+w_2,w_3,\cdots,w_l$ 按从小到大的顺序排列,继续上述步骤即可得所有的最优二叉树。

例 9.6 计算有 5 片树叶,分别赋权 1、2、3、4、5 的哈夫曼树。

解 对于 1、2、3、4、5,先组合两个最小的权 1+2=3,得 3、3、4、5;在所得的序列中再组合 3+3=6,重新排列后为 4、5、6;再组合 4+5=9,得 6、9;最后组合 6+9=15。

$$
\begin{array}{ccccc}
\underline{1} & \underline{2} & 3 & 4 & 5 \\
 & \underline{3} & \underline{3} & 4 & 5 \\
 & & 6 & \underline{4} & \underline{5} \\
 & & \underline{6} & & \underline{9} \\
 & & & & 15
\end{array}
$$

所求哈夫曼树如图 9.12 所示。

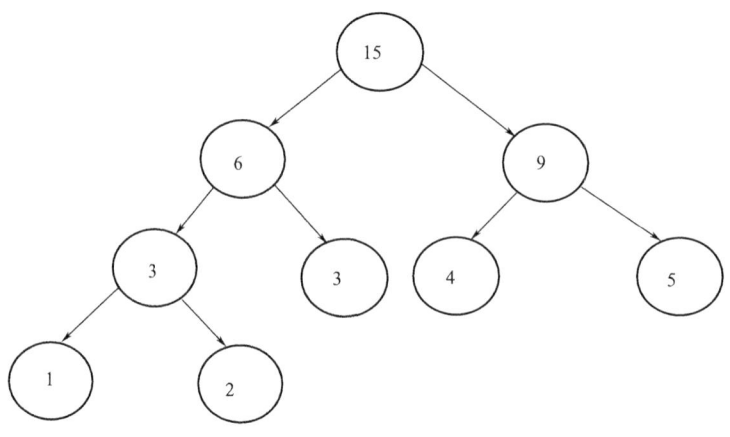

图 9.12

哈夫曼算法的正确性是比较显然的。

9.2.4 有序树

在根树中,对同一个节点的所有儿子节点是没有先后顺序的。这与家族树不太一致。同时,在有些应用问题中,需要对同一个节点的所有儿子节点规定一个先后顺序,通常是从左至右顺序,这就是有序树。

定义 9.11 设 $G=(V,E)$ 是一棵根树,若对同一个节点的所有儿子节点规定一个先后顺序,则称 G 为有序树(ordered tree)。

在有序树中,一个节点的最左边的儿子常称为该节点的长子。在同一个父节点的所有子节点中。一个节点的右边第一个节点称为该节点的大弟。如果一片森林中,每一棵根树都是有序树,且全体有序树的根也规定了先后顺序,则称该森林为有序森林(ordered forest),其中一棵有序树的右边第一棵有序树的根是前一棵有序树的根的大弟。

例 9.7 用有序树表示一个代数表达式 $(a-b)/|c|$。

解 有序树如图 9.13(a)所示。

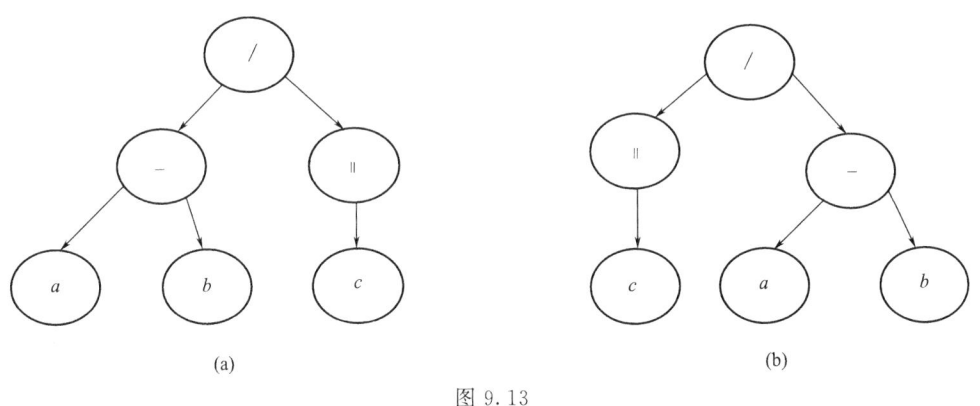

图 9.13

注意:在图 9.15(a)与(b)中,作为根树它们是同构的,但作为有序树它们是不同的,因为图 9.15(b)表示的是 $|c|/(a-b)$。

9.2.5 定位二叉树

对于二叉有序树,每个分枝节点至多两个儿子。若对这两个儿子,包括只有一个儿子的情形,还根据实际情况确定了其左右位置,分别称为左儿子和右儿子,这就是定位二叉树。

1. 定位二叉树定义

定义 9.12 设 $G=(V,E)$ 是一棵有序二叉树,若对同一个节点的所有儿子节点确定一个左右位置,则称 G 为定位二叉树(positional binary tree)。

图 9.14 所示为两棵二叉树,作为有序树它们的作用是相同的。作为定位二叉树是不同的,因为在图 9.14(a)中,v 是 u 的左儿子,而在图 9.14(b)中,v 是 u 的右儿子。

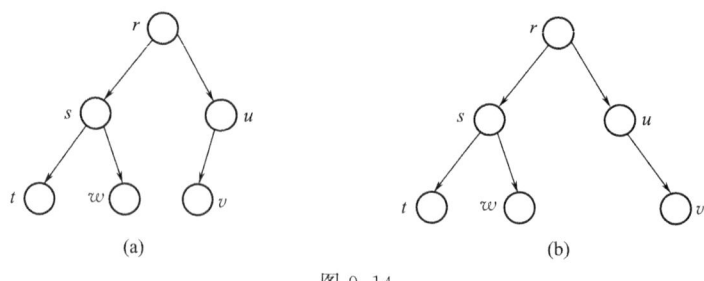

图 9.14

这里的定位二叉树是数据结构中的二叉树（binary tree）。它主要区分左儿子和右儿子，进而有左子树和右子树之分。在图 9.14 中，r 的左子树是由 s、t、w 导出的子图，r 的右子树是由 u、v 导出的子图；u 的左子树是 v，u 不存在右子树。

2. 哈夫曼编码

在定位二叉树中，与哈夫曼树密切相关的是哈夫曼编码。哈夫曼编码是数据文件压缩的一个十分有效的编码方法，其压缩率在 20%～90%。现给出前缀及前缀码的定义。

定义 9.13 设 $\beta = \alpha_1\alpha_2\cdots\alpha_n$ 是长度为 n 的符号串，则称子串 $\alpha_1, \alpha_1\alpha_2, \cdots, \alpha_1\alpha_2\cdots\alpha_{n-1}$ 分别为 β 的长度为 $1, 2, \cdots, n-1$ 的前缀（prefix）。设 $A = \{\beta_1, \beta_2, \cdots, \beta_m\}$ 是符号串组成的集合，若对于任意 $i \neq j$ 均有 β_i 与 β_j 互不为前缀，则称 A 为前缀码（prefix code）。若 $\beta_i (i = 1, 2, \cdots, m)$ 中只出现 0 或 1 两个符号，则称 A 为二元前缀码（binary prefix code）。

用二进制对计算机及通信中使用的符号进行编码时，一要保证编码没有歧义，不会将字母传错；二要保证码长要尽可能地短。使用定位二叉树，可以将节点的左儿子所在边标记为 0，而将右儿子所在边标记为 1，则可产生唯一的树叶的二进制编码作为通信的符号编码就不会产生歧义，并且是二元前缀码。

例 9.8 分别求出如图 9.15 所示的定位二叉树得到的二元前缀码。

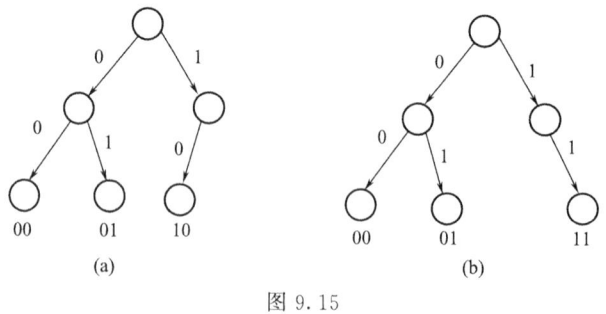

图 9.15

解 将定位二叉树每个分支节点与其左儿子所在的边标为 0，与其右儿子所在的边标为 1，则图 9.15(a)和图 9.15(b)所得到的二元前缀码分别是 {00, 01, 10} 和 {00, 01, 11}。

为了表示码长要尽可能的短,使用哈夫曼编码即可。哈夫曼编码是使电文总长最短的二进制前缀编码,其叶子上的权为传输各符号的频率,所得到的哈夫曼树的权为传输一个符号需要使用的二进制数字的个数。

例 9.9 将 7 个符号按其出现的频率 0.2、0.19、0.18、0.17、0.15、0.1、0.01 构造出其哈夫曼编码。

解 先根据叶上的权为传输各符号的频率,得到一棵哈夫曼树,如图 9.16 所示,其叶节点的编码即为哈夫曼编码:{00,01,1000,1001,101,110,111}。

这样得到的哈夫曼编码是最佳二元前缀码,其码长为 4,而该定位二叉树的权为 $2\times 0.2+2\times 0.19+4\times 0.1+3\times 0.15+3\times 0.18+3\times 0.17=2.72$,它表示传 1(或 100)个按上述频率出现的符号需要 2.72(或 272)个二进制数字。

3. 遍历方式

遍历定位二叉树(traversing binary tree)有 3 种方式(见图 9.17)。
(1) 前序遍历:根节点→左子树→右子树 $abdehicfg$。
(2) 中序遍历:左子树→根节点→右子树 $dbheiafcg$。
(3) 后序遍历:左子树→右子树→根节点 $dhiebfgca$。

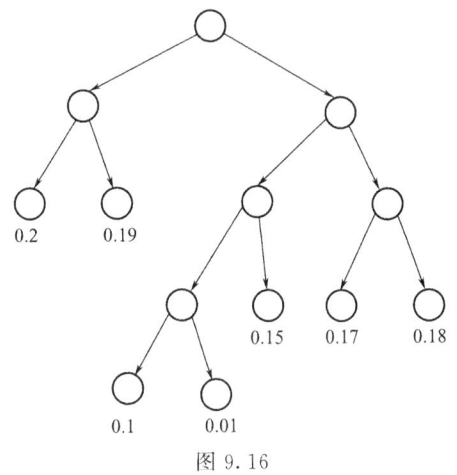

图 9.16

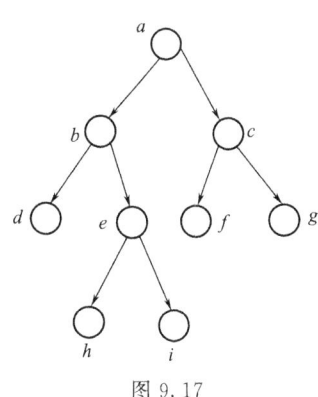

图 9.17

4. 有序森林与定位二叉树之间的转换

由于定位二叉树结构简单,因此经常将有序森林(特别是有序树)转换成定位二叉树,并以有序森林与定位二叉树之间的转换作为结束。

在有序森林 F 与定位二叉树 B 之间根据自然转换规则建立一一对应。
(1) 在 F 中 u 是 v 的长子,则在 B 中 u 是 v 的左儿子。
(2) 在 F 中 u 是 v 的大弟,则在 B 中 u 是 v 的右儿子。

例 9.10 将图 9.18(a)中的有序森林 F 转换成定位二叉树 B。

解 按自然转换规则得到的定位二叉树 B,如图 9.18(b)所示。

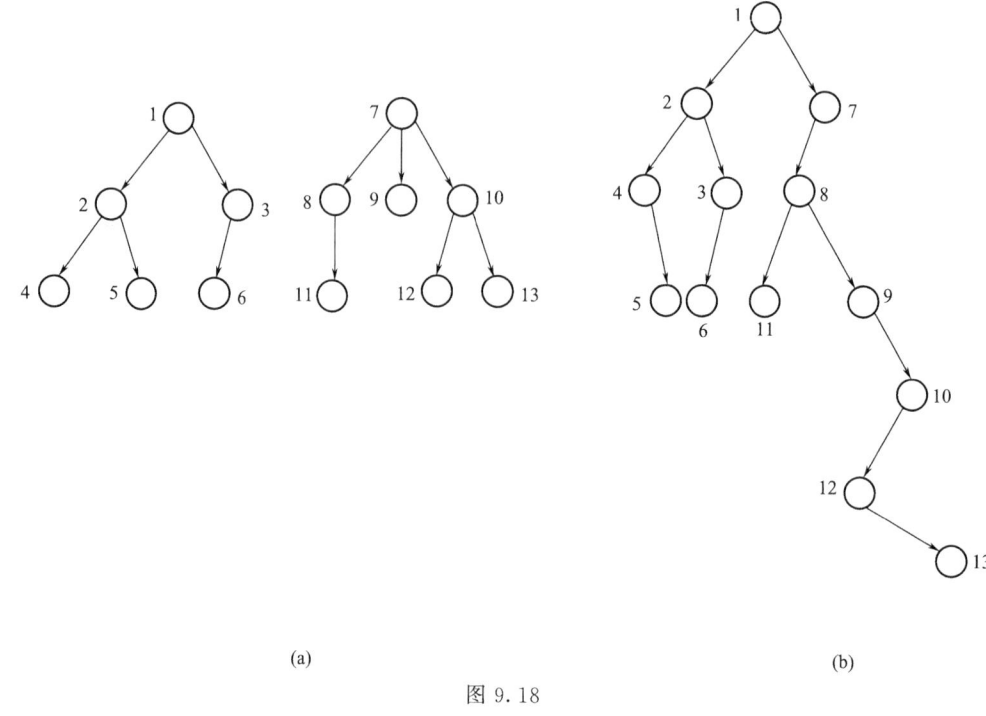

(a)　　　　　　　　　　　　　　　　　(b)

图 9.18

习　　题

1. 分别画出所有不同构的五阶无向树和六阶无向树。
2. 设 G 是一棵无向树且具有 2 个 4 度节点,3 个 3 度节点,其余均为叶节点。
(1) 求出该无向树共有多少个节点?
(2) 画出两棵不同构的满足上述要求的无向树。
3. 证明:连通无向图 G 是无向树的充要条件是 G 的每一条边都是桥。
4. 证明:恰有两片树叶的无向树是一条路径。
5. 分别画出如图 9.19 所示的两个图所有不同构的生成树。

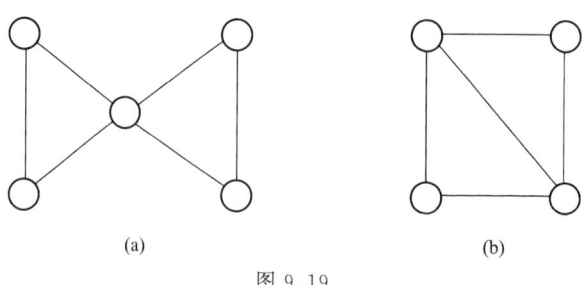

(a)　　　　　　　　(b)

图 9.19

6. 证明:在根树中,从树根到任意节点有且仅有唯一的一条路径。
7. 画出所有不同构的 4 阶根树及 5 阶根树。
8. 指出图 9.9 中的根树 T 的以下节点。

(1) 根节点； (2) 树叶节点； (3) 分支节点；
(4) 内点； (5) 每个节点的层； (6) 每个节点的父节点；
(7) 每个节点的子节点； (8) 树高； (9) 最大出度；
(10) 所有子(根)树。

9. 如图 9.7 所示,存在是根树的生成子图吗?若存在,求出所有不同构的是根树的生成子图。

10. 证明以下结论：
(1) 完全二叉树的节点个数必为奇数；
(2) n 阶完全二叉树的树叶的数目为 $(n+1)/2$。

11. 计算有 13 片树叶,分别赋权为 2、3、5、7、11、13、17、19、23、29、31、37、41 的哈夫曼树。

12. 在下面给出的 3 个符号串集合中,哪些是前缀码?哪些不是前缀码?若是前缀码,则构造定位二叉树,其树叶代表其二进制编码。若不是前缀码,则说明理由。
(1) $A_1 = \{0, 10, 110, 1111\}$。
(2) $A_2 = \{1, 01, 001, 0000\}$。
(3) $A_3 = \{1, 11, 101, 001, 0011\}$。

13. 在通信中,八进制数字 0、1、2、3、4、5、6、7 出现的频率分别为 30%、20%、15%、10%、10%、6%、5%、4%。编写一个传输它们的最佳前缀码,使通信中出现的二进制数字尽可能的少。具体要求如下：
(1) 画出相应的哈夫曼树。
(2) 写出每个数字对应的前缀码。
(3) 传输上述比例出现的数字 10000 个时,至少要用多少个二进制数字?

14. 将如图 9.20 所示的森林 F 转换成定位二叉树 B。

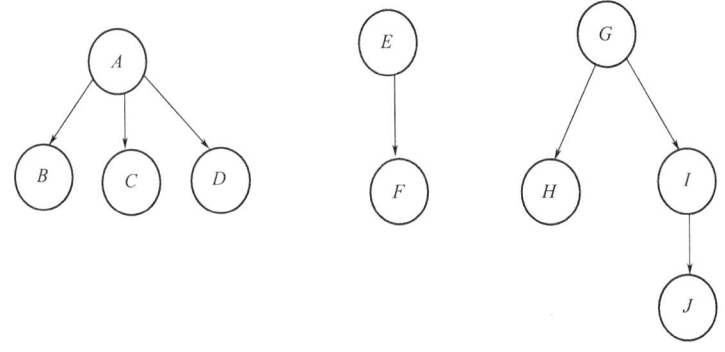

图 9.20

参考文献

[1] 屈婉玲,耿素云,张立昂. 离散数学. 北京:高等教育出版社,2008.

[2] 左孝凌,李为鉴,刘永才. 离散数学. 上海:上海科学技术文献出版社,1982.

[3] 李盘林,李丽双,赵铭伟,等. 离散数学(第二版). 北京:高等教育出版社,2005.

[4] Schneier B. Applied Cryptography Second Edition:protocols,Algorithms,and Source Code in C,1996. 吴世忠,祝世雄,等译. 北京:机械工业出版社,2000.

[5] Stante D F,Mcallister D F. Discrete Mathematics in Computer Science,1977.

[6] Kolman B. Discrete Mathematical Structure for Computer Science,1987.

[7] Seymour Lipschutz,Marc Lipson,曹爱文,等. 离散数学学习指导与习题解答(第3版). 北京:清华大学出版社,2011.

[8] 邱学绍. 离散数学(第2版). 北京:机械工业出版社,2011.

[9] 古天龙. 离散数学. 北京:清华大学出版社,2012.

[10] 胡海涛. 离散数学. 北京:中国电力出版社,2010.